“十二五”职业教育国家规划教材
经全国职业教育教材审定委员会审定

计算机网络基础

汪双顶 陈外平 蔡琰 ◎ 主编
李涛 陈驰野 郑宝民 ◎ 副主编

人民邮电出版社
北京

图书在版编目（CIP）数据

计算机网络基础 / 汪双顶，陈外平，蔡颋主编. --
北京 : 人民邮电出版社，2016.8
"十二五"职业教育国家规划教材
ISBN 978-7-115-40359-9

Ⅰ. ①计… Ⅱ. ①汪… ②陈… ③蔡… Ⅲ. ①计算机网络－职业教育－教材 Ⅳ. ①TP393

中国版本图书馆CIP数据核字(2016)第122735号

内 容 提 要

本书较全面地介绍了计算机网络的基础知识和基本技能。全书共分为 8 个项目，内容包括了解计算机网络、认识身边的局域网、熟悉计算机网络系统、组建局域网、熟悉网络通信协议、接入互联网、使用互联网、保障计算机网络安全等计算机网络基础技术和基本应用技能。

本书体例上，按照基于"工作过程"的模式展开，在结构上采取"问题引入—知识讲解—知识应用"的方式，充分体现了项目教学和案例教学的思想，并以提示的方式对重点知识、常见问题和实用技巧等进行补充介绍，从而加深理解，强化应用，提高实际操作能力。

本书可作为职业院校计算机以及相关专业计算机网络基础课程的教材，也可作为计算机网络培训班的培训教材和计算机网络爱好者的自学参考书。

◆ 主　　编　汪双顶　陈外平　蔡　颋
副 主 编　陈驰野　李　涛　郑宝民
责任编辑　桑　珊
执行编辑　左仲海
责任印制　焦志炜

◆ 人民邮电出版社出版发行　　北京市丰台区成寿寺路 11 号
邮编　100164　　电子邮件　315@ptpress.com.cn
网址　http://www.ptpress.com.cn
固安县铭成印刷有限公司印刷

◆ 开本：787×1092　1/16
印张：15　　　　2016 年 8 月第 1 版
字数：393 千字　　　　2024 年 8 月河北第 19 次印刷

定价：35.00 元

读者服务热线：(010) 81055256　印装质量热线：(010) 81055316
反盗版热线：(010) 81055315
广告经营许可证：京东市监广登字20170147号

前　言

计算机网络技术是20世纪对人类社会产生最深远影响的科技成就之一。

随着Internet技术的发展和信息基础设施的完善，计算机网络技术正在改变着人们的生活、学习和工作方式，推动着社会文明的进步。进入21世纪，面对信息化社会对海量信息快速存储和处理能力的迫切需要，我国计算机网络技术的发展也非常迅速，应用也更加普遍。计算机与通信技术的不断进步，推动着计算机网络技术的发展，新概念、新思想、新技术、新型信息服务也不断涌现。

因此，要想在网络技术飞速发展的今天有所作为，必须学习、理解、掌握计算机网络技术的基本知识，了解网络技术发展的最新动态。计算机网络技术不仅是从事计算机专业的人员必须掌握的知识，也是广大读者，特别是青年学生应该了解和掌握的知识。

本书对于网络技术的理论知识和工作原理介绍得相对浅一些，理论联系实际多一些，加强对网络应用技术的讲解，注重培养学生掌握实际应用技术的能力。全书按照基于工作过程的项目式教材的开发思想，每单元完成一个总项目，每一个项目又分解为多个子任务，每一个子任务分别学习和解决一项生活中的网络问题。读者通过熟悉、了解、认识和实践，可以全面地学习计算机网络的基础知识。体现了本书的系统性、先进性和实用性。

全书分为以下8个项目，共20个子任务。

“项目一　了解计算机网络”中，包括任务一认识身边的网络、任务二使用互联网，两个子任务学习内容。

“项目二　认识身边的局域网”中，包括任务一掌握局域网基础知识、任务二了解局域网组成要素，两个子任务学习内容。

“项目三　熟悉计算机网络系统”中，包括任务一认识网络硬件设备、任务二认识网络软件系统，任务三使用集线器设备，3个子任务学习内容。

“项目四　组建局域网”中，包括任务一组建宿舍网，优化宿舍网络，任务二组建多办公区校园网，两个子任务学习内容。

“项目五　熟悉网络通信协议”中，包括任务一了解OSI通信协议、任务二了解TCP/IP通信协议、任务三掌握IEEE802局域网协议，3个子任务学习内容。

“项目六　接入互联网络”中，包括任务一通过宽带（ADSL）上网、任务二通过无线局域网上网，两个子任务学习内容。

“项目七　使用互联网”中，包括任务一访问新浪网络、任务二使用互联网通信、任务三使用搜索引擎检索资料、任务四网上购物，4个子任务学习内容。

“项目八　保障计算机网络安全”中，包括任务一监控网络安全状态、任务二防范计算机病毒，两个子任务学习。

本书由锐捷大学汪双顶、广东省技师学院陈外平、江西工业职业技术学院蔡颋任主编，增城市职业技术学校李涛、广东省国防科技技师学院陈驰野、黑河学院郑宝民任副主编，参与编写的还有泉州信息工程学院何天兰。其中，汪双顶编写了项目七和项目八，并负责全书统稿工作。陈外平编写了项目一，蔡颋编写了项目二，李涛编写了项目三，陈驰野编写了项目四，郑宝民编写了项目五，何天兰编写了项目六。

本书的立项、大纲的编写、内容的确定以及全部编写过程，都得到了相关领导和同仁的大力支持和帮助，在此编者表示衷心的感谢。本书的教学资源可登录人民邮电出版社教育社区（www.ryjiaoyu.com）免费下载。

由于作者水平有限，书中难免存在缺点和不足之处，恳请各位老师和同学提出宝贵意见：wsd17@126.com。

编者

2016 年 4 月

目　录　CONTENTS

项目一　了解计算机网络　1

项目二　认识身边的局域网　37

项目三　熟悉计算机网络系统　72

项目四 组建局域网 104

项目五 熟悉网络通信协议 129

项目六 接入互联网 166

项目七 使用互联网 186

项目八 保障计算机网络安全 206

PART 1

项目一 了解计算机网络

项目背景

王琳是一名职业院校学生，每次回家，他都通过互联网提前在12306网站上预订一张火车票，然后去火车站取票，上车，直接回家，再也不需要亲自去火车站排队购票。张雪是王琳的同学，特别喜欢逛淘宝，每周都在淘宝上购买衣服、化妆品和零食，通过支付宝支付后，商家直接发货到学校门口。林丹是计算机老师，每周都让大家把完成的作业发到电子信箱中，通过班级建立QQ群和同学们沟通作业完成情况……

今天，人类的生活步入互联网的时代，人们通过网络购物、交流和沟通。网络改变了人类的传统的生活。

本项目主要讲解计算机网络的基础知识，为了更好地使用网络，帮助大家懂一点计算机网络基本概念，更清晰地认识身边的网络，了解计算机网络类型，认识网络功能，熟悉网络系统，会熟练使用互联网络。

技术导读

本项目技术重点：计算机网络功能、计算机网络分类、使用互联网。

任务一：认识身边的网络

【任务描述】

王琳是深圳职业院校学生，每次放假，动车票都非常紧张。学校公布放假时间后，王琳马上打开铁路客户服务中心 12306 网站（http://www.12306.cn/mormhweb/），登录个人账户，刷屏，抢到一张回家的车票，并通过网上银行支付购票费用。然后就等回家那天，直接去火车站，取票，上车。

和之前每次在火车站长时间排队购票相比，王琳觉得在 12306 网站上购票非常方便，节省了时间，提高了生活效率。

【任务分析】

随着互联网技术的发展，计算机网络已经成为生活中不可或缺的重要工具，要想更好地利用计算机网络，首先必须了解什么是计算机网络，熟悉计算机网络系统组成。

【知识介绍】

将分散在不同地点的多台计算机、终端和外部设备用通信线路互连起来，再安装上相应的软件（这些软件就是实现网络协议的一些程序），彼此间能够互相通信，并且实现资源共享（包括软件、硬件、数据等）的整个系统叫做计算机网络系统。

全球信息化、网络化的潮流给人们的生活和工作的模式带来新的变革，网络分布在生活中的每一个角落，今天的生活中，计算机是必不可少的工具了。人们已经很少孤立地使用一台计算机工作，总是把它和周围，甚至更遥远地方的计算机连接起来，形成网络，共享网络中的资源。

网络的组建可能会因各种现实环境的不同而非常复杂，但一个小型办公／家居网络却是网络中最常见的。这种生活中最常见的网络组织模型，可能会存在于一个房间，或出现在一个办公区域、一个家居环境、一个网吧环境，甚至是一个楼层内部，小型局域网络也具有复杂网络中所应具有的各种关键技术，如图 1-1-1 所示。

图 1-1-1　小型办公网络

在当今社会发展中，计算机网络起着非常重要的作用，并对人类社会的进步做出了巨大贡献。现在，计算机网络的应用遍布全世界及各个领域，并已成为人们社会生活中不可缺少的重要组成部分。从某种意义上讲，计算机网络的发展水平不仅反映一个国家的计算机科学水平，也是衡量国力和现代化程度的重要标志之一。

构建完好的小型网络环境，可以实现网络内部的设备之间的相互通信、网络资源的相互共享，从而提高工作的效率，为生活和工作带来方便。

1.1.1 计算机网络的概念

1. 什么是计算机网络

计算机网络是利用通信设备和通信线路，将地理位置不同、功能独立的多台计算机系统互连起来，实现资源共享和信息传递的网络系统，网络是计算机技术和通信技术相结合的产物。

可以从下面几个方面，更好地理解计算机的网络。

① 计算机网络通过通信设备和线路，把处于不同地理位置的计算机连接起来，以实现网络用户间的数据传输。

② 网络中的计算机具有独立功能，在断开网络连接时，仍可独立使用。

③ 网络的目的是实现计算机硬件资源、软件资源及数据资源的共享。

④ 在计算机网络中，网络软件和网络协议是必不可少的。

因此，计算机网络最主要功能表现在两个方面。

① 实现资源共享，包括硬件资源和软件资源共享。

② 用户之间通过互相连通的网络交换信息，从而极大地方便用户获取信息，如图 1-1-2 所示。

图 1-1-2 网络把不同地区用户连接在一起通信和分享

2. 计算机网络的功能

网络在今天信息社会中扮演了重要的角色，一般都具备以下几方面的功能。

（1）数据通信

现代社会信息量激增，信息交换日益增多，利用计算机网络来传递信息效率更高，速度更快。通过网络不仅仅可以传输文字信息，还可以携带声音、图像和视频，实现多媒体通信，计算机网络消除了传统社会中地理上的距离限制，如 IP 电话和 QQ 通信等，如图 1-1-3 所示。

图 1-1-3　QQ 语音或视频通信

（2）资源共享

互相连接在一起的计算机可以共享网络中的所有资源，从而提高资源利用率。网络中可以实现共享的资源很多，包括硬件、软件和数据。有许多昂贵的资源，如大型数据库、巨型计算机等，并非为每一用户所拥有，实现共享，使系统整体性价比得到改善，如图 1-1-4 所示。

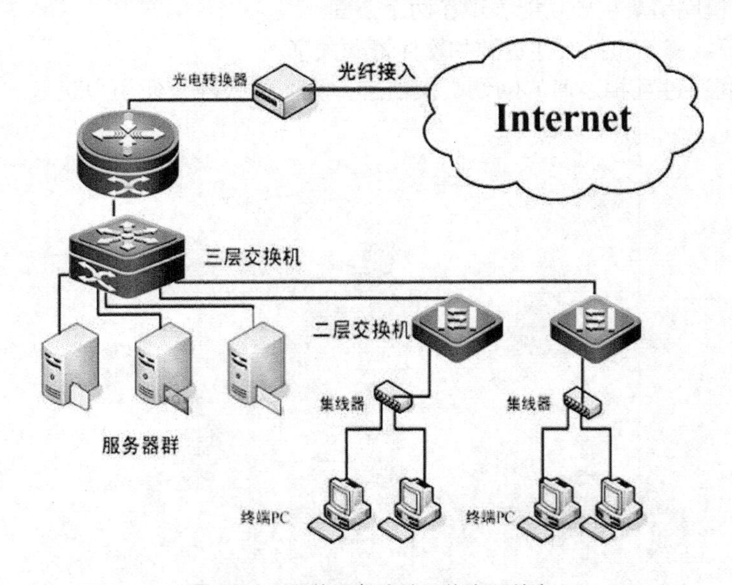

图 1-1-4　网络设备连接网络资源共享

（3）分布式计算，集中式管理

网络技术使不同地理位置的计算机，通过分布式计算成为可能。大型的项目可以分解为许许多多的小课题，由不同的计算机分别承担完成，提高工作效率，增加经济效益。例如，分布式的云计算技术，大大提高了工作效率，节省了资源，如图 1-1-5 所示。

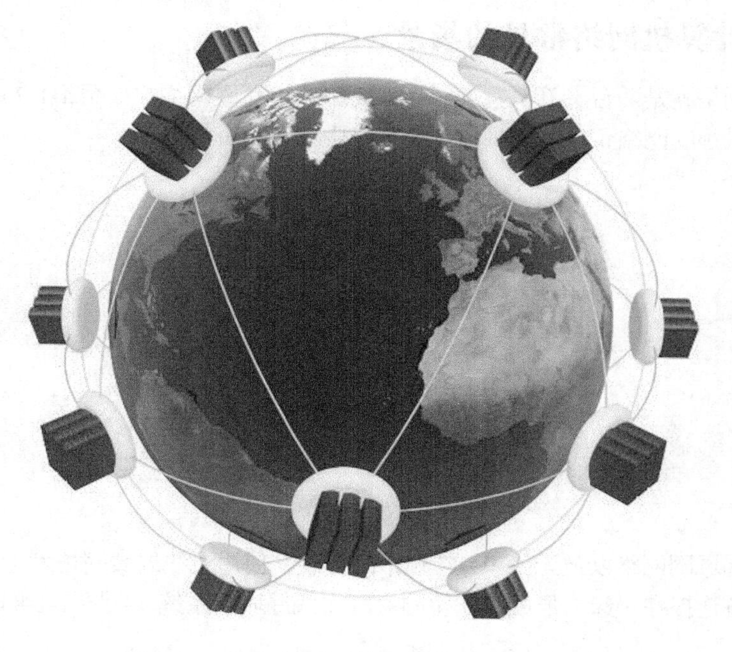

图 1-1-5 分布式云计算协同全球服务器同步工作

（4）负荷均衡

对于大型的任务或课题，如果都集中在一台计算机上，负荷太重，这时可以将任务分散到不同的计算机分别完成，或由网络中比较空闲的计算机分担负荷。利用网络技术还可以将许多小型机连成具有高性能的分布式计算机系统，使它具有解决复杂问题的能力，从而费用大为降低。

通过网络把工作任务均匀地分配给网络上的各计算机系统，以达到均衡负荷的目的。网络控制中心负责分配和检测网络负载，当某台计算机负荷过重时，系统会自动转移数据流量到负荷较轻的计算机系统处理，如图 1-1-6 所示。

图 1-1-6 通过网络实现负载均衡

1.1.2 计算机网络常见的场景

最简单的网络就是两台计算机互连，形成简单双机互联网络，如图 1-1-7 所示。双机互联网络是世界上最小的网络，一般出现在家庭环境中，达到资源共享。

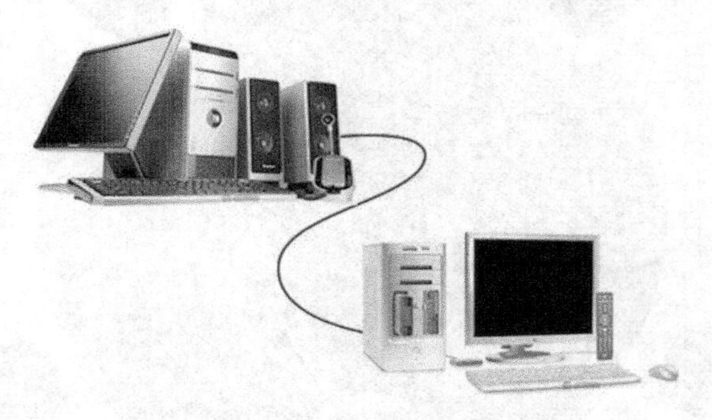

图 1-1-7 双机互联形成家庭网络

随着无线局域网网络以及无线 Wi-Fi 技术的发展，使用无线局域网技术可以把家庭所有的智能化终端设备连接在一起，形成智能化的家庭无线局域网系统，如图 1-1-8 所示。

图 1-1-8 家庭无线局域网网络

稍微复杂点的办公室网络可以实现多台计算机之间的相互连接，如图 1-1-9 所示。这种网络场景一般出现在办公室环境中，通过一台网络互联设备可以把多台计算机互相连接在一起，组建一个简单网络系统，实现资源共享（如共享打印机）和互相之间通信的目的。

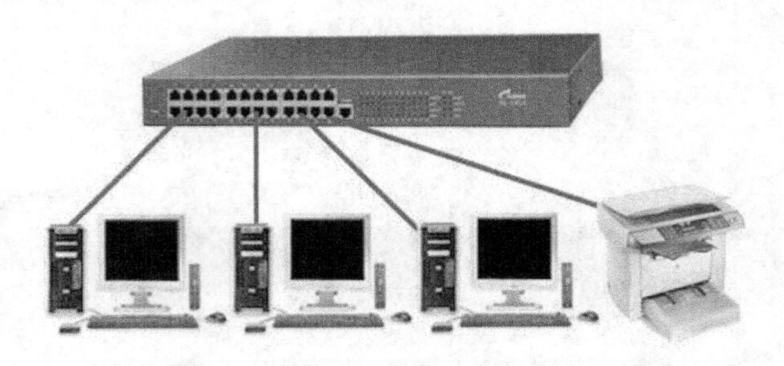

图 1-1-9 多台计算机构成的办公网络

图 1-1-10 所示场景为某学校校园网场景，把校园内计算机连接在一起，使校园范围内部成百上千台计算机之间互相连接，实现全校所有计算机之间的通信和信息共享。

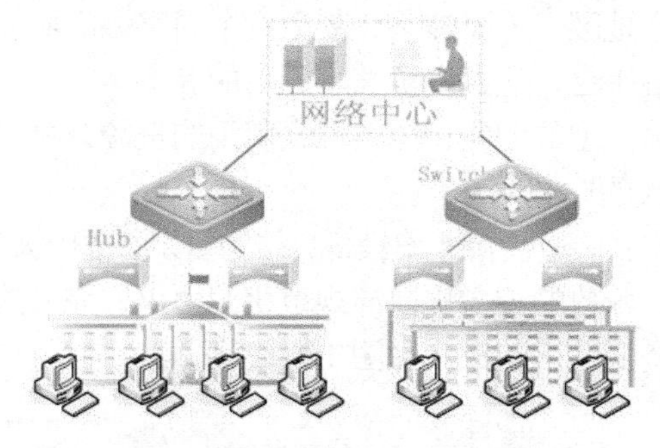

图 1-1-10　资源共享的 XXX 学校校园网

而更复杂的网络则是将全世界计算机连在一起构成的 Internet 网络。Internet 是当今世界上最大的国际性互联网络，其在社会各个领域应用和所产生的影响非常广泛和深远。

1.1.3　计算机网络分类

计算机网络的分类方法很多，从不同的角度对计算机网络的分类也不同。

通常的分类方法有：按网络覆盖的地理范围分类，按网络的拓朴结构分类，按网络的传输技术分类，按网络的传输介质分类等。

1．按网络覆盖的地理范围分类

一般可以从网络的分布范围来进行分类，将网络分为局域网（LAN）、城域网（MAN）和广域网（WAN）。Internet 可以看作世界范围内最大的广域网。

（1）局域网（Local Area Network，LAN）

局域网是指其规模相对小一些，地理范围一般为几百米到 10 千米，通常是将在一个建筑物内或一群建筑物内（如一个工厂、企业内）计算机、外部设备和网络互联设备连接在一起的网络系统。局域网一般连接的范围有限，通常为一个企业、一个组织或一个事业单位独有，实现组织内部共享资源和数据通信。图 1-1-11 所示就是某企业内部网络场景，是常见的局域网建设场景。

在组网结构上，局域网结构简单，布线容易，主要特点表现在以下几个方面。

网络所覆盖的物理范围小，网络所使用的传输技术通过广播通信，网络的拓扑结构多为星型结构，具有高数据传输率（10 Mbit/s 或 100 Mbit/s）、低延迟和低误码率特点。

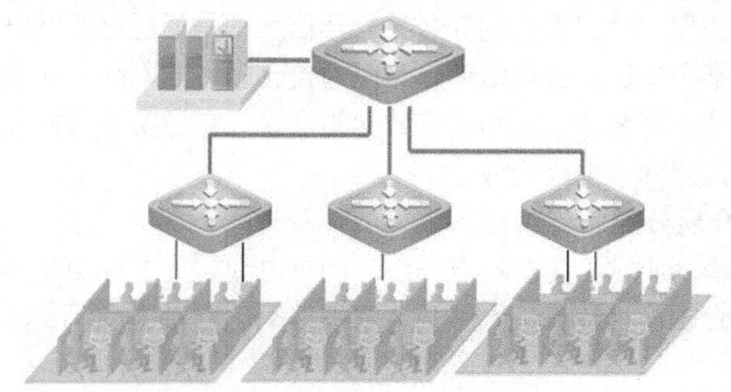

图 1-1-11　经典的局域网建设场景

（2）广域网（Wide Area Network，WAN）

广域网也称远程网，是一种跨地区数据通信网络，通常跨接很大物理范围，范围在几十千米到几千千米，分布在一个地区、一个国家，甚至几个国家。广域网常常使用电信运营商提供的通信设备，作为信息传输平台，达到资源共享的目的。

广域网是网络系统中最大型的网络，能实现大范围的资源共享，如银行网络系统，其中互联网（Internet）是目前最大的广域网。

广域网应具有以下特点：信道传输速率较低，结构复杂，适应大容量与突发性通信的要求，适应综合业务服务的要求，开放的设备接口与规范化的协议，完善的通信服务与网络管理，物理结构一般由通信子网和资源子网组成，如图 1-1-12 所示。

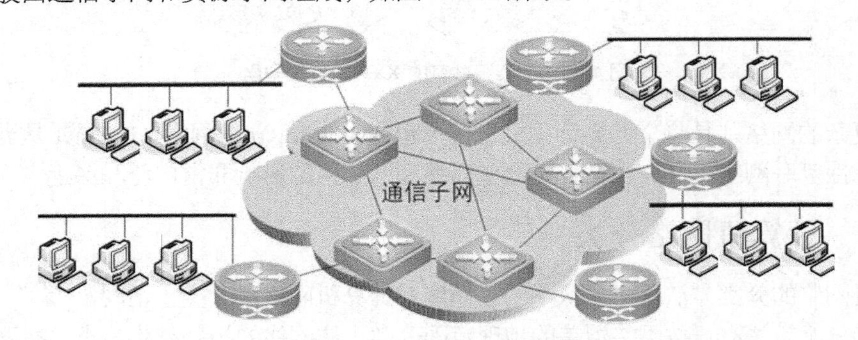

图 1-1-12　广域网的多子网组成结构

（3）城域网（MAN）

城域网与局域网相比要大一些，可以说是一种大型的局域网，技术与 LAN 相似，它覆盖的范围介于局域网和广域网之间，通常覆盖一个地区或城市，范围可从几十千米到上百千米，它借助一些专用网络互联设备，即使没有连入某局域网的计算机也可以直接接入城域网，从而访问网络中的资源。

2．按网络的拓朴结构分类

网络中的每一台计算机都可以看做是一个节点，通信线路可以看作是一根连线，网络的拓朴结构就是网络中各个节点相互连接的形式。

常见的拓朴结构有星形结构、总线结构、环形结构和树形结构。

3．按网络应用领域分类

计算机网络按照应用领域的不同可以分为公用网和专用网。其中：

公用网一般由国家机关或行政部门组建，它的应用领域是对全社会公众开放，如邮电部门的 163 网、商业广告、列车时刻表查询等各种公开信息都是通过这类网络发布的。

专用网一般是由某个单位或公司组建，专门为自己服务的网络，这类网络可以只是一个局域网的规模，也可以是一个城域网，乃至广域网的规模。它通常不对社会公众开放，即使开放也有很大的限度，如校园网、银行网等。

4．按通信传输介质分类

计算机网络的传输介质常见的有：双绞线、同轴电缆、光纤和卫星等。

因此按通信传输介质可将计算机网络分为双绞线网、同轴电缆网、光纤网和卫星网等。

1.1.4　计算机网络发展简史

世界上第一台电子计算机 ENIAC（电子数字积分计算机）于 1946 年在美国诞生。计算机在最初 10 年间，主要都为一些集中处理的大型机，价格昂贵，而当时的通信线路和通信终端相对便宜。在 20 世纪 50 年代，为了利用大型机进行信息处理，以及共享大型计算机主机资源，人们开始考虑采用类似电话的通信原理，将用户使用的终端设备，通过通信线路连接到远程的大型计算机上，将彼此独立发展的计算机，使用通信技术结合起来，建设了第一代“以单主机为中心的联机终端网络系统”。共享大型计算机的资源，由此而发展出最初的计算机网络最简单的联结形式。

1．简单网络联结（终端网络）

早期的网络主要解决的是在计算机资源短缺（如硬件）的情况下，进行资源共享的问题。

20 世纪 60 年代早期，出现面向终端的简单联结计算机网络。大型网络中主机是网络控制中心，终端（键盘和显示器）分布在各处，与主机相连。

用户通过本地终端使用远程主机，终端和主机之间通信，提供应用程序执行、远程打印和数据服务，如图 1-1-13 所示。

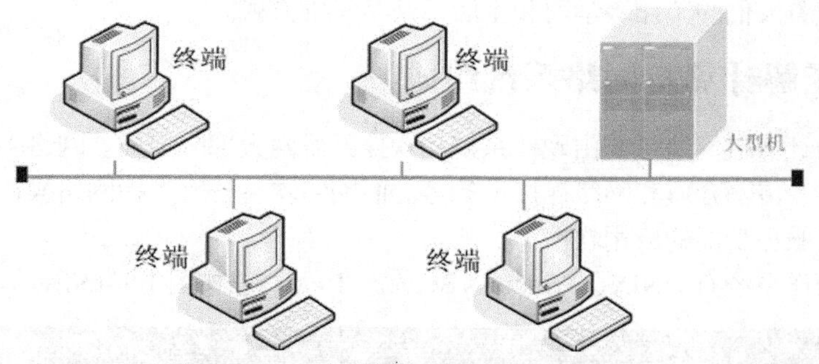

图 1-1-13　面向终端简单联结的计算机网络

2．多计算机互联网络阶段（局域网）

多计算机互联网络出现在 20 世纪 70 年代，伴随计算机体积、价格下降，以计算机为主的网络模式出现了。最初个人计算机是独立设备，由于认识到商业应用的重要性，要求大量终端设备协同操作，需要计算机之间互相联结，局域网（LAN）技术能实现计算机和计算机之间的互联通信，如图 1-1-14 所示。每台计算机都可以访问本地网络中所有主机的资源。

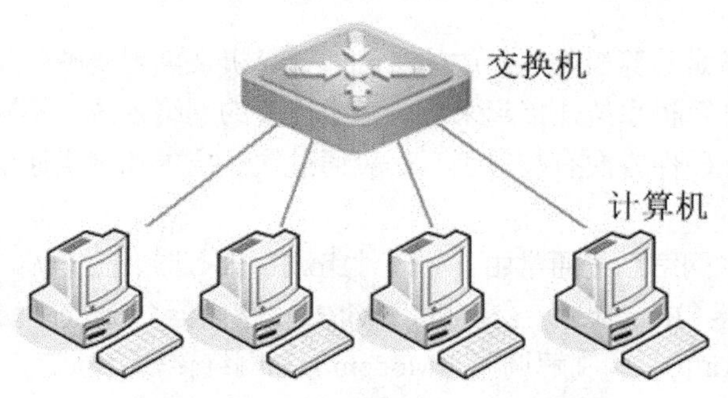

图 1-1-14　多计算机互联网络阶段（局域网）

常见的校园网络，就是典型的局域网结构。其需要实现的核心功能就是把学校中所有的办公设备都连接在一起，实现信息、资源和硬件设备的共享，同时，也实现了和外部网络的互相连接，以实现和其他远程网络的通信，共享全球信息资源。

3．开放互联计算机网络阶段（广域网）

1977 年，国际标准化组织 ISO 设立分委员会，以“开发系统互联”为目标，专门研究网络体系结构，开发互联标准。之后其规划了“开放体系互联基本参考模型”（OSI/RM），实现了同一类型网络中不同区域、不同子网络之间，或者不同类型网络之间的互相连通，开创了一个具有统一结构网络体系架构，遵循国际标准化协议的计算机网络新时代。

4．信息高速公路（高速，多业务，大数据，Internet）

20 世纪 90 年代以来，随着美国信息高速公路计划的执行，全球网络技术进入宽带综合业务数字网阶段。宽带网络技术发展成为主流，人们更加注重网络通信质量和网络带宽，注重网络的交互性，Internet 技术成为连接全球计算机之间的网络系统。

今天的网络已成为人们生活中的重要工具，IP 电话、即时通信和 E-mail 等成为人们每天赖以生存的基础，视频点播（VOD）、网络游戏、在线学习、网上购物、网上订票、网上电视、网上医院、网上证券交易、虚拟现实以及电子商务等，也正逐渐走进普通百姓的生活、学习和工作当中，改变着人们的工作、学习和生活，乃至思维方式。

1.1.5　了解计算机网络系统组成

一个完整的计算机网络系统由硬件系统和软件系统两大部分组成。网络中的硬件设备一般是指计算机设备、传输介质和网络连接设备等。而网络软件一般是指网络操作系统、网络通信协议和提供网络服务功能的应用软件。

常见网络操作系统有 UNIX、Windows Server、Linux 等,如图 1-1-15 所示。

图 1-1-15　网络操作系统 Windows Server

网络中的硬件设备是计算机网络组成的基础。计算机及其附属硬件设备，通过网络互联设备，与网络中的其他计算机系统连接起来形成一个完整的网络系统。不同的网络系统，由于使用不同厂商的设备，在硬件方面有些差别，一般通过软件技术和网络通信协议系统帮助实现兼容，达到互相连通。

一个基本的计算机网络系统通常由下列硬件组成：服务器、工作站、网络接口卡（NIC）、集线器（HUB）、中继器（Repeater）、交换机（Switch）、路由器（Router）、无线接入设备（Access point）、防火墙（Firewall）、调制解调器（Modem）和网络传输介质等，图 1-1-16 所示的是承担网络互联功能的交换机设备。

图 1-1-16 网络中的交换机硬件设备

【任务实施】在 12306 网站购买火车票

【任务描述】

小明是王琳的同学，他听说王琳每次回家，都通过互联网购买火车票，非常方便，也想学习互联网购买火车票的方法，减少去火车站排队的麻烦。

【任务目标】帮助小明在 12306 网站购买火车票，学习网上购票方法。

【设备清单】接入互联网中的计算机（1 台）。

【工作过程】

1．打开浏览器

首先，找一台可以接入互联网中的计算机，打开 IE 浏览器软件，输入铁路客户服务中心网站 12306 网址：http://www.12306.cn/mormhweb/。打开的界面如图 1-1-17 所示。

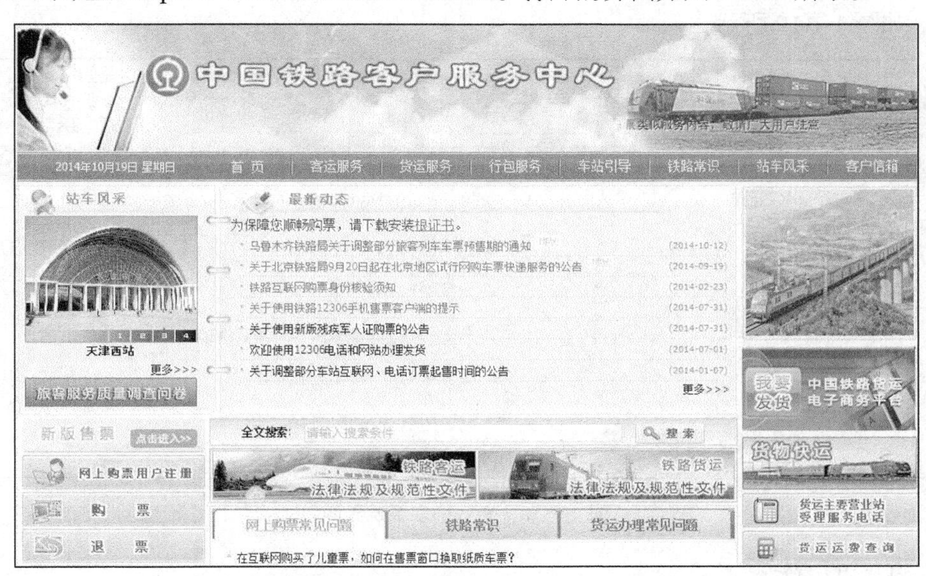

图 1-1-17 铁路客户服务中心网站 12306 网站

2．注册用户

火车票需要实名制购买，因此在铁路客户服务中心网站 12306 网站上购买火车票，必须要注册用户账户，提交个人姓名和身份证信息。

单击图 1-1-17 左下角所示的“网上购票用户注册”按钮，进行登录铁路客户服务中心网站的用户信息注册，按照提示，依次输入相关信息内容，如图 1-1-18 所示。

备注：此处的用户名可以使用任意字符串，而不是真实的用户姓名。

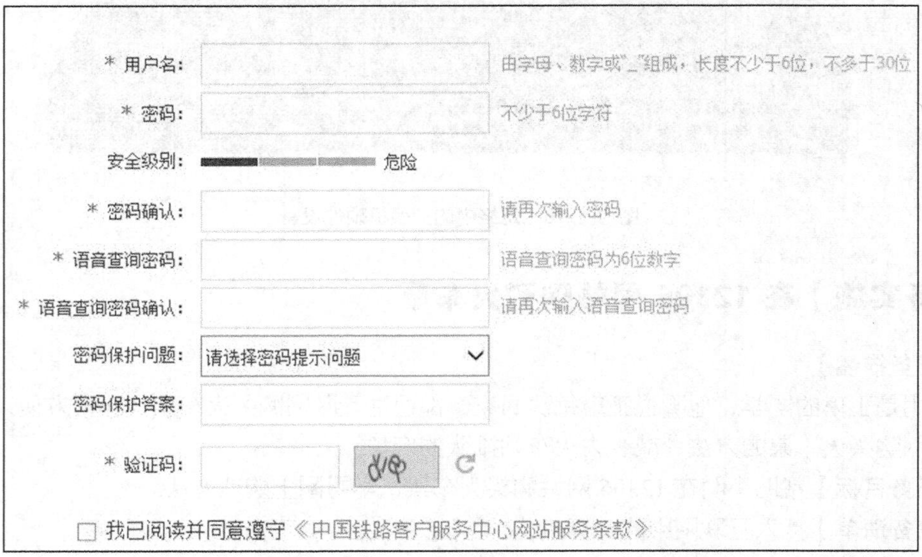

* 用户名：　由字母、数字或"_"组成，长度不少于6位，不多于30位

* 密码：　不少于6位字符

安全级别：　危险

* 密码确认：　请再次输入密码

* 语音查询密码：　语音查询密码为6位数字

* 语音查询密码确认：　请再次输入语音查询密码

密码保护问题：　请选择密码提示问题

密码保护答案：

* 验证码：

□ 我已阅读并同意遵守《中国铁路客户服务中心网站服务条款》

图 1-1-18　注册个人信息

3. 进入新版的购票系统

单击图 1-1-17 左下角所示的"新版售票"按钮，可以打开铁路客户服务中心网站的购票系统界面，如图 1-1-19 所示。

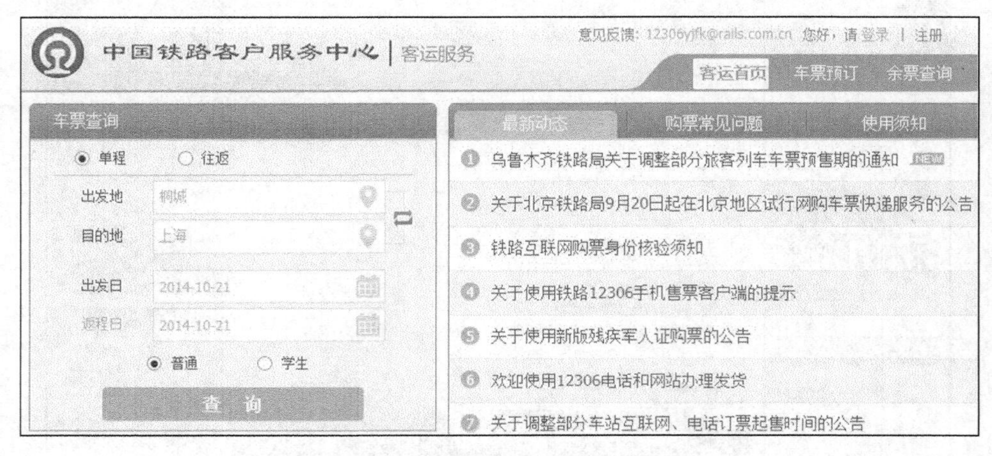

图 1-1-19　新版购票系统界面

4. 购票用户登录

单击图 1-1-19 右上角所示的"登录"按钮，登录个人账户，准备查询车次、票务信息，如图 1-1-20 所示。

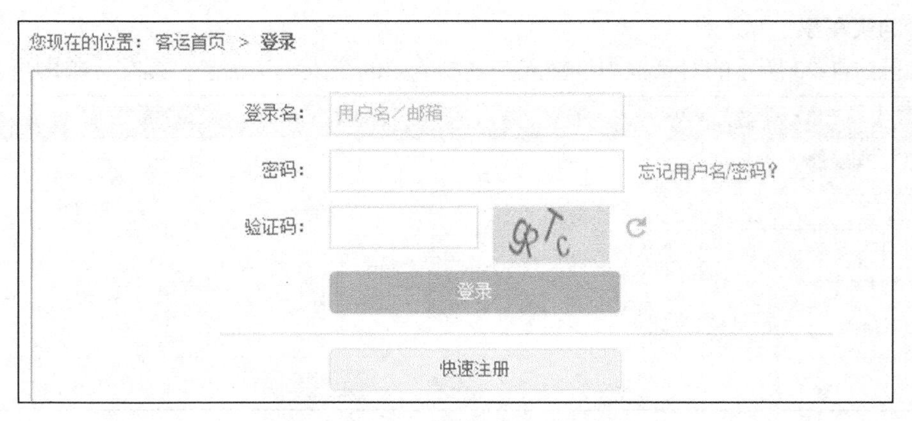

图 1-1-20 登录个人账户界面

5. 查询车票

在图 1-1-19 左边所示的“车票查询”对话框中，输入查询地点、时间，如图 1-1-21 所示。

图 1-1-21 车票查询对话框

6. 预订车票

在打开的如图 1-1-22 所示的查询车票信息窗口中，选择合适的车次，单击右侧的“预订”按钮，即可开启网上购买流程，如图 1-1-22 所示。

10-19 周日 | 10-20 | 10-21 | 10-22 | 10-23 | 10-24 | 10-25 | 10-26 | 10-27 | 10-28 | 10-29 | 10-30 | 10-31 | 11-01 | 11-02 | 11-03 | 11-04 | 11-05 | 11-06 | 11-07

车次类型：全部 GC-高铁/城际 D-动车 Z-直达 T-特快 K-快速 其他 发车时间：00:00--24:00

出发车站：全部 深圳北 深圳 深圳西 更多选项

深圳 --> 广州南（10月19日 周日）共计115个车次 显示全部可预订车次

车次	出发站 到达站	出发时间 到达时间	历时	商务座	特等座	一等座	二等座	高级软卧	软卧	硬卧	软座	硬座	无座	其他	备注
G80	深圳北 广州南	11:28 12:04	00:36 当日到达	18	--	有	有	--	--	--	--	--	--	--	预订
D7046	深圳 广州东	11:31 12:50	01:19 当日到达	--	--	有	有	--	--	--	--	--	无	--	预订

图 1-1-22 预订查询到的合适车票

7．购买车票

在如图 1-1-23 所示的对话框中，输入实名制购票的个人真实信息，提交订单即可。

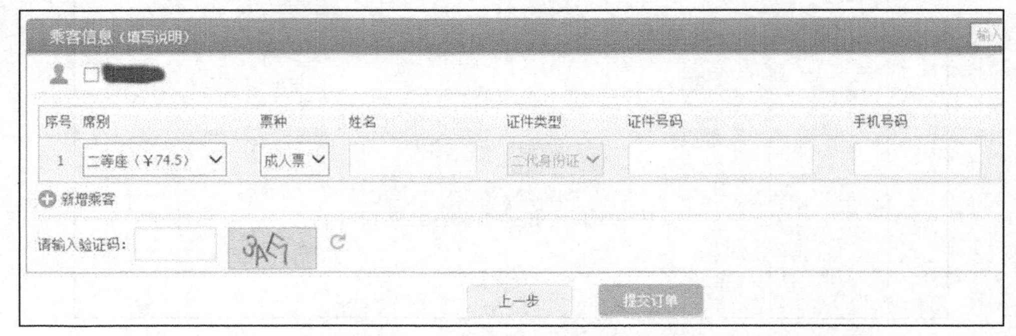

图 1-1-23　选择实名制购票个人信息

8．付款

在如图 1-1-23 所示的对话框中，单击“提交订单”按钮即可打开预订席位的信息确认，如图 1-1-24 所示。

席位已锁定，请在45 分钟内进行支付，完成网上购票。支付剩余时间：44分18秒

图 1-1-24　预订席位的信息确认

确认完成后，即可开始付款，选择“网上支付”方式，如图 1-1-25 所示，支付完成后，就会收到购票完成的手机短信提示信息。

图 1-1-25　选择“网上支付”方式

任务二：使用互联网

【任务描述】

小明是王琳的同学，小明在来学校上学前，一来学习紧张，二来家乡学校硬件条件有限，一直很少有机会接触计算机，更没有使用过互联网。

他来深圳职业中专学校上学后，第一天上计算机课程，听到计算机老师描述互联网技术和应用，就非常想了解互联网，访问互联网。

【任务分析】

随着计算机网络技术的发展，互联网已经发展成为我们生活中不可或缺的重要工具，我们使用互联网实现通信，使用电子邮件沟通，使用淘宝购物，使用支付宝支付……

本任务通过学习互联网的常见应用，了解互联网的主要功能。

【知识介绍】

1.2.1　认识互联网

1．什么是互联网

互联网（Internetwork），又称网际网路，或音译因特网、英特网，是成千上万台计算机相互连接到一起，构成网络与网络之间所串连成的庞大网络，这些网络以一组通用的协议相连，组成一个全球性的网络系统。这种将计算机网络互相连接在一起的方法称作“网络互联”，在这基础上发展出的覆盖全世界的全球性互联网络称为互联网。

2．因特网（Internet）的发展历史

互联网始于 1969 年的美国。1969 年，为了能在爆发核战争时保障通信联络，美国国防部高级研究计划署（简称 ARPA）资助建立了世界上第一个分组交换试验网 ARPANET 项目。

ARPANET 将美国西南部的大学 UCLA（加利福尼亚大学洛杉矶分校）、Stanford ResearchInstitute（斯坦福大学研究学院）、UCSB（加利福尼亚大学）和 UniversityofUtah（犹他州大学）的 4 台主要的计算机，和几个军事及研究机构的计算机主机连接起来，在 1969 年 12 月开始联机。它的建成和不断发展，标志着计算机网络发展的新纪元。

1980 年，TCP/IP 协议研制成功，ARPA 开始在网络中采用 TCP/IP 协议运行机制。

1983 年起，开始逐步进入 Internet 的实用阶段，在美国和一部分发达国家的大学和军事部门中得到广泛使用，作为教学、研究和通信的学术网络。

1986 年美国国家科学基金会 NSF 组织资助建成了基于 TCP/IP 技术的主干网 NSFNET，Internet 真正的发展从 NSFNET 的建立开始。连接美国的若干超级计算中心、主要大学和研究机构，组成了基于 IP 协议的计算机通信网络 NSFNET，并以此作为 Internet 的基础。NSFNET 最终将 Internet 向全社会开放，组建成了美国 Internet 的骨干网，成为 Internet 的主干网。世界上第一个互联网产生，迅速连接到世界各地。

随着 Web 技术和相应的浏览器的出现，互联网的发展和应用出现了新的飞跃。今天，它已经深入到社会生活的各个方面，从网上聊天、网上购物，到网上办公以及 E-mail 信息传递，我们无处不在受到 Internet 的影响，它已成为人们与世界沟通的一个重要窗口。

3．因特网（Internet）在中国的发展

虽然中国 Internet 起步较晚，但自从 1994 年接入 Internet 后，我国的网上市场也得到快速增长，并且形成了一定的网上市场规模，促进了我国经济的发展。

到目前为止，我国与 Internet 互联的 4 个主干网络如下：中国科学技术计算机网（CSTNET）、中国教育和科研计算机网（CERNET）、中国公用计算机互联网（CHINANET）、中国公用经济信息网通信网（GBNET）。它们在中国 Internet 中分别扮演不同领域角色，为我国经济、文化、教育和科学发展走向世界，起着重要作用。

4. 互联网的功能和作用

从获得信息角度来看，Internet 是一个庞大的信息资源库。网络上有几百个书库，遍布全球的几千家图书馆，近万种杂志和期刊，还有政府、学校和公司企业等机构的详细信息。

从娱乐休闲角度来看，Internet 是一个娱乐厅。网络上有很多专门的电影站点和娱乐站点，还有遍览全球各地的风景名胜和风俗人情。网上的 B B S 更是一个大家聊天交流的好地方。

从经商角度来看，Internet 是一个既能省钱，又能赚钱的场所。利用 Internet，足不出户，就可以得到各种免费的经济信息，还可以将生意做到海外。无论是股票证券行情，还是房地产，在网上都有实时跟踪。通过网络还可以图、声、文并茂地召开订货会、新产品发布会，做广告搞推销等。

Internet 将我们带入了一个完全信息化的时代，正在改变着人们的生活和工作方式。由于其范围广，用户多，目前已成为仅次于全球电话网的第二大通信手段，是 21 世纪信息高速公路的雏形。

1.2.2 熟悉浏览器软件

浏览器是一种用于搜索、查找、查看和管理万维网上网页信息的图形交互界面的应用软件。浏览器软件很多，常用的有 Microsoft 公司的 Internet Explorer 浏览器（又称 IE），以及国内各大公司开发的浏览器软件，如搜狗浏览器、360 浏览器、腾讯浏览器等。

1. 启动 IE 浏览器

微软的 IE 浏览器软件是最为经典的浏览器软件之一，双击桌面上的 Internet Explorer 图标，启动 IE 浏览器，出现如图 1-2-1 所示的窗口。

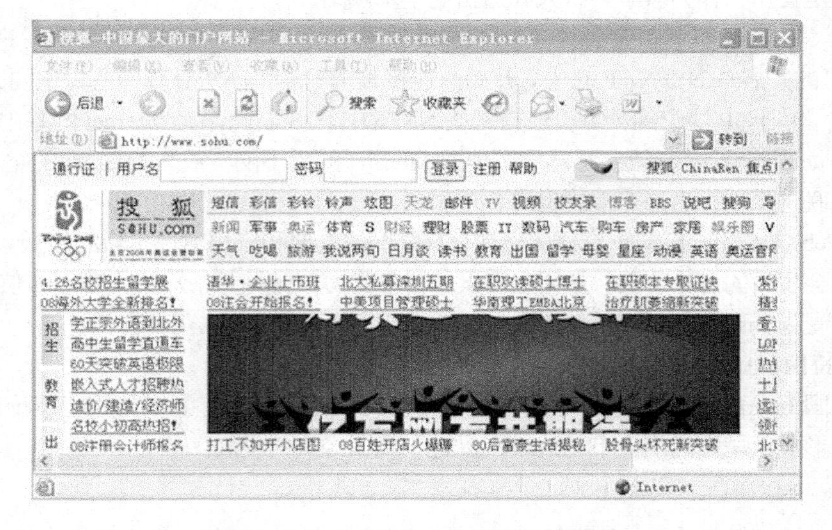

图 1-2-1 Internet Explorer 浏览器的主窗口

2. 认识IE 浏览器窗口的组成

和所有的浏览器软件相似，微软的 IE 浏览器软件窗口主要由标题栏、菜单栏、工具栏、地址栏、主窗口和状态栏等几部分组成。要进入某一网页，可在浏览器的地址栏中，输入该网页的地址，如输入的网页地址为 http://www.sohu.com，便可进入搜狐网的主页。

其中，IE 浏览器软件窗口各部分的主要功能如下。

（1）标题栏

标题栏位于屏幕最上方，显示标题名称，由当前浏览的网页名称和最右面的“最大化”“最小化”“关闭”按钮组成。

（2）菜单栏

菜单栏提供了操作 IE 浏览器的若干命令，有文件、编辑、查看、收藏、工具和帮助 6 个菜单项，通过菜单可以实现对 WWW 文档的保存、复制、收藏等操作。

（3）工具栏

浏览器的主要访问都可以通过工具栏按钮实现。如果要在浏览器窗口中显示工具栏，可在菜单栏中单击“查看”菜单项，选择“工具栏”项，弹出“标准按钮”“链接”“地址栏”等选项。选中后，则可以在窗口中显示该工具栏。反之，则可隐藏该工具栏。

工具栏位于菜单栏下方，包括一系列最常用按钮，如后退、前进、停止、刷新、主页、搜索、收藏、历史、邮件、打印等常用菜单命令的功能按钮。

单击“后退”和“前进”按钮，可以返回前一页或进入下一页，对已经看过的网页进行快速切换。在“后退”和“前进”按钮旁，各有一个下拉菜单。下拉菜单中列出所有已经查阅过的网页，单击某个网页，便可直接进入该网页。

单击“停止”按钮，可以中止当前显示。单击“刷新”按钮，可以更新当前网页。单击“主页”按钮，返回浏览器预设起始网页。

（4）地址栏

地址栏显示当前打开网页的 URL 地址。可在地址栏输入要访问站点的网址，单击右侧的下拉式按钮，还可弹出以前访问过的网络站点的地址清单，供用户选择。单击一个 URL，即可打开该 Web 服务器主页。

（5）主窗口

主窗口用于显示和浏览当前打开的页面，网页中有超级链接项，单击可链接到相应的网页浏览其中的内容。

在浏览器所显示的网页中，可以看到一些带下画线的文字和图表，它们被称为超链接，用于帮助用户寻找相关内容的其他网页资源。当鼠标移过某个超链接时，鼠标指针会变成手形，此时单击左键，便可激活并打开另一网页。

（6）状态栏

状态栏用于反映当前网页的运行状态的信息。

3. 设置浏览器主页

浏览器主页是每次启动 IE 浏览器时默认访问的页面。如果希望在每次启动 IE 浏览器时，都进入“搜狐”的页面，可以把该页设为主页。具体操作如下。

首先，在菜单中选择 “工具”→“Internet 选项”命令。然后，在“常规”卡的主页地址中输入“http://www.sohu.com”，单击“确定”按钮，如图 1-2-2 所示。

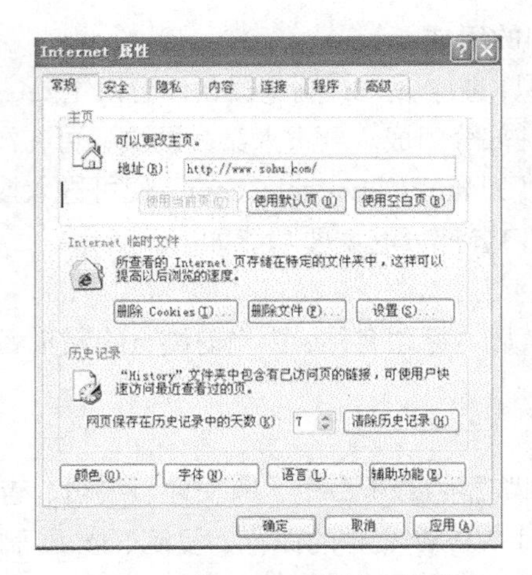

图 1-2-2 “Internet 属性”对话框

设置完成后，单击“确定”按钮，即可完成常用网页的设置任务。下次重启 IE 浏览器软件时，会自动打开“搜狐”的主页面。

4．在浏览器中浏览网页

设置完成浏览器默认主页后，用鼠标单击 IE 浏览器，就可打开默认主页。也可通过在 IE 浏览器地址栏中输入网页地址的方式，来打开网站主页。直接在浏览器地址栏中，输入已知网址，访问该网页，如 www. qq.com 。

在打开的网页页面上，当鼠标在网页上移动时，有许多手形指针，这就是超级链接。超级链接简单来讲，就是指按内容链接。

所谓的超链接是指从一个网页指向一个目标的连接关系，这个目标可以是另一个网页，也可以是相同网页上的不同位置，还可以是一个图片、一个电子邮件地址、一个文件，甚至是一个应用程序。超级链接在本质上属于一个网页的一部分，它是一种允许网页同其他网页或站点之间进行连接的元素。各个网页链接在一起后，才能真正构成一个网站。

用鼠标单击要浏览的超级链接，就可打开相应的链接内容。浏览网页时，当主页的内容超出一个页面一屏，显示不下时，可用窗口右边的垂直滚动条来上下翻页。

5．通过历史记录浏览网页

在 IE 浏览器的历史栏中，保存着用户最近浏览过的网站的地址。如果要访问曾经浏览过的网站，可以在历史记录栏中，快速选择地址。

在工具栏上，单击“历史”按钮，在浏览器中就会出现历史记录栏，其中包含了在最近访问过的 Web 页和站点的链接，如图 1-2-3 所示。

图 1-2-3 浏览器的历史记录栏

在此栏中，单击“查看”按钮选择日期、站点、记问次数或当天的访问次序，单击文件夹以显示各个 Web 页，再单击 Web 图标显示该 Web 页。

1.2.3　了解万维网（WWW）

WWW 万维网（World Wide Web，WWW）诞生于 Internet 中，成为 Internet 应用的一部分。而今天，WWW 几乎成了 Internet 的代名词。

万维网是指在互联网上，以超文本为基础形成的环球信息网，是通过互联网获取信息的一种应用，表现为各个网站之间通过网页的形式显示，通过超级链接互相访问。在访问的过程中，万维网为用户提供了一个图形化浏览器软件，图 1-2-4 所示是所浏览的新浪网 WWW 网站。

WWW 由欧洲粒子物理研究中心（CERN）研制。WWW 将位于全世界 Internet 网上不同网址的相关数据信息，有机地编织在一起，提供了一个友好的界面，大大方便了人们的信息浏览，WWW 是当前 Internet 上最受欢迎、最为流行、最新的信息检索服务系统。

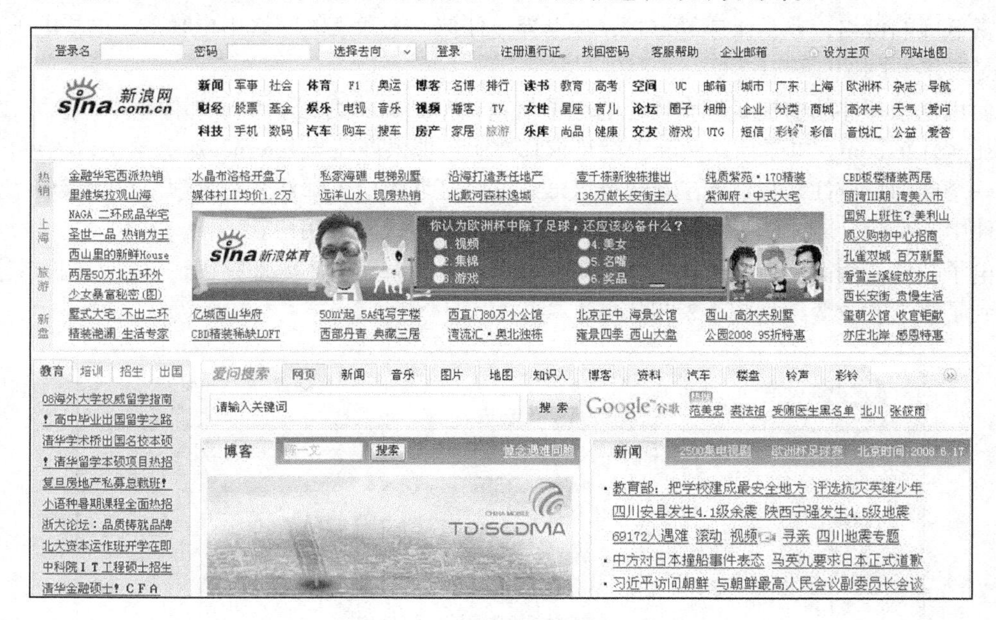

图 1-2-4　新浪 WWW 服务页面

组成 WWW 的主要要素，除上面介绍的浏览器软件外，还包括以下几项元素。

1．网页（Web Page）

网页是浏览 WWW 资源的基本单位。WWW 通过超文本传输协议，使用网页的形式，向用户提供多媒体信息。网页的内容可以包含普通文字、图形、图像、声音、动画等多媒体信息，还包含指向其他网页的链接。

2．主页（Home Page）

每个 Web 服务器上的第一个页面叫做主页。通过主页上的超级链接，可以转到与主页互相链接的其他各个页面。用户从主页开始浏览，可以获取这一服务器所提供的全部信息。

3．超文本传输协议（HTTP）

超文本传输协议（Hypertext Transfer Protocol，HTTP）是 WWW 服务所使用的网络传输协议。HTTP 协议保证 WWW 客户机与 WWW 服务器之间通信不产生歧义，定义请求报文和响应报文格式。

4．统一资源定位器 URL

统一资源定位符（Uniform Resource Locator，URL）是定位 Internet 上某一资源的地址信息。通常 URL 包括两部分：协议名和资源名。资源名又可由主机名、文件路径名等几部分组成，如 http://news.sina.com.cn/c/2014-10-21/120031021718.shtml。

其中，http 为协议名，其他可用的协议还有 FTP、Gopher、Telnet 等。URL 中“http:”之后的部分为资源名，资源名用来指定资源在所处网络上的位置，包含路径和文件名等信息。

1.2.4 互联网的主要应用

Internet 在现实生活中，具有多项应用，主要表现在以下几方面。

1．电子邮件（E-Mail）

电子邮件（E-mail）是 Internet 上使用最广泛和最受欢迎的服务，通过电子邮件系统，可以用非常低廉的价格，非常快速的方式，与世界上任何一个角落的网络用户联系，这些电子邮件可以是文字、图像、声音等。

使用电子邮件的前提是拥有自己的电子信箱，即 E-Mail 地址，电子邮件基本标志为：@，如 Jason@126.com。电子信箱实际上就是该邮件服务提供商在与 Internet 服务器上，为用户分配的一个专门存放往来邮件的磁盘存储区域。这个区域由电子邮件系统管理，自动读取、分析该邮件中的命令，若无错误，则将检索结果通过邮件方式发给用户。

电子邮件使用简易，易于保存，全球畅通无阻，使得其被广泛地应用，它使人们的交流方式得到了极大的改变，如图 1-2-5 所示。

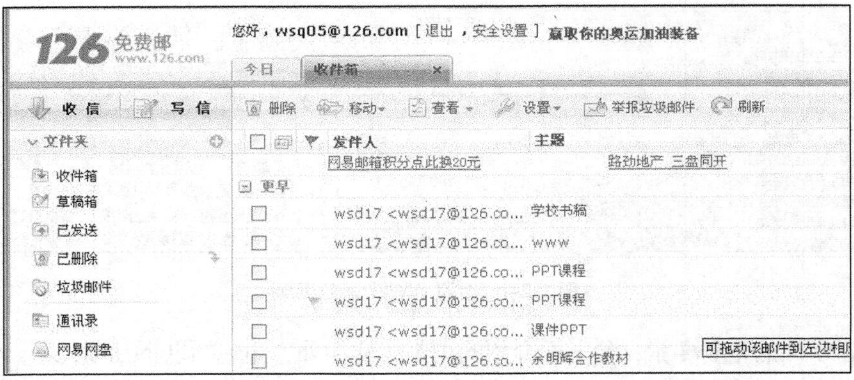

图 1-2-5 电子邮件

2．文件传输（FTP）

文件传输（File Transfer Protocol，FTP）也是 Internet 提供的基本的重要应用，是利用 Internet 上进行文件传输的主要方式之一，在 Internet 上的学术论文、技术资料以及各种共享软件等都可以通过 FTP 来下载获得。

文件传输 FTP 服务解决了远程传输文件的问题，Internet 上的两台计算机在地理位置上无论相距多远，只要两台计算机都加入了互联网，它们之间就可以进行文件传送。网上的用户既可以把服务器上的文件传输到自己的计算机上（下载），也可以把自己计算机上信息发送到远程服务器上（上传）。

文件传输（FTP）在通过登录验证后，可以向登录的 Internet 用户提供在 Internet 上传输的任何类型的文件：文本文件、二进制文件、图像文件、声音文件、数据压缩文件等，如图 1-2-6 所示。但匿名 FTP 是最重要的 Internet 服务之一，匿名登录不需要输入用户名和密码，许多匿名 FTP 服务器上都有免费的软件、电子杂志、技术文档等供人们使用。

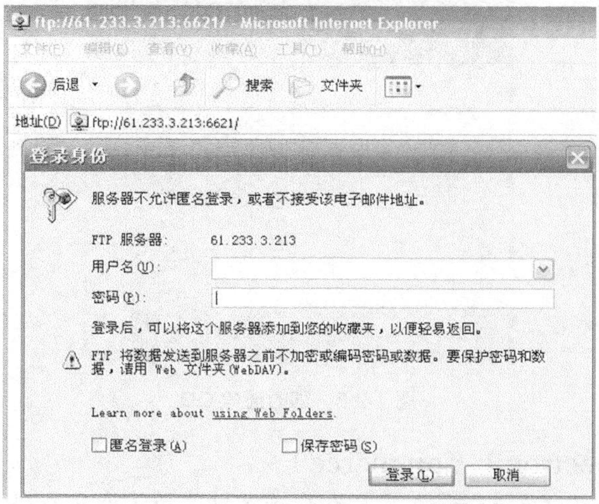

ftp://61.233.3.213:6621/ - Microsoft Internet Explorer
后退
搜索
文件夹
地址(D) ftp://61.233.3.213:6621/
登录身份
服务器不允许匿名登录，或者不接受该电子邮件地址。
FTP 服务器: 61.233.3.213
用户名(U):
密码(P):
登录后，可以将这个服务器添加到您的收藏夹，以便轻易返回。
FTP 将数据发送到服务器之前不加密或编码密码或数据。要保护密码和数据，请用 Web 文件夹(WebDAV)。
Learn more about using Web Folders.
匿名登录(A)
保存密码(S)
登录(L)
取消

图 1-2-6　FTP 文件传输

3. 论坛（BBS）

公告牌服务（Bulletin Board Service，BBS）也是 Internet 上的一种应用，提供一块公共讨论空间，志趣相同的人可以在上面发布信息，讨论问题或提出看法，如图 1-2-7 所示。

新浪杂谈_新浪论坛_新浪网 - Microsoft Internet Explorer
文件(F) 编辑(E) 查看(V) 收藏(A) 工具(T) 帮助(H)
地址(D) http://bbs.book.sina.com.cn/tableforum/App/index.php?bbsid=9&subid=0
转到
发 帖
刷 新
切换为树状
讨论区
精华帖
热门帖
排行榜
收集奥运时尚！让阿迪卡点燃北京奥运激情！
请注意，未满18岁者不得参加本次线下活动！
为中国 加油呐喊 迎接胜利 行动"开始！
"让我为你画一个永远不倒的家"
终于明白自己就是一个小人物！

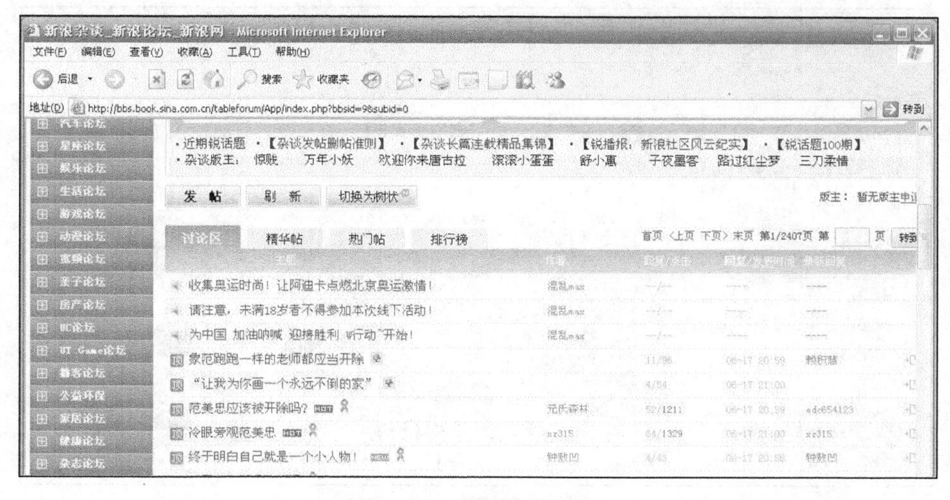

图 1-2-7　新浪论坛 BBS

BBS 电子公告板实质上是 Internet 上的一个信息资源服务系统。提供 BBS 服务的站点叫 BBS 站，BBS 通常是由单位或个人开发提供的，用户可以根据它提供的功能，包括浏览信息、提出问题、发表意见、网上交谈，彼此之间通过 BBS 平台相互交换信息。

4. 即时通信（IM）

即时通信 InstantMessaging 的缩写是 IM，这是一种可以让使用者在网络上建立某种私人聊天室（chatroom）的实时通信服务。大部分的即时通信服务提供了状态信息特性，包括显示联络人名单，联络人是否在线及能否与联络人交谈。

目前在互联网上受欢迎的即时通信软件包括QQ、阿里旺旺以及MSN Messenger等，图1-2-8所示的是腾讯QQ即时通信工具。

图 1-2-8　即时通信 QQ

5. 电子商务（Electronic Commerce）

电子商务（Electronic Commerce）是指在全球各地广泛的商业贸易活动中，在因特网开放的平台上，买卖双方在网络上进行各种商贸活动，实现消费者的网上购物、网上交易和在线电子支付各种商务活动。随着 Internet 技术的广泛应用，利用 Internet 进行网络购物并以银行卡付款的消费方式已渐流行，市场份额也在快速增长，电子商务网站也层出不穷，并逐渐改变了传统的商业模式，如图 1-2-9 所示的淘宝界面。

图 1-2-9　电子交易平台淘宝

6. 微博（Weibo）

微博（Weibo），微型博客（MicroBlog）的简称，即一句话博客，是一种通过关注机制，分享简短实时信息的、广播式的社交网络平台。微博是一个基于用户关系，信息分享、传播以及获取的平台。你既可以作为观众，在微博上浏览你感兴趣的信息，也可以作为发布者，在微博上发布内容供别人浏览，如图 1-2-10 所示的新浪微博的登录界面。

微博作为一种分享和交流平台，其更注重时效性和随意性。微博更能表达出每时每刻的思想和最新动态。发布的内容一般较短，如 140 字的限制，微博由此得名。

当然也可以发布图片，分享视频等。微博最大的特点就是：发布信息快速，信息传播的速度快，并实现即时分享。微博的关注机制分为单向、双向两种。

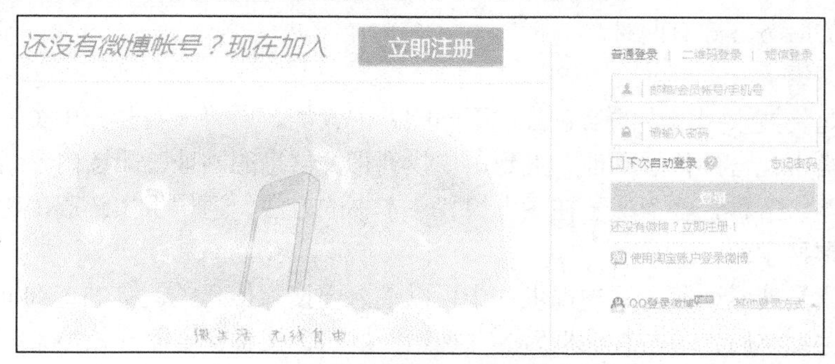

图 1-2-10　新浪微博

【任务实施】使用互联网搜索、交流与下载

任务 1：网页搜索

【任务描述】

小明通过使用 IE 浏览器软件知道互联网更多知识后，就想访问更多的网站。在访问互联网之前，小明先通过搜索的方式查找更多的目标互联网网站。

【任务目标】熟悉网页资源搜索方法。

【设备清单】接入互联网中的计算机（1 台）。

【工作过程】

如何从 Internet 上大量的信息中迅速、准确找到自己需要的信息，是一项重要的 Internet 应用技能，尤为重要，下面就来介绍一下网页的搜索方法。

1．利用 IE 浏览器进行简单搜索

微软的 IE 浏览器本身就提供一些默认的搜索工具。使用 IE 浏览器直接搜索网站信息是最简单的搜索方式。在 IE 浏览器搜索网络资源的方法如下。

启动 IE 浏览器后，在地址栏中输入希望查询的网络关键字，然后按 Enter 键，页面上就会列出与输入的关键字相关的网页站点的列表，选择访问，如图 1-2-11 所示。

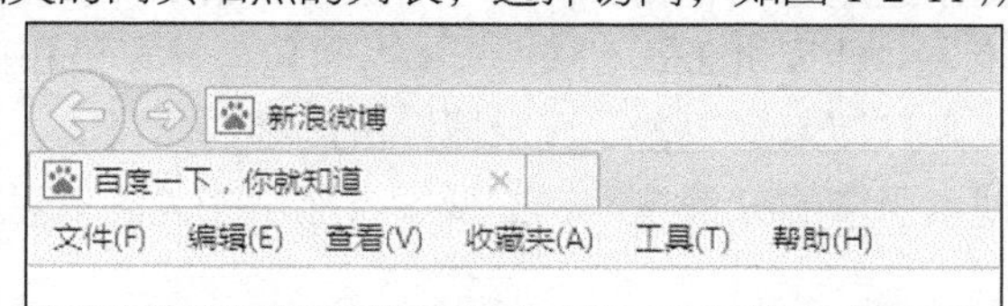

图 1-2-11　直接在地址栏中输入关键字搜索

2．使用搜索引擎进行搜索

在网络上搜索信息，除使用 IE 浏览器进行简单搜索以外，还可利用搜索引擎网站搜索。

搜索引擎网站实际上也是一个普通的 WWW 网站，但其功能是专门提供查询网上信息。搜索引擎站点周期性地在 Internet 上收集新的信息，并将其分类存储，这样就建立了一个不断更新的“网络信息资源数据库”。用户在搜索信息时，实际上就是从这个库中查找。

常见的搜索引擎有百度搜索引擎 http：//www.baidu.com/、谷歌搜索引擎 http://www.google.com/。

搜索引擎的服务方式有两种。

（1）目录搜索

目录搜索是将搜索引擎中的信息分成不同的若干大类，再将大类分为子类、子类的子类……最小的类中包含具体的网址，直到用户找到相关信息的网址，即按树形结构组成供用户搜索的类和子类，这种查找类似于在图书馆找一本书的方法，适用于按普通主题查找。

（2）关键字搜索

关键字搜索是搜索引擎向用户提供一个可以输入要搜索信息关键字的查询框界面，用户按一定规则输入关键字后，单击查询框后的“搜索”按钮，搜索引擎即开始搜索相关信息，然后将结果返回给用户。

3．使用百度搜索引擎

在浏览器窗口地址栏中，输入百度搜索引擎地址 http://www.baidu.com，即可打开百度搜索引擎网站。在打开的百度搜索引擎网站中的搜索框中，输入要查找的关键字，如“什么是搜索引擎”，单击“百度一下”按钮后，即可搜到关于这个关键字的全部资料，如图 1-2-12 所示。

图 1-2-12　百度搜索引擎查找资料

4．如何使用搜索引擎搜索资源

在输入搜索关键字时，可以直接输入搜索关键字，也可以使用“AND”“OR”“NOT”逻辑表达式匹配，也可以使用通配符“*”或“？”（有些搜索引擎可能不完全支持）。

例如，在搜索框中输入“计算机 and 论文”，将返回包含计算机和论文的网站信息，在搜索框中输入“显示器*”，则只搜索到包含“显示器”关键字的信息。

此外，还可以根据搜索引擎的分词技术，去搜索与显示相关的信息。

任务 2：网上购物

【任务描述】

小明来深圳职业中专学校上学后，了解到互联网技术及其应用，就非常想学习互联网的日常应用，使用互联网。小明看到周围的同学都可以在网络上购物，觉得很新鲜，也很想在网络上买一件衣物。

【任务目标】帮助小明通过淘宝购物，学习淘宝购物平台使用方法。

【设备清单】接入互联网的计算机（1 台）。

【工作过程】

1．打开浏览器

在桌面上双击图标 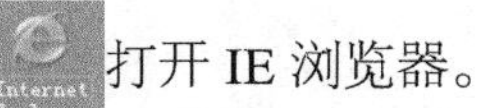 打开 IE 浏览器。

2．输入当当网地址

在浏览器窗口地址栏中，输入“当当网”地址 http://www.dangdang.com，即可打开当当网网站，根据购买需要，选择“图书”分类项，如图 1-2-13 所示。

图 1-2-13　在当当网购书

3．搜索要查找的商品信息

也可直接在当当网的搜索框中输入要查找的关键字，如“卡耐基全集”，单击“搜索”按钮后，即可搜索到包含该关键字的图书信息，如图 1-2-14 所示。

图 1-2-14　在当当网挑选图书

选择自己需要的图书后，单击“购买”按钮，即可选择购买以及付款模式，如图 1-2-15 所示。

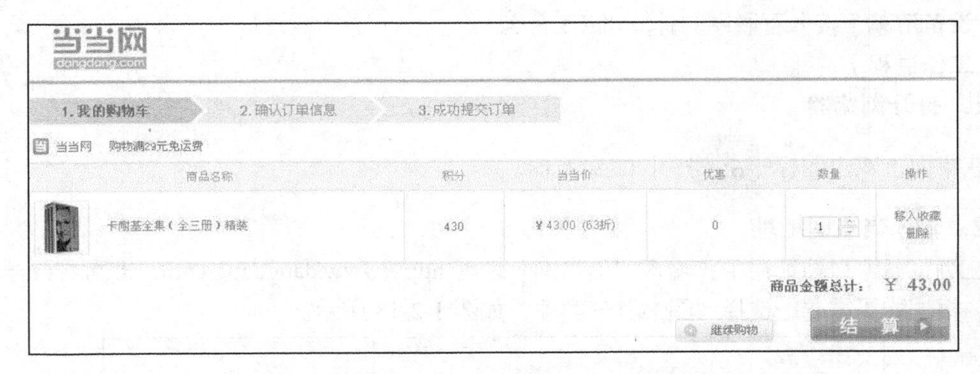

图 1-2-15　下单结算和支付

需要提醒注意的是：

和在铁路服务客户中心 12306 网站上购买火车票一样，在当当网购物，也需要提前注册为该网站的用户。登录用户账户后，才可以进行正式的结算、下单、支付和发送。

4. 在淘宝网购买

在浏览器窗口的地址栏中，输入淘宝网站的地址 http://www.taobao.com/，即可打开淘宝网站，如图 1-2-16 所示。

图 1-2-16　淘宝购物网站

和在当当网购书一样，可以使用淘宝网站上部的“搜索”框，检索需要的商品。也可以根据购买需要，选择“聚划算”等分类项，即可显示当日打折、团购、折扣以及相关的分类商品信息，如图 1-2-17 所示的“聚划算”分类折扣的商品信息。

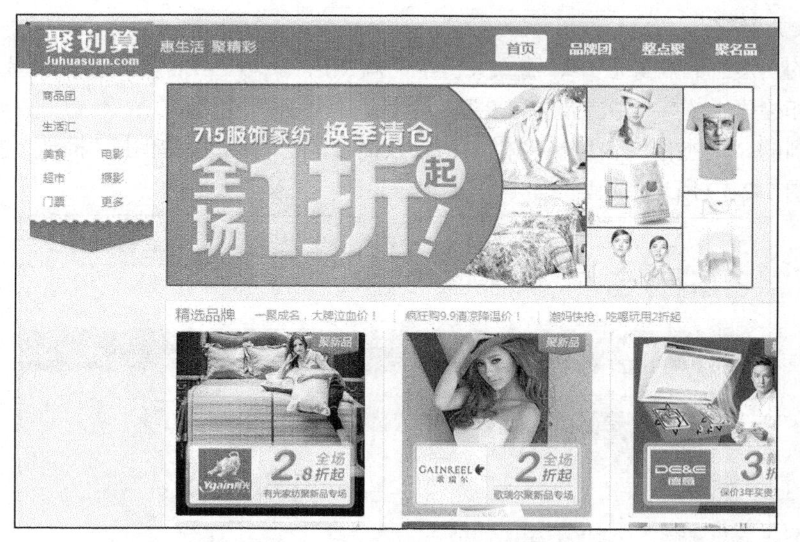

图 1-2-17 “聚划算”分类折扣的商品信息

任务 3：网上下载 MP3 歌曲

【任务描述】

学习使用了部分互联网的日常应用之后，小明对互联网的基本应用有了初步了解。在学校上网期间，小明看到很多同学从网络上下载电影、音乐，小明决定和同学学习从网络上下载音乐。

【任务目标】帮助小明从网络上下载音乐。

【设备清单】接入互联网的计算机（1 台）。

【工作过程】

1. 打开浏览器

在桌面上双击图标 Internet Explorer 打开 IE 浏览器。

2. 输入百度影音地址

在 IE 浏览器地址栏中，输入百度影音地址 http://music.baidu.com/，如图 1-2-18 所示，或者直接打开百度主页，选择“音乐”分栏，也可转到百度影音。

图 1-2-18 打开百度影音寻找歌曲

3. **输入关键字**

在打开的百度影音检索栏中，输入关键字“周杰伦”，检索需要的影音信息，如图 1-2-19 所示，显示和检索关键字相关的影音信息，可以从中筛选。

在检索到的“周杰伦”百度影音栏中，寻找需要的影音信息，单击“播放”按钮，即可在线试听，如图 1-2-19 所示。

图 1-2-19 筛选需要的信息内容

4. **下载影音**

在打开的试听影音信息栏中，单击“下载”按钮，即可把信息下载保存到本地，完成影音本地下载，如图 1-2-20 所示。

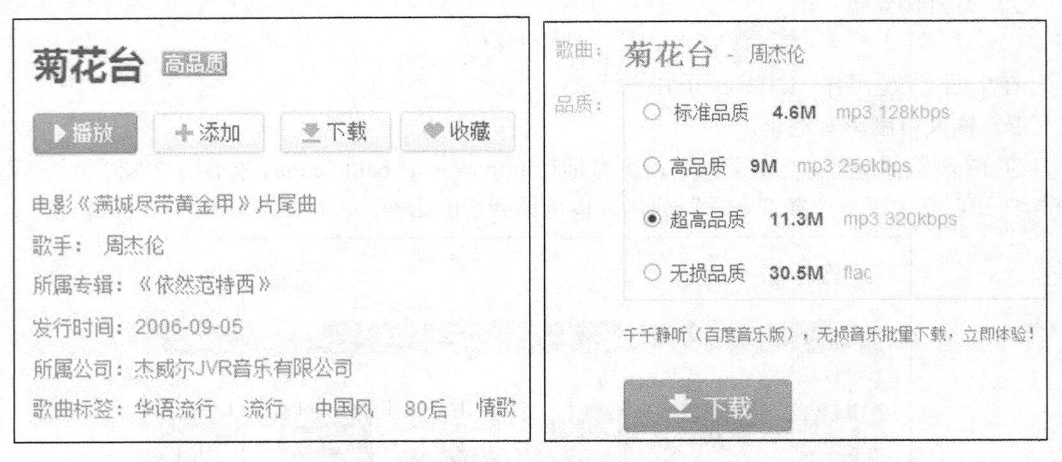

图 1-2-20 下载影音到本地

5. **输入优酷影音地址**

在 IE 浏览器地址栏中，输入优酷影音地址 http://www.youku.com/，如图 1-2-21 所示，下载自己需要的电影到本地观看。

图 1-2-21 打开优酷影音

6．检索目标电影

在打开的优酷影音网站主页面上，在如图 1-2-21 所示的上部“搜库”栏中，输入目标关键字“致青春”，检索需要的影音信息，如图 1-2-22 所示，单击“播放”按钮即可观看该部免费电影。

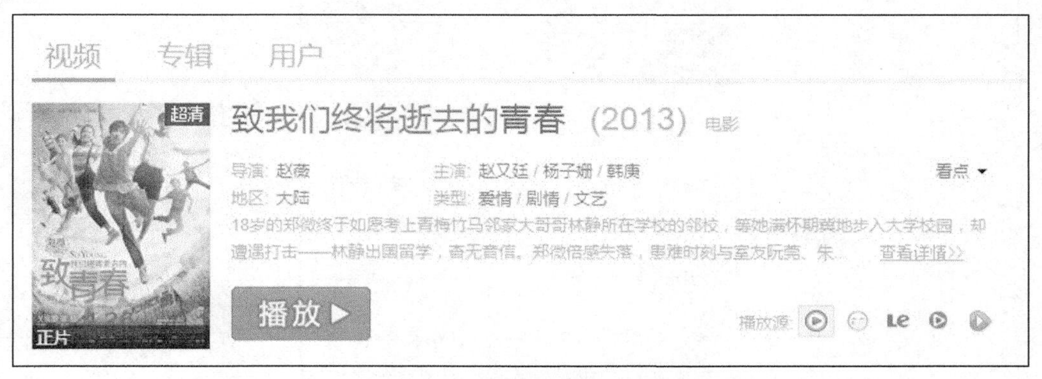

图 1-2-22 在线观看免费在线电影

再单击打开播放的电影页面的左下角，显示如图 1-2-23 所示电影下载信息，单击“下载”按钮后，选择“缓存至手机”或者“下载至电脑”选项，开始下载电影。

图 1-2-23 免费下载到本地观看

需要注意的是：下载影音，首先都必须注册为该网站会员，登录后才可下载。

任务 4：使用 QQ 聊天

【任务描述】

来深圳职业中专学校上学之前，小明就听说大家都有 QQ 工具，通过 QQ 可以聊天，说话，传输照片。看到周围的同学都有 QQ 软件，小明也想申请一个 QQ，通过 QQ 和同学聊天，通过 QQ 邮箱交作业给老师。

【任务目标】帮助小明在腾讯网上申请一个 QQ 号。

【设备清单】接入互联网的计算机（1 台）。

【工作过程】

1．打开浏览器

在桌面上双击图标 Internet Explorer 打开 IE 浏览器。

2．输入腾讯官网地址

在 IE 浏览器地址栏中，输入腾讯官网地址 www.qq.com，在腾讯官网下载通信工具 QQ 软件包看，安装 QQ 软件包，如图 1-2-24 所示。

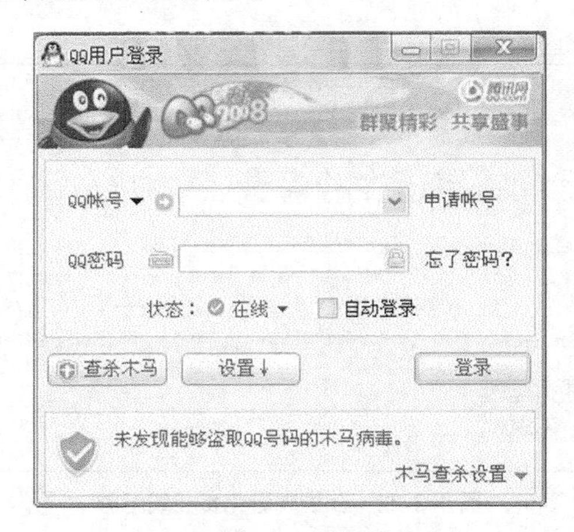

图 1-2-24　安装腾讯 QQ

3．注册腾讯 QQ 号

在腾讯官网的右侧“QQ 邮箱”选项中，单击进入 QQ 的注册页面。或者直接在 IE 浏览器地址栏中输入 QQ 地址 http://im.qq.com/，进入 QQ 的注册页面，注册 QQ 账号信息，如图 1-2-25 所示。

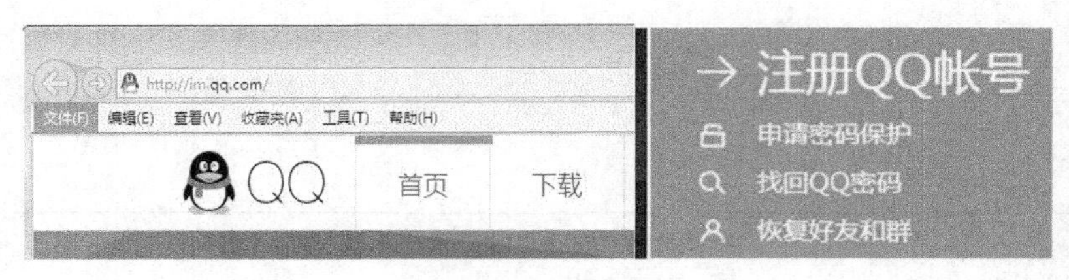

图 1-2-25　注册 QQ 号

4．登录QQ聊天

注册QQ号后，登录安装QQ软件，加入朋友聊天，如图1-2-26所示。

图1-2-26　登录QQ聊天

任务5：使用微博社交工具

【任务描述】

小明班级的很多同学都申请有微博账号，通过微博及时分享信息，和自己喜欢的明星互动，小明也非常想申请一个微博账号，和班级同学以及喜欢的明星之间互动分享。

【任务目标】帮助小明申请一个微博账号。

【设备清单】接入互联网的计算机（1台）。

【工作过程】

1．打开浏览器

在桌面上双击图标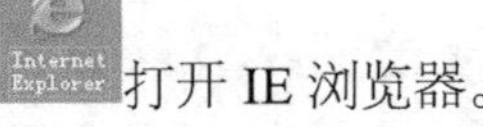打开IE浏览器。

2．输入新浪微博的地址

在浏览器窗口的地址栏中，输入新浪微博的地址http://t.sina.com.cn/，打开新浪微博网站，如图1-2-27所示。

图1-2-27　打开新浪微博

3．注册新浪微博账号

在打开新浪微博首页上，选择“立即注册微博”按钮后，即可注册一个新浪微博的账号，如图 1-2-28 所示。

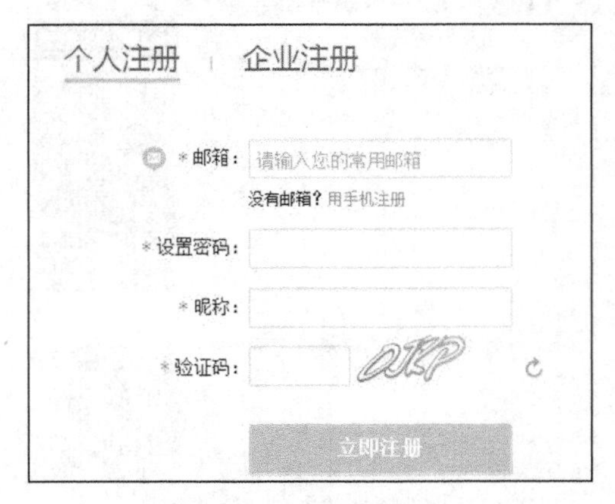

图 1-2-28　注册新浪微博账号

4．使用新浪微博发布信息

账号注册完成后，登录新浪微博，就可以分享新浪微博上浩瀚的信息资源，也可以添加好友分享，如图 1-2-29 所示。

图 1-2-29　使用微博分享信息

任务 6：收发电子邮件

【任务描述】

小明来到深圳职业中专学校上学后，一切和以前的学校都不一样了。很多作业都需要通过电子版本的形式提交到老师的电子信箱中。特别是很多同学都申请有电子信箱，通过电子信箱收发电子邮件之后，小明也想申请一个电子信箱，以后通过该电子信箱和同学通信，上交作业给老师。

【任务目标】帮助小明在 126 上申请电子邮箱。

【设备清单】接入互联网的计算机（1 台）。

【工作过程】

1．打开浏览器

在桌面上双击图标打开 IE 浏览器。

2．打开 126 电子邮箱网站

在 IE 浏览器地址栏中，输入网易 126 邮件系统地址 www.126.com，打开如图 1-2-30 所示“登录”或“注册”界面。

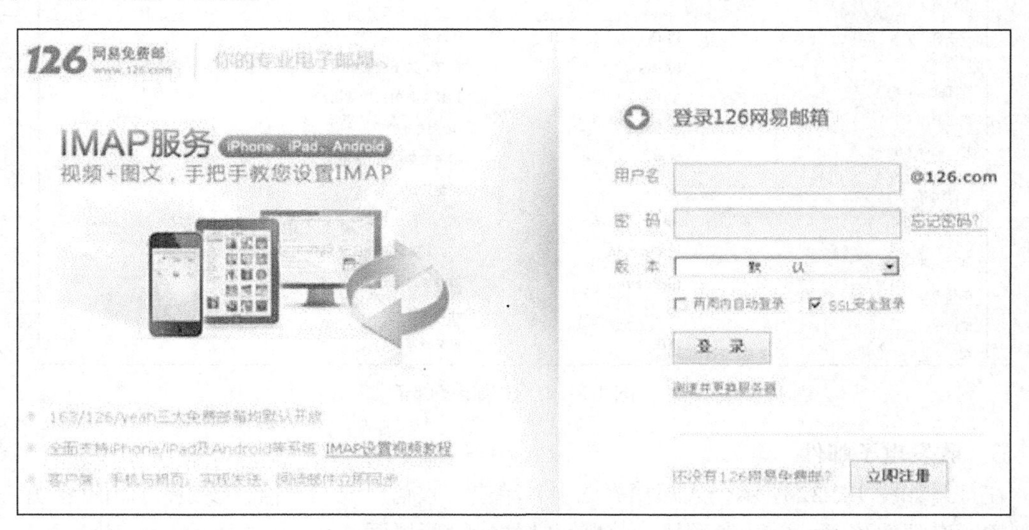

图 1-2-30　注册电子邮箱

3．注册电子邮箱账号

新用户可以直接在界面上单击“立即注册”按钮，申请一个新的电子邮箱账户，如图 1-2-31 所示。

图 1-2-31　注册电子邮箱账号

4. 登录打开电子邮箱

注册完成 126 电子邮箱账户后，直接在打开的界面上输入用户名和密码，即可打开个人电子邮箱，如图 1-2-32 所示。

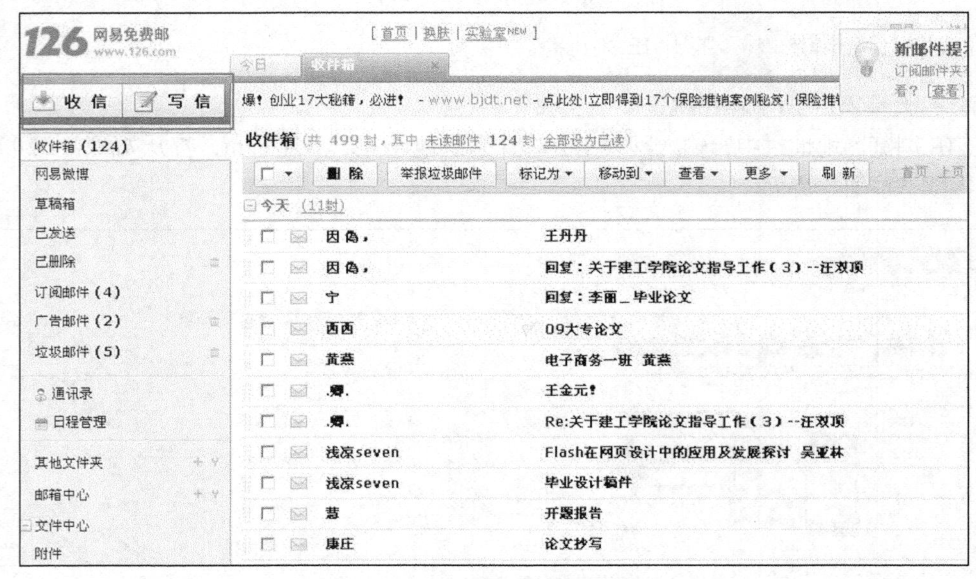

图 1-2-32　登录电子邮箱

5. 收发电子邮件

在打开如图 1-2-32 所示个人邮箱界面上，单击“收信”或“写信”按钮，打开个人账户接受到的所有邮件列表，以及发送邮件前撰写邮件的管理界面。

图 1-2-33 所示界面为撰写邮件的写信界面。

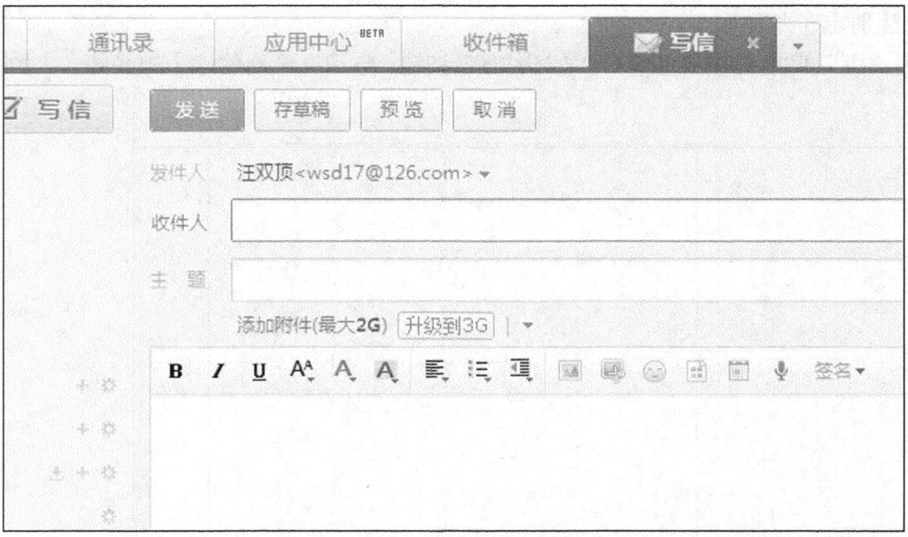

图 1-2-33　使用电子邮箱发送信件

书写电子邮件时，需要填写清楚收件人的电子邮箱地址、邮件主题 2 项重要信息。如果要把该邮件发送给多个收件人，使用“;”符号，分隔多个邮件地址。

在正文框中，和平时写信一样，书写信件。不仅仅可以书写文字信息，还可以把图片信息、语音信息以及影像信息附加在邮件中发送。通过单击“添加附件”按钮，完成这些多媒体信息内容的附加发送。

认证试题

1. 网络按通信范围分为（　　）。

A. 局域网、城域网、广域网　　B. 局域网、以太网、广域网

C. 电缆网、城域网、广域网　　D. 中继网、局域网、广域网

2. 对局域网来说，网络控制的核心是（　　）。

A. 工作站　　B. 网卡　　C. 网络服务器　　D. 网络互连设备

3. 计算机网络的目标是实现（　　）。

A. 数据处理　　B. 信息传输与数据处理

C. 文献查询　　D. 资源共享与信息传输

4. Internet 上计算机的名字由许多域构成，域间用（　　）分隔。

A. 小圆点　　B. 逗号　　C. 分号　　D. 冒号

5. 在计算机局域网中通常不需要的设备是（　　）。

A. 网卡　　B. 服务器　　C. 传输介质　　D. 调制解调器

6. 下面不属于电子邮件协议的是（　　）。

A. TELNET　　B. SMTP　　C. POP3　　D. MIME

7. 在 Internet 上浏览时，浏览器和 WWW 服务器之间传输网页使用的协议是（　　）。

A. IP　　B. HTTP　　C. FTP　　D. Telnet

8. 邮件地址 atp1980@163.com 所在的邮件服务器是（　　）。

A．atp1980　　B．163　　C．com　　D．163.com

9. 下列关于电子邮件说法错误的是（　　）。

A．电子邮件可以进行转发　　B．电子邮件可以发送给多个邮件地址

C．电子邮件能通过 Web 方式接收　　D．不能给自己的邮箱发送电子邮件

10. 把文件从远程计算机拷贝到本地计算机上的操作称为（　　）。

A．上传　　B．下载　　C．远程登录　　D．网络连接

11. BBS 的中文含义是（　　）。

A．电子公告板　　B．网络新闻组　　C．网络闲谈　　D．网络传呼

12. 在 Internet 中能够提供任意两台计算机之间传输文件的协议是（　　）。

A. WWW　　B. FTP　　C. Telnet　　D. SMTP

13. 下列属于电子邮件地址的是（　　）。

A. WWW.263.NET.CN　　B. CSSC@263.NET

C. 192.168.0.100　　D. http://www.sohu.com

14. HTTP 是（　　）。

A. 统一资源定位器　　B. 远程登录协议

C. 文件传输协议　　D. 超文本传输协议

15. Internet 比较确切的一种含义是（　　）。

A. 一种计算机的品牌　　B. 网络中的网络

C. 一个网络的域名　　D. 美国军方的非机密军事情报网络

16. 万维网的网址以 http 为前导，表示遵从（　　）协议。

A. 纯文本　　B. 超文本传输　　C. TCP/IP　　D. POP

17. 电子信箱地址的格式是（　　）。

A. 用户名@主机域名　　B. 主机名@用户名

C. 用户名.主机域名　　D. 主机域名.用户名

18. 大量服务器集合的全球万维网，简称为（　　）。

A. Bwe　　B. Wbe　　C. Web　　D. Bew

19. Internet 与 WWW 的关系是（　　）。

A. 都表示互联网，只不过名称不同　　B. WWW 是 Internet 上的一个应用功能

C. Internet 与 WWW 没有关系　　D. WWW 是 Internet 上的一种协议

20. URL 的使用是（　　）。

A. 定位主机的地址　　B. 定位资源的地址

C. 域名与 IP 地址的转换　　D. 表示电子邮件的地址

PART 2

项目二
认识身边的局域网

项目背景

小明和王琳都是职业院校的学生，同住一个宿舍。

在深圳，很多和小明以前的学校的学习方式不同的地方是更多地使用网络开展教学。很多课程资源都放在网络上，很多课程作业都要通过电子邮件的方式提交，学校的通知都在校园网上公布，班级的很多活动都在群里共享……

因此小明和班里同学一样，都需要配置电脑，在宿舍中搭建简单网络，方便学习。

本项目主要讲解局域网的基础知识，了解局域网的组成要素，熟悉局域网的类型，会区别局域网不同的传输介质，更好地了解局域网络技术，会熟练使用周围的网络获取信息和资源。

技术导读

本项目技术重点：局域网的功能、局域网的组成要素、网络传输介质。

任务一：掌握局域网基础知识

【任务描述】

小明是深圳职业中专学校计算机专业的学生，同宿舍还住了其他4位同学，为了学习方便，都带有笔记本电脑，为了共享学习资源，希望把电脑互联起来，组成简单的宿舍网络。

因此，小明购买了一台集线器，把4台电脑连接起来，组建成最简单的宿舍局域网。

【任务分析】

计算机网络按照覆盖范围的不同，分为局域网和广域网。其中宿舍网络是最简单的局域网类型之一，局域网是局部范围内计算机直接互连组成的计算机网络，广泛出现在周围的生活中，如家庭局域网、企业办公网、校园网等。

【知识介绍】

2.1.1 局域网基础知识

计算机网络可以分为多种不同类型。通常按照覆盖范围，把计算机网络分为局域网和广域网两种形式。在日常生活中，局域网可以表现为多种形式，如校园网、企业网、办公网、图书馆网……

1．什么是局域网

局域网（Local Area Network，LAN）也叫局部网络，指在有限的地理范围内，将大量计算机及各种网络设备互连在一起，实现数据传输和资源共享的计算机网络，是生活中最常见、应用最广泛的一种网络类型。

局域网覆盖的网络范围一般是方圆几米到几千米以内，经常应用于一个大楼内部，或一间办公室，甚至一个居室内部。局域网可以由办公室内两台计算机组成，也可以由公司内的上千台计算机组成。组建完成的局域网，能实现网络内部的文件管理、应用软件共享、打印机共享等服务功能。

局域网在计算机数量上没有太多限制，少的可以只有两台，多的可达几百台，甚至上千台。所涉及的距离可以是几米至 10 千米以内，如图 2-1-1 所示的局域网场景。

图 2-1-1 办公网

2．局域网的特点

如图 2-1-2 所示，局域网一般为一个部门或一个单位所有，除了建网、维护以及扩展等较容易之外，局域网通常还具有以下重要的特点。

① 覆盖的地理范围较小，在一个相对独立的局部范围内。

② 具有较高大数据传输速率，有 100Mbit/s、1000Mbit/s 之分，实际中最高可达 10Gbit/s、

100Gbit/s 传输速度。

③ 网络传输的误码率低，具有优秀的传输质量。

④ 通信延迟时间短，网络传输的可靠性较高。

⑤ 具有针对不同速率的适应能力，低速或高速设备均能接入。

⑥ 具有良好的兼容性和互操作性，不同厂商生产的不同型号的设备均能接入。

⑦ 支持多种同轴电缆、双绞线、光纤和无线等传输介质。

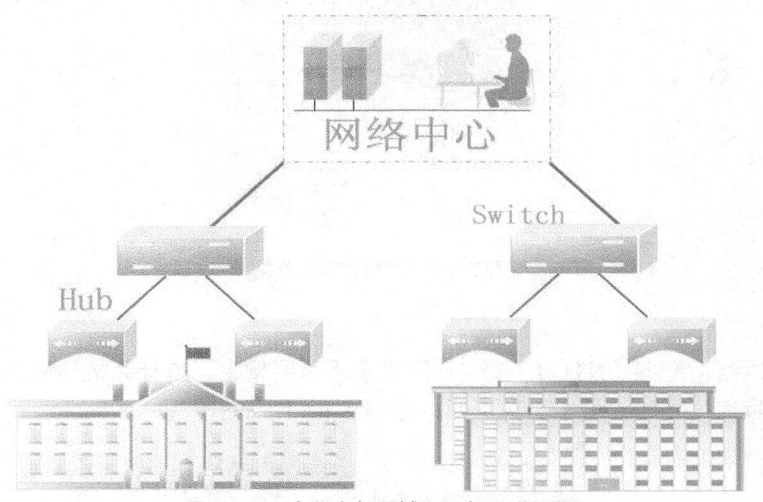

图 2-1-2　企业内部局域网设备互联场景

3．局域网的组成硬件

局域网由网络硬件（包括网络服务器、网络工作站、网络打印机、网卡、网络互联设备等）和网络传输介质，以及网络软件所组成。

（1）服务器

服务器在局域网内向用户提供各种网络服务，如图 2-1-3 所示，如文件服务、Web 服务、FTP 服务、E-mail 服务、数据库服务、打印服务等。服务器硬件配置都非常好，有多个高速 CPU、多块大容量硬盘、数以 GB 计内存等。

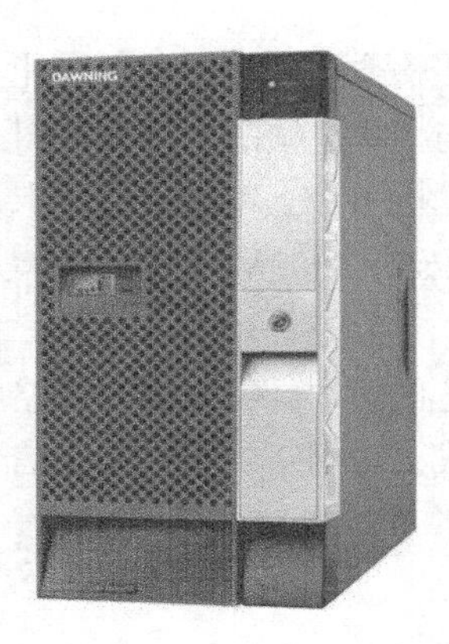

图 2-1-3　网络中的服务器设备

（2）网络工作站

除服务器外，网络中的计算机主要执行应用程序来完成工作任务，把这种计算机称为工作站或网络客户机。它是网络数据主要的发生和使用场所，用户通过使用工作站来利用网络，完成业务，如图 2-1-4 所示。

图 2-1-4 网络终端工作站

（3）网卡

网卡也称网络适配器（NTC），插在计算机主板扩展槽中，是计算机与局域网连接接口，实现网络的数据通信功能，网卡的常见形态如图 2-1-5 所示。

图 2-1-5 台式计算机网卡

网卡是局域网中连接计算机和传输介质的接口，不仅能实现与局域网传输介质间的物理连接和电信号匹配，还涉及帧的发送与接收、帧的封装与拆封、介质访问控制、数据的编码与解码以及数据缓存的功能等。目前计算机主板上都集成有网卡，不独立设插卡。常见网卡分类主要从速度上分，多为速率为 100Mbit/s 和 1000Mbit/s 的网卡类型。

（4）集线器

集线器也称“Hub”，是网络中心的意思。集线器把网络中的所有节点计算机集中，再以它为中心的节点，采用广播的访问方式，对网络中接收到的信号进行再生、整形、放大，以扩大网络传输距离，如图 2-1-6 所示。

图 2-1-6 集线器

（5）交换机

交换机也是网络中的互联设备，在局域网中连接网络中的所有计算机，实现网络的高速通信，并独享带宽，优化网络传输，目前交换机已经逐步取代集线器，如图 2-1-7 所示。

图 2-1-7 交换机

（6）路由器

路由器（Router）是连接不同局域网、广域网的网络互联设备，它会根据不同网络路由信息，自动选择和设定路由，以最佳路径，按前后顺序发送信号，如图 2-1-8 所示。

路由器是连接互联网络的重要设备，是连接各互联网的枢纽设备。目前路由器已经广泛应用于各行各业，各种不同档次的路由器产品，已成为各种骨干网内部连接、骨干网间互联和骨干网与互联网之间，互联互通业务的主要接入设备。

图 2-1-8 路由器设备

2.1.2 局域网应用场景

1．家庭无线局域网络

家庭无线网络技术让家中的电脑和家电设备，不必通过缆线就可以连接起来，组建家庭无线局域网，带给人们更多的新应用模式。家庭无线局域网络如图 2-1-9 所示。

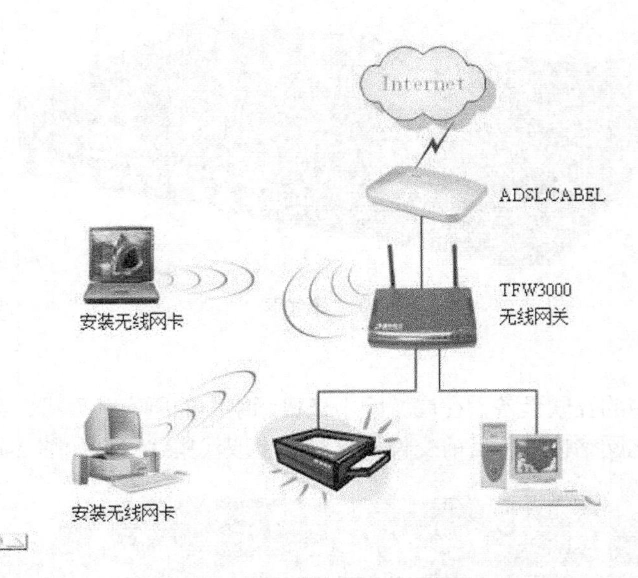

图 2-1-9　家庭无线局域网

2．企业的办公网络

随着社会信息化水平的提高，互联网大规模应用在实际工作中，企业内部之间、企业同外部企业之间的沟通和交流日益增加，需要在企业内部建立高效的局域网，实现企业内部高效的信息交换、资源共享，为企业提供准确、可靠的数据和信息。

为了更有效率地工作，还可以在企业内部架设公司内部的服务器系统，将每台计算机通过有线（或无线）连接，将企业服务器进行统一化管理，共享文件数据，以提高工作效率。办公网络如图 2-1-10 所示。

图 2-1-10　企业的办公网络

3．校园网络

校园网是为学校师生提供教学、科研和综合信息服务的宽带多媒体网络，校园网为学校教学、科研提供信息化教学环境，校园网络如图 2-1-11 所示。

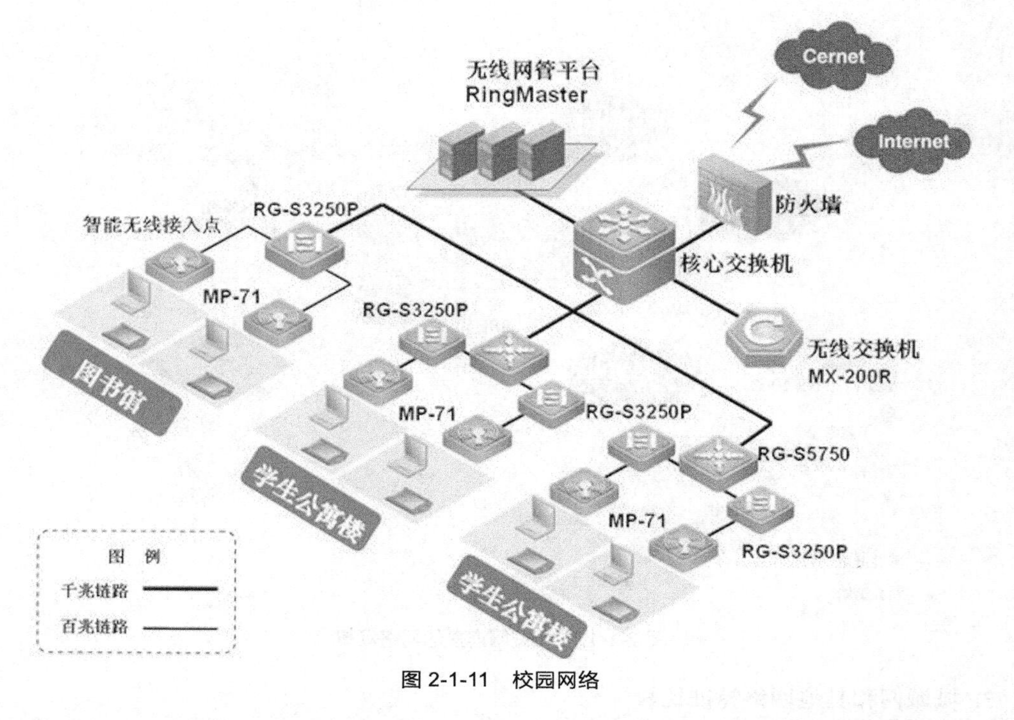

图 2-1-11　校园网络

这就要求校园网是一个宽带、具有交互功能和专业性很强的局域网络。多媒体教学软件开发平台、多媒体演示教室、教师备课系统、电子阅览室以及教学、考试资料库等，都可以在该网络上运行。

2.1.3　什么是城域网

城域网也是局域网的一种特殊类型之一，是最大范围的局域网。

1. 城域网定义

城域网的网络范围通常覆盖一个城市，网络覆盖距离在 10～100 千米。在网络信息传输上，城域网采用和局域网一样的传输机制，都遵守局域网 IEEE802 通信协议。

城域网与局域网在网络范围上相比，扩展的距离更长，连接的计算机数量更多，在地理范围上，可以说是 LAN 网络的延伸。在一个大型城市，一个城域网通常连接着多个局域网，如连接政府机构的局域网、医院的局域网、电信的局域网、公司企业的局域网等。光纤连接的引入，使城域网中高速的局域网互连成为可能。

2. 城域网技术

城域网多采用 ATM 技术做骨干网。ATM 是一个用于数据、语音、视频以及多媒体应用程序的高速网络传输方法。ATM 技术提供一个可伸缩的主干基础设施，以便能够适应不同规模、速度以及寻址技术的网络。ATM 的最大缺点就是成本太高，所以一般在政府城域网中应用，如邮政、银行、医院等，如图 2-1-12 所示。

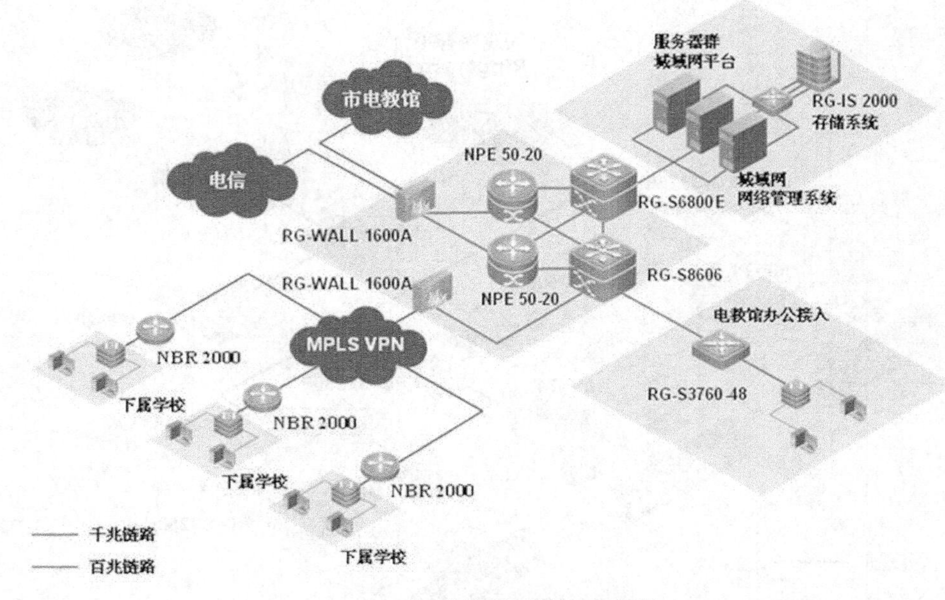

图 2-1-12　城域网连接的网络场景

3. **城域网和其他网络特征比较**

局域网的覆盖范围可以是部分区域，城域网覆盖的范围可以达到整个城市范围，它们采用的通信方式都是广播方式。

广域网覆盖更广阔的多城市范围，全国甚至全世界的网络，采用分组交换的通信方式。城域网和广域网都由相关通信公司运营和管理，向全社会提供公共服务。这 3 种网络的特点见表 2-1-1。

表 2-1-1　LAN、MAN 和 WAN 的比较

	局域网（LAN）	城域网（MAN）	广域网（WAN）
地理范围	室内、校园内部	城市区域内	国内、国际
所有者和运营者	单位所有和运营	几个单位共有或公用	通信公司运营
互联和通信方式	共享介质，分组广播	共享介质，分组广播	共享介质，分组广播
拓扑结构	规则结构	规则结构	不规则的网状结构
主要应用	分布式数据处理、办公自动化	LAN 互联，综合声音、视频和数据业务	远程数据传输

在实际应用中，上述 3 种类型的网络经常被综合应用，并形成互联网。互联网是指将两个或两个以上的计算机网络连接而成的更大的计算机网络。

2.1.4　计算机网络工作模式

按照在网络中提供的服务，以及承担的功能不同，计算机网络还可以分为：集中模式、客户机-服务器（Client-Server）模式以及对等模式。

前两种模式的特点是：它们都以应用为核心，在网络中必须有应用服务器，用户的请求必须通过应用服务器完成，用户之间的通信也要经过服务器。而对等网络则无主从之分。

1. **集中模式**

集中式网络操作系统由分时操作系统加上网络功能演变而来。系统的基本单元由一台主机和若干台与主机相连的终端构成，信息的处理和控制是集中式的，如UNIX系统。

2. **客户机-服务器模式**

这种模式是最流行的网络工作模式。服务器是网络的控制中心，向客户机提供服务。客户机是用于本地处理信息和访问服务器的控制的站点，如图2-1-13所示。

图2-1-13　客户机-服务器模式

3. **对等模式**

采用这种模式的站点都是平等的，既可以作为客户机访问其他站点，又可以作为服务器，向网络中的其他站点提供服务，如图2-1-14所示。

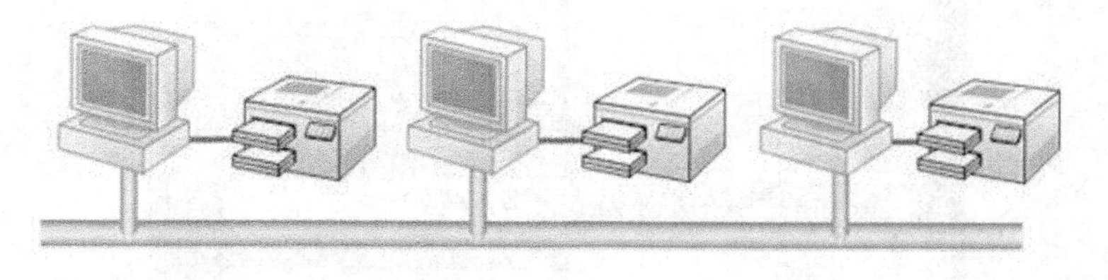

图2-1-14　对等模式

对等网也称工作组，是小型局域网常用的组网方式。在对等网络中，计算机的数量通常不超过20台，所以对等网络的组网结构相对比较简单。

在对等网络中，各台计算机有相同的功能，无主、从之分。网上任一台计算机既可以作为网络服务器，其资源为其他计算机共享，也可以作为工作站，以分享其他服务器的资源。任意一台计算机均可同时兼作服务器和工作站，也可只作其中之一。

【任务实施】组建最小局域网

【任务描述】

小明和同学传送文件，避免使用U盘来回复制。因为使用U盘复制不仅非常麻烦，还容易造成病毒感染。

因此，小明每次需要和其他同学传送文件时，都使用网线，把两台计算机直接连接起来，组建一个对等网络环境，通过对等网络，把资料从一台计算机传输到另一台计算机上。

【网络拓扑】

如图 2-1-15 所示网络拓扑为把两台计算机连接起来，组建一个对等网络的工作场景，通过网络把资料从一台计算机传输到另一台计算机上。

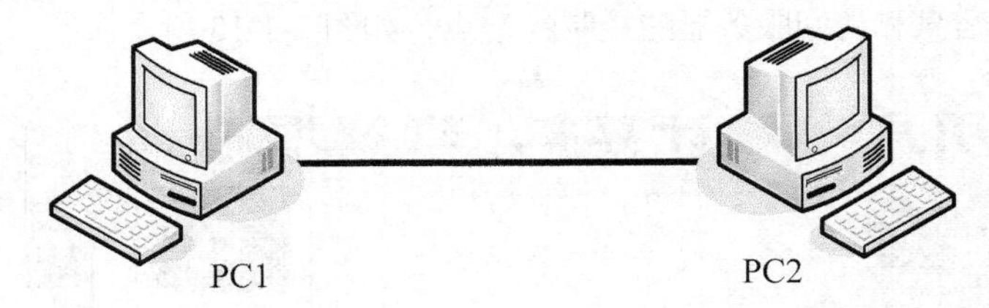

图 2-1-15　组建对等网络场景

【设备清单】计算机（2 台）、双绞线（1 根，交叉线）。

【工作过程 1】组建网络

① 准备好连接计算机设备的双绞线（交叉线）。

② 把制作好的双绞线一端插入一台计算机网卡口，另一端插入到对端计算机网卡口。插入时按住双绞线上翘环片，听到清脆的“叭哒”声，轻轻回抽不松动即可。

③ 对等网络安装连接后，还需对每台电脑进行 TCP/IP 设置。为网络中计算机配置 IP 地址，使网络具有可管理性。

【工作过程 2】配置网络

为网络中的计算机配置 IP 地址，配置地址过程如下。

① 打开计算机网络连接，如图 2-1-16 所示。

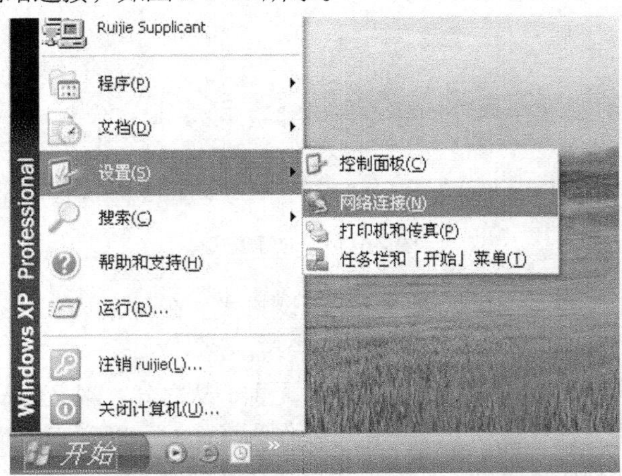

图 2-1-16　打开网络连接

② 选择“本地连接”，单击右键，选择快捷菜单中的“属性”选项，如图 2-1-17 所示。

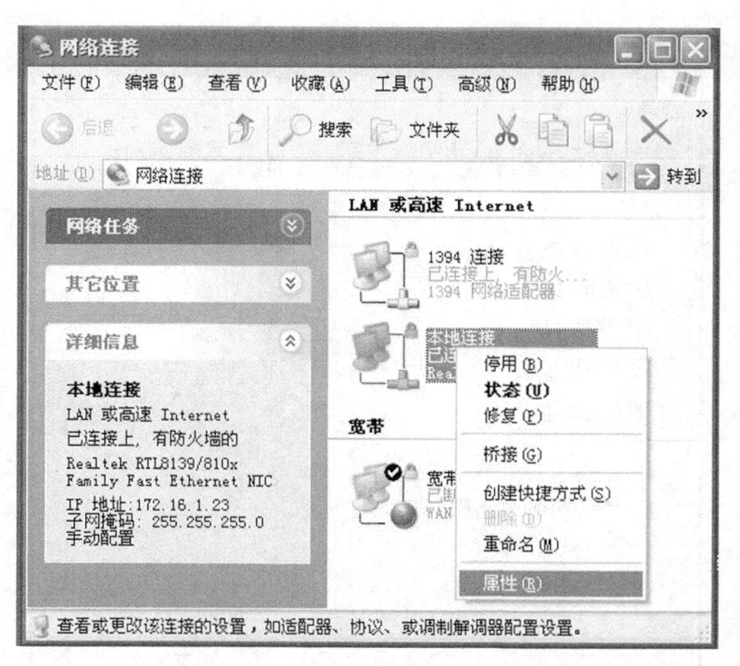

图 2-1-17　配置本地连接属性

③ 选择本地连接属性中的“Internet 协议（TCP/IP）”选项，再单击“属性”按钮，设置TCP/IP 协议属性，如图 2-1-18 所示。

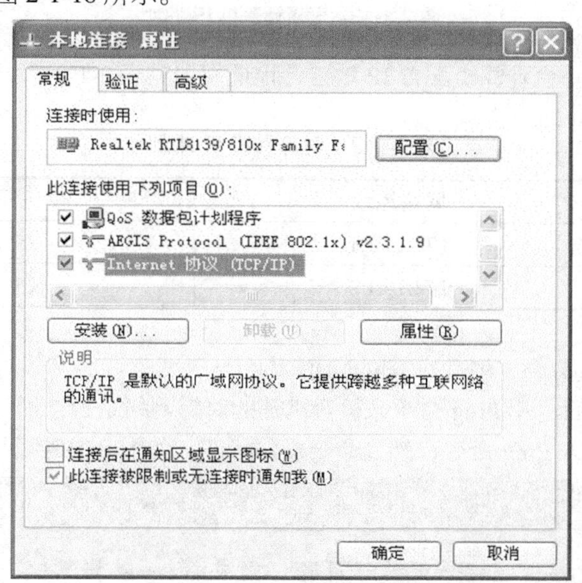

图 2-1-18　选择通信协议

④ 为计算机设置管理 IP 地址，如图 2-1-19 所示，具体 IP 地址见表 2-1-2。

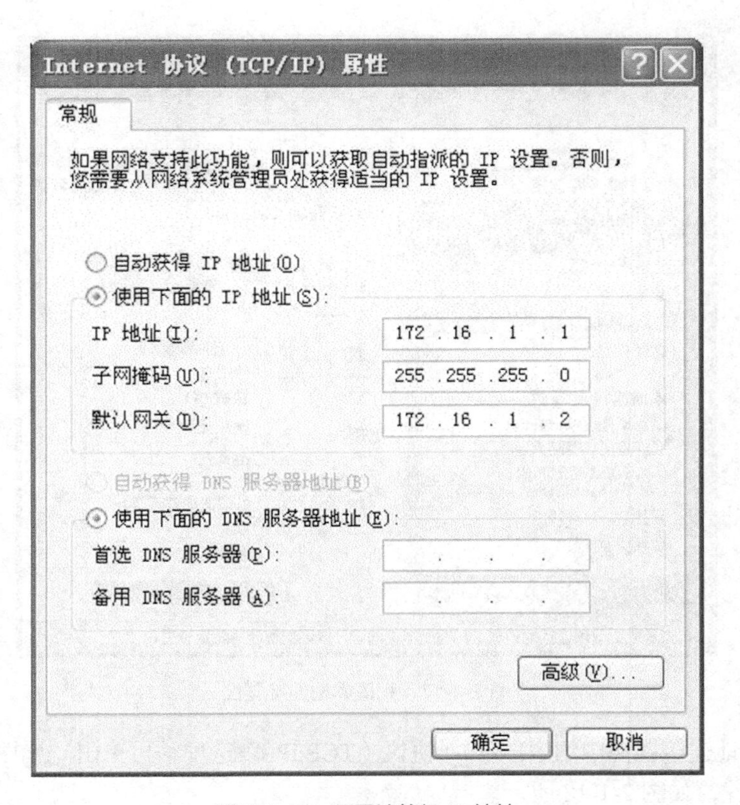

图 2-1-19　配置计算机 IP 地址

⑤ 同样方式为另一台计算机配置 IP 地址，地址规划见表 2-1-2。

表 2-1-2　对等网络 IP 规划

设备	网络地址	子网掩码
PC1	172.16.1.1	255.255.255.0
PC2	172.16.1.2	255.255.255.0

⑥ 使用 Ping 测试命令，测试对等网连通。

配置管理 IP 地址后，用 Ping 命令来检查组建的对等网络是否连通。打开计算机，在菜单“开始→运行”栏中输入 Ping 命令，转到命令操作状态，如图 2-1-20 所示。

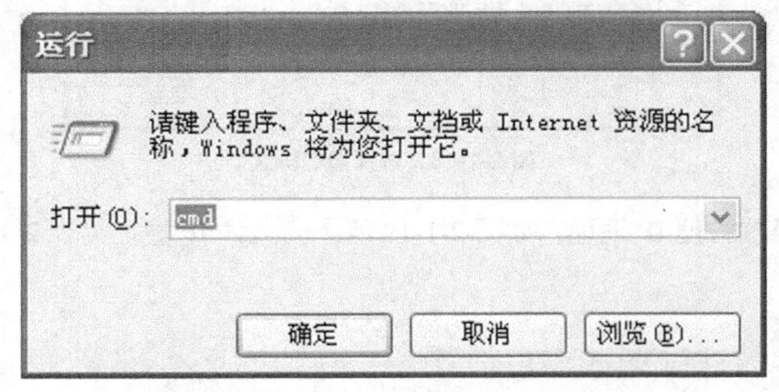

图 2-1-20　进入命令管理状态

在命令行操作状态，使用 Ping 测试命令：ping 172.16.1.1。结果如图 2-1-21 所示，表示组建的对等网络实现连通。

```
C:\WINDOWS\system32\cmd.exe
Microsoft Windows XP [版本 5.1.2600]
(C) 版权所有 1985-2001 Microsoft Corp.

C:\Documents and Settings\new>ping 172.16.1.1

Pinging 172.16.1.1 with 32 bytes of data:

Reply from 172.16.1.1: bytes=32 time=7ms TTL=255
Reply from 172.16.1.1: bytes=32 time<1ms TTL=255
Reply from 172.16.1.1: bytes=32 time<1ms TTL=255
Reply from 172.16.1.1: bytes=32 time<1ms TTL=255

Ping statistics for 172.16.1.1:
    Packets: Sent = 4, Received = 4, Lost = 0 (0% loss),
Approximate round trip times in milli-seconds:
    Minimum = 0ms, Maximum = 7ms, Average = 1ms

C:\Documents and Settings\new>
```

图 2-1-21 测试两台 PC 连通性

如果出现如图 2-1-22 所示提示，表示网络连接不通，需检查网卡、网线和 IP 地址，看问题出在哪里。

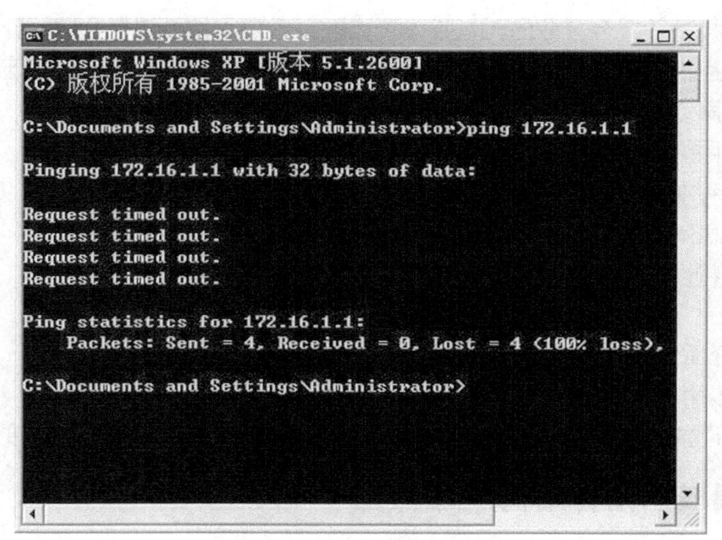

图 2-1-22 网络不通

备注 1：在测试过程中，关掉防火墙，防火墙提供的安全性能会屏蔽测试命令。在“本地连接属性”对话框中，切换到“高级”选项卡，单击“设置”，选择“关闭”，单击“确定”，完成设置。

备注 2：部分最新的笔记本电脑的网卡具有自适应网线的功能，使用普通的网线（直连线）即可实现 2 台同型的笔记本电脑的连通，不需要使用交叉型网线。

任务二：了解局域网组成要素

【任务描述】

为了共享学习资源，小明希望不仅仅是把 2 台电脑对接起来组成对等网，而是希望能把宿舍中的 4 台电脑都互联起来，组成简单宿舍网络。

因此，小明购买了一台集线器组网设备，把 4 台电脑连起来，组建简单宿舍局域网，共享网络资源。

【任务分析】

宿舍网络也是最简单的局域网类型之一，局域网是局部范围内计算机直接互相连接组成的计算机网络，广泛出现在生活周围，如家庭局域网、企业办公网、校园网等。

本任务通过组建宿舍网络过程的学习，了解局域网的组成要素，掌握局域网的通信过程。

【知识介绍】

2.2.1 局域网组成要素

早期的计算机是一台台分散的，互不连接状态，后来人们希望把分散的计算机连接起来，像电话一样可以通信传输信息。因此就使用通信线路把分散的计算机一台台连接起来，从而形成今天的计算机网络。

按照覆盖的网络范围，计算机网络可分为局域网和广域网。

局域网是一种在有限的地理范围内，将大量 PC 机及各种设备连在一起，实现数据传输和资源共享的计算机网络。

决定局域网特性的主要组成要素有 3 个方面。

① 局域网拓扑结构。

② 局域网介质访问控制方法。

③ 局域网传输介质。

其中，局域网的拓扑结构是组成局域网 3 要素的核心，决定了其他几项要素的特征。

2.2.2 局域网拓扑结构

所谓网络拓扑，指用传输介质连接各种网络设备形成的物理布局，即用什么方式把网络中计算机等设备连接起来。

局域网组建拓扑结构是决定局域网特性的最主要组成要素，局域网在组建过程中，选择不同的网络拓扑结构，就会使用不同网络传输规则，使用不用的通信协议标准。

按照网络拓扑结构所呈现形状，网络大致可分为下列几种。

1．总线型（bus）拓扑

使用一条同轴电缆连接所有设备，所有的工作点均接到此主缆上，如图 2-2-1 所示。

总线型结构优点：安装容易，扩充或删除一个节点容易，单个节点故障不会殃及系统。总线型结构缺点：由于信道共享，连接的节点不宜过多，并且总线自身的故障可以导致系统的崩溃。早期以太网采用的就是总线型的拓扑结构。

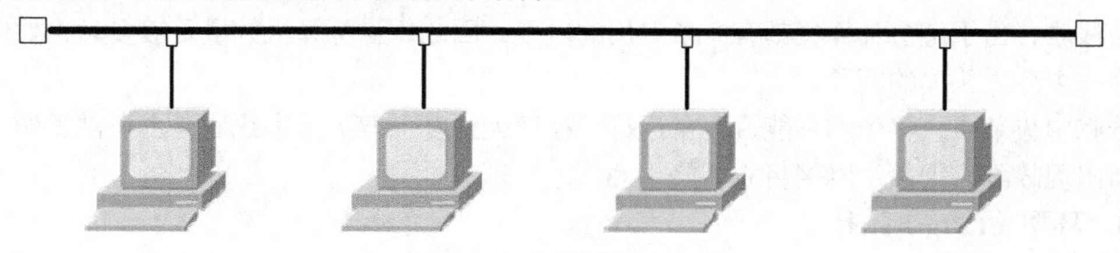

图 2-2-1 总线型拓扑结构

2．星型（star）拓扑

星形拓扑网络以一台中央处理设备（通信设备）为核心，其他机器与该中央设备间有直接的物理链路，所有数据都必须经过中央设备进行传输，如图 2-2-2 所示。

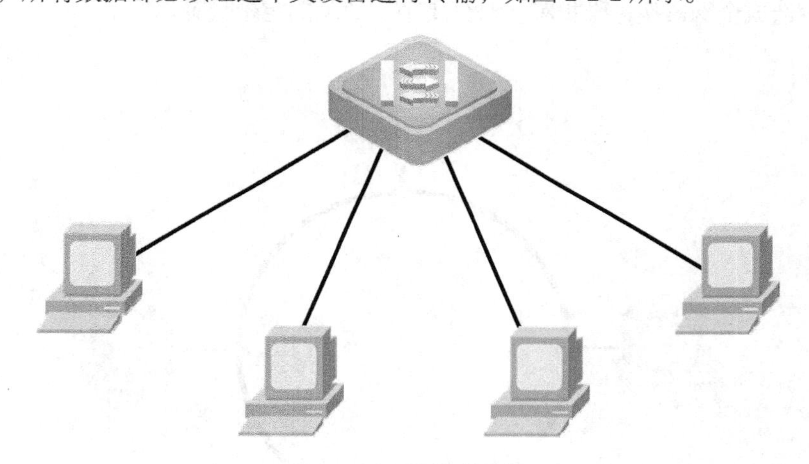

图 2-2-2 星型拓扑结构

这种结构具有便于集中控制，易于维护，网络延迟时间较小，传输误差较低等优点。但这种结构要求中心节点必须具有极高可靠性，因为中心节点一旦损坏，整个系统便趋于瘫痪。

（1）星型拓扑的优点

易于故障的诊断，利用附加于集线器中的网络诊断设备，可以使得故障的诊断和定位变得简单而有效。通常情况下，集线设备往往均内置有 LED 指示灯，可以非常直观地显示每一个端口的连接状态，并对重大连接故障做出提示，从而使故障的诊断变得更加简单。

网络的稳定性好，当一台计算机发生连接故障时，通常不会影响其他计算机与集线设备之间的连接，网络仍然能够正常运行。

易于故障的隔离，当发现某台集线器和计算机设备出现问题时，只需将其网线从集线器相应的端口拔除即可，这一过程对网络中的其他计算机不会产生任何影响。

易于网络的扩展，无论是添加一个节点，还是删除一个节点，只要往或从集线器上插上拔下一个电缆插头即可。当一台集线设备的端口不能满足用户需要时，可以采用级联或堆叠的方式，成倍地增加可供连接的端口。

此外，当网络变得太大时，也可以通过添加集线设备的方法，成倍延伸网络的覆盖范围。

（2）星型拓扑的缺点

费用高，由于网络中的每一台计算机都需要有自己的电缆连接到网络集线器，因此，星型拓扑所使用的电缆往往很多。此外，中央的集线器也意味着另一笔费用，而总线型网络却无需这笔费用。所以，一般说来，星型拓扑是费用最高的物理拓扑。

布线难，由于每台计算机都有一条专用的电缆，因此，当计算机数量足够多时，如何布线就成为一个令人头痛的问题。

依赖中央节点，整个网络能否正常运行，在很大程度上取决于集线器是否正常工作，一旦集线器出现故障，则整个网络将立即陷于瘫痪。

3．环型（ring）拓扑

环型拓扑结构中的传输媒体，从一个端用户连接到另一个端用户，直到将所有的端用户连成环型，如图 2-2-3 所示。

这种结构有效消除各个工作点通信时对中心节点的依赖性，当环中节点过多时，势必会影响信息传输速率，使网络的响应时间延长；环路是封闭的，不便于扩充；可靠性低，一个节点出现故障将会造成全网瘫痪；维护难，对分支节点故障的定位较难。

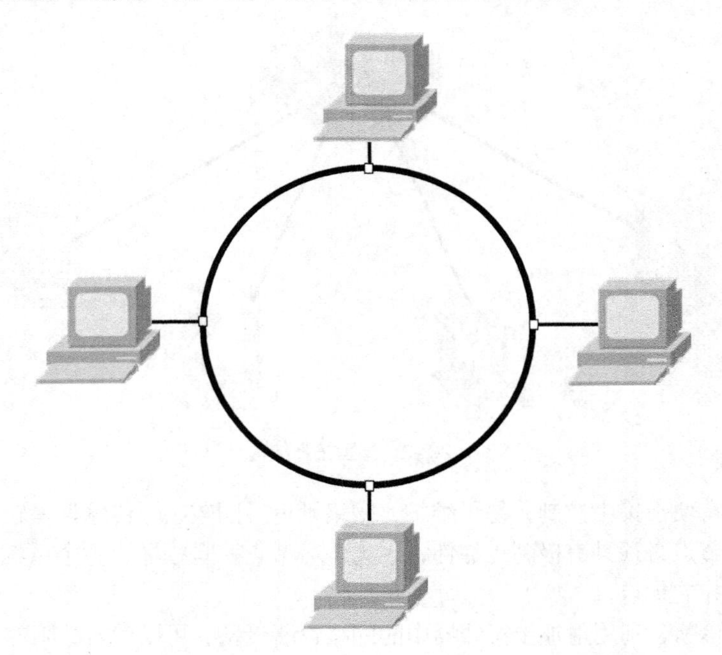

图 2-2-3　环型拓扑结构

4．网状（distributed mesh）拓扑

网状拓扑结构通常利用冗余的设备和线路，提高网络可靠性，因此结点设备可以根据当前的网络信息流量，有选择地将数据发往不同的线路，如图 2-2-4 所示。

这种连接不经济，只有每个节点都要频繁发送信息时才使用这种方法。网状结构的安装也很复杂，但系统可靠性高，容错能力强。

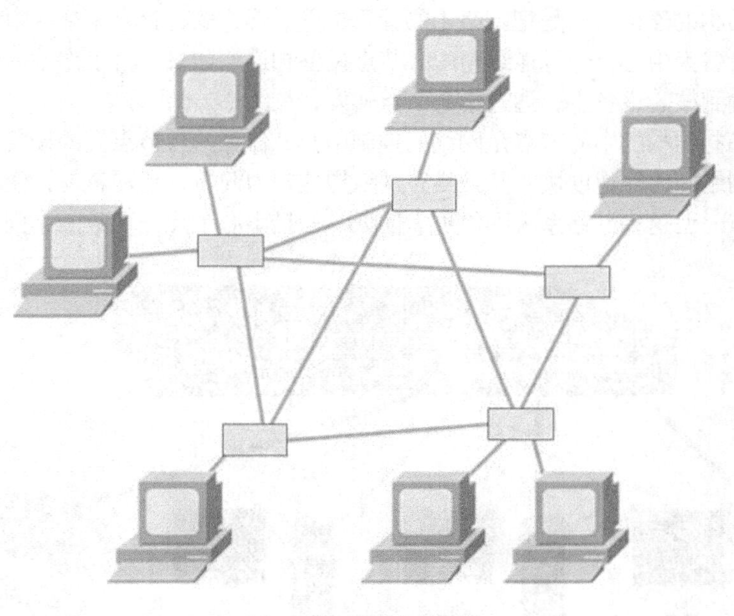

图 2-2-4 网状拓扑结构

5. 分层树型（hierarchical tree）拓扑

树型拓扑是在星型拓扑基础上衍生的，网络拓扑像树枝一样由根部一直向叶部发展，一层一层有如阶梯状，如图 2-2-5 所示。

与星型相比，节点易于扩充，寻找路径比较方便，但除了叶节点及其相连的线路外，任一节点或其相连的线路故障都会使系统受到影响。

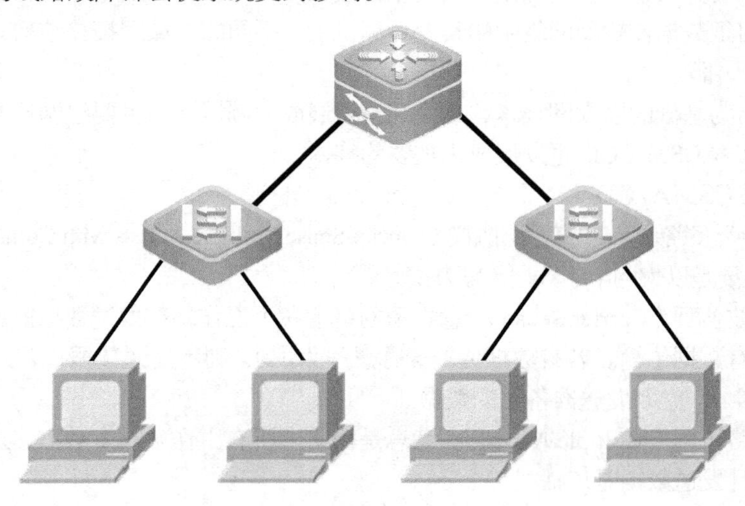

图 2-2-5 树型拓扑结构

近些年来，以太网技术逐渐发展成为局域网主流网络模型，因此星型拓扑结构也发展成为星型网络的主流网络拓扑结构。

星型拓扑结构的连接方式是把网络中的计算机以星形方式连接起来。网中的每一台节点设备，都以核心设备为中心，通过连线与中心节点设备相连。如果一台工作站需要传输数据，它首先把信息传输到核心设备上，通过中心节点转发，如图 2-2-6 所示。

由于星型拓扑结构的中心节点是网络的控制中心，任意两台节点间的设备通信，最多只需两步，所以，网络的传输速度快，并且具有网络构建较为简单，建网容易，便于控制和管理网络等众多的优点。但这种网络系统网络可靠性低，一旦中心节点出现故障，则导致全网瘫痪。

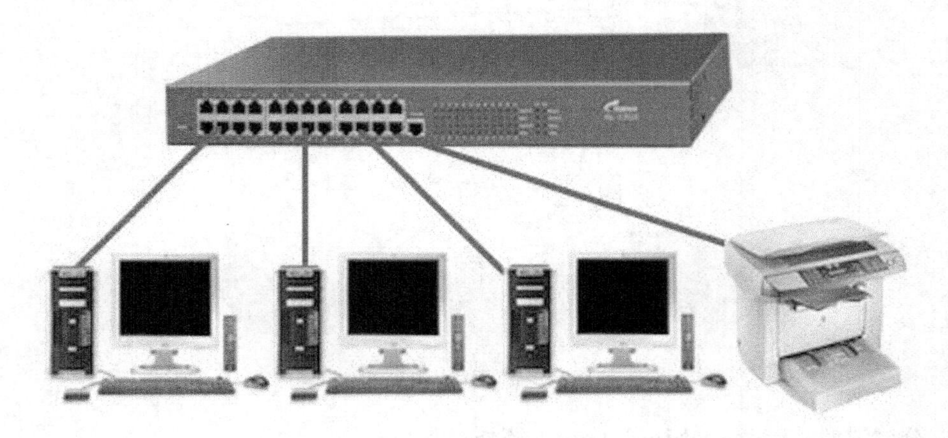

图 2-2-6　星型拓扑结构

2.2.3　局域网介质访问控制方法

所谓局域网的介质访问控制方法是指互相连接在不同网络拓扑结构中的计算机之间如何传输信息，如何把数据传输到网络中的其他计算机上。不同的局域网拓扑结构，网络中的数据传输方法也各不相同。

以星型网络为基础的以太网技术，最近几年发展成为局域网的主要组网技术，因此以太网介质访问控制技术 CSMA/CD 也发展成为重要的技术。

1．什么是 CSMA/CD

所谓载波侦听多路访问/冲突检测协议（Carrier Sense Multiple Access with Collision Detection，CSMA/CD），主要是以太网中的数据传输方式。

- 所谓载波侦听（Carrier Sense），意思是网络上各个工作站在发送数据前，都要确认总线上有没有数据传输。若有数据传输（称总线为忙），则不发送数据；若无数据传输（称总线为空），立即发送准备好的数据。
- 所谓多路访问（Multiple Access），意思是网络上所有工作站收发数据，共同使用同一条总线，且发送数据是广播式。

在早期的 CSMA 传输方式中，由于信道传播时延的存在，即使通信双方的站点都没有侦听到载波信号，在发送数据时仍可能会发生冲突。因为彼此会在检测到介质空闲时，同时发送数据，致使冲突发生。尽管 CSMA 可以发现冲突，但它并没有冲突检测和阻止功能，致使冲突发生频繁，如图 2-2-7 所示。

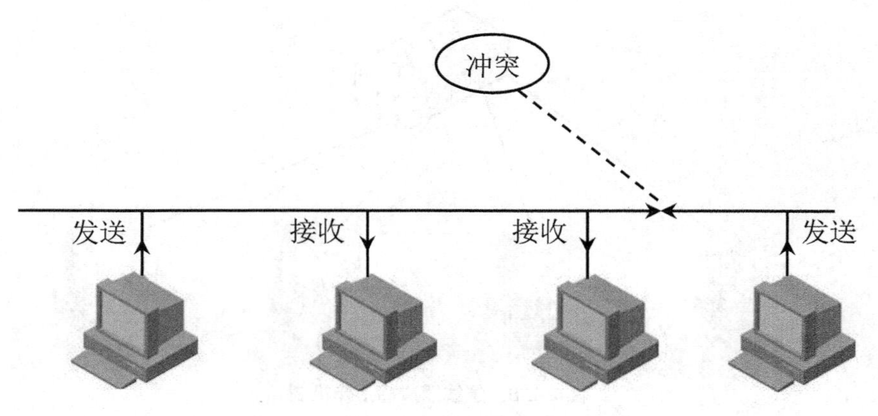

图 2-2-7 CSMA 传输过程中的冲突

后来 CSMA 的改进方案是发送站点在传输过程中仍继续侦听介质，以检测是否存在冲突。如果两个站点都在某一时间检测到信道是空闲的，并同时开始传送数据，则有冲突发生。一旦检测到冲突，发送站点就立即停止发送，并向总线上发送一串阻塞信号，用以通知总线上通信的对方站点，快速地终止被破坏的帧，可以节省时间和带宽。

2．CSMA/CD 工作原理

CSMA/CD 采用 IEEE 802.3 标准，它的主要目的是：提供寻址和媒体存取的控制方式，使得网络上的不同设备，在多点的网络上通信而不相互冲突。

CSMA/CD 的工作原理是：发送数据前，先侦听信道是否空闲；若空闲，则立即发送数据；若信道忙碌，则等待一段时间，至信道中的信息传输结束后，再发送数据；若在上一段信息发送结束后，同时有两个或两个以上的节点都提出发送请求，则判定为冲突；若侦听到冲突，则立即停止发送数据，以免介质带宽因传送无效帧，而被白白浪费；然后，随机延时一段时间后，再重新争用介质，重发送帧。

其原理简单总结为：先听后发，边发边听，冲突停发，随机延迟后重发。

CSMA/CD 协议因为其简单、可靠，在 Ethernet 网络系统中被广泛使用，成为最广泛的局域网内信息传输规则。

以太网中的通信协议 CSMA/CD 可以形象地描述为一个彬彬有礼的晚宴。

在晚宴上，要说话的客人（计算机）并不会打断别人，而是在开口说话之前等待谈话安静下来（在网络电缆上没有通信流量）。

如果两位客人同时开始说话（冲突），那么他们都会停下来，互相道歉，等上一会儿，然后他们其中的某一位再开始说话，这个方案的技术术语就是 CSMA/CD。

2.2.4 局域网中的广播和冲突

1．广播

计算机网络是利用共享的通信设备和通信线路，把各个站点连接起来，使网上站点共享一条信道，其中任意一个站点发出信息，网络中的其他计算机都可以接收。

处于同一个网络的所有设备，位于同一个广播域。也就是说，所有的广播信息会播发到网络的每一个端口，即使交换机、网桥也不能阻止广播信息的传播，如图 2-2-8 所示。

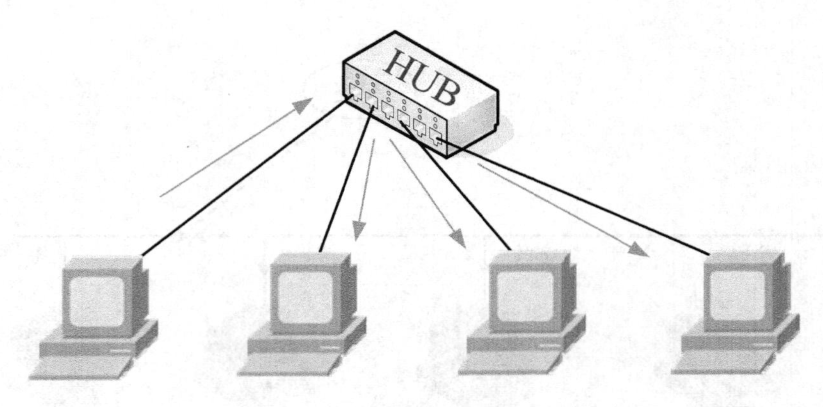

图 2-2-8　集线器广播工作机制

当网络上的设备越来越多，广播所占用的时间也会越来越多，多到一定程度时，就会对网络上的正常信息传递产生影响，轻则造成传送信息延时，重则造成网络设备从网络上断开，甚至造成整个网络的堵塞、瘫痪，这就是广播风暴。

广播风暴会严重影响局域网传输效率。广播传输的传输距离短，安全性差，因此适宜范围较小或保密性要求低的网络。

2．冲突

所谓冲突（Collision），意思是若网上有两个或两个以上工作站同时发送数据，在总线上就会产生信号的混合，这样哪个工作站都辨别不出真正的数据是什么。这种情况称为数据冲突，又称为碰撞，如图 2-2-9 所示。

图 2-2-9　CSMA/CD 广播传输及冲突检测机制

处于冲突域里的某台设备，在某个网段发送数据帧，强迫该网段其他设备注意这个帧。而在某一个相同时间里，不同设备尝试同时发送帧，那么将在这个网段导致冲突的发生。冲突会降低网络性能，冲突越多，网络传输效率会越低。

为了减少冲突发生后的影响，网络中的工作站在发送数据过程中，还要不停地检测自己发送的数据，看有没有在传输过程中与其他工作站的数据发生冲突，这就是冲突检测（Collision Detected）。

2.2.5　局域网传输介质

网络传输介质是网络中发送方与接收方之间的物理通路。

常用的传输介质大致可分为有线介质（双绞线、同轴电缆、光纤等）和无线介质（微波、红外线、激光等）两类，如图 2-2-10 所示。

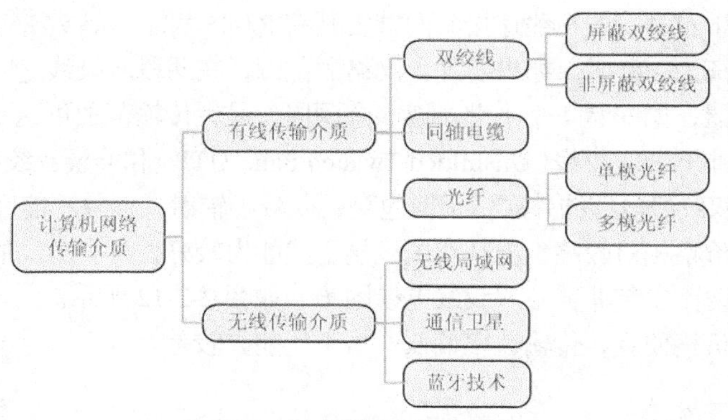

图 2-2-10　计算机网络传输介质

其中：

1. 有线传输介质

有线传输介质是指在两台通信设备之间实现的物理连接通道，它将信号从一方传输到另一方。有线传输介质主要有双绞线、同轴电缆和光纤。其中，双绞线和同轴电缆主要传输电信号，而光纤传输光信号。

2. 无线传输介质

无线传输介质指人们周围的自由空间。利用无线电波在自由空间的传播，可以实现多种无线通信。在自由空间传输的电磁波，根据频谱可将其分为无线电波、微波、红外线、激光等，信息被加载在电磁波上进行传输。

2.2.6　双绞线传输介质

1．什么是双绞线

双绞线是最常用的传输介质。将两根互相绝缘的铜导线绞合起来就构成了双绞线，绞合可以减少相邻导线的电磁干扰，每一根导线在传输中辐射电磁波，会被另一根线上发出的电磁波抵消。如果把一对或多对双绞线放在一个绝缘套管中，便成了双绞线电缆。

2．双绞线类型

双绞线简称 TP，将一对以上的双绞线封装在一个绝缘的外套中，为了降低信号干扰程度，电缆中每一对双绞线由两根绝缘铜导线相互扭绕而成，也因此把它称为双绞线。与其他传输介质相比，双绞线在传输距离、信道宽度和数据传输速度等方面均受到一定限制，但价格较为低廉，安装与维护比较容易，因此得到了广泛使用，如图 2-2-11 所示。

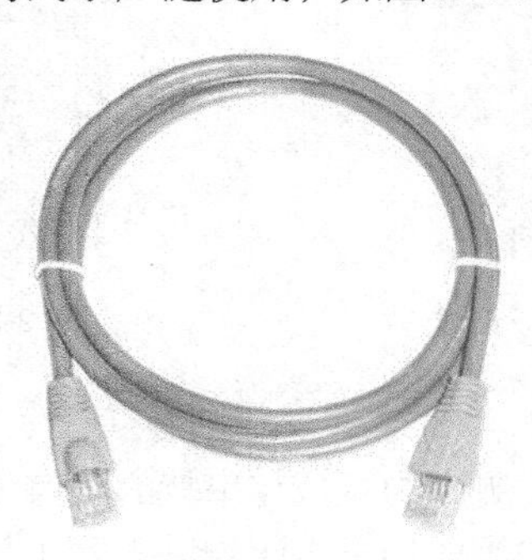

图 2-2-11　双绞线

双绞线一般用于星型网的布线连接，两端安装有 RJ-45 头（水晶头），连接网卡与集线器，网线的最长传输距离为 100 米。如果要加大网络的范围，在两段双绞线之间可安装中继器，最多可安装 4 个中继器，如安装 4 个中继器连 5 个网段，最大传输范围可达 500 米。

双绞线可分为非屏蔽双绞线（Unshilded Twisted Pair，UTP）和屏蔽双绞线（Shielded Twisted Pair，STP）。屏蔽双绞线电缆的外层由铝箔包裹，以减小辐射，但并不能完全消除辐射。

屏蔽双绞线的价格相对较高，屏蔽双绞线抗干扰能力较好，具有更高的传输速率，但价格相对较贵。安装时要比安装非屏蔽双绞线电缆困难，如图 2-2-12 所示。

非屏蔽双绞线价格便宜，传输速率偏低，抗干扰能力较差。

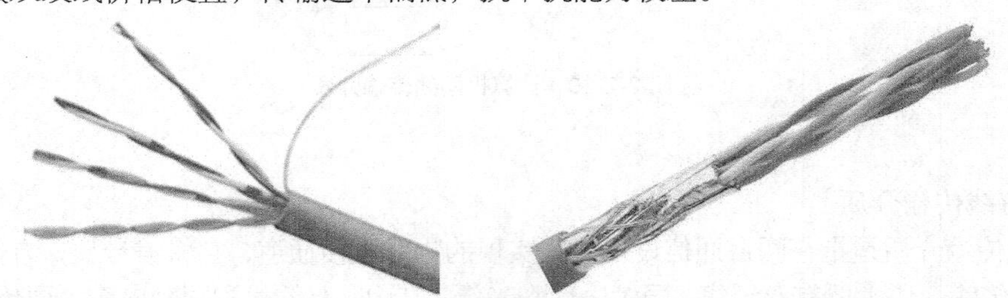

图 2-2-12　非屏蔽双绞线和屏蔽双绞线

3．4 种类型双绞线

常见的双绞线有 3 类线、5 类线、超 5 类线以及 6 类线，前者线径细，而后者线径粗，型号如下。

（1）3 类线

3 类线指在 ANSI 和 EIA/TIA568 标准中的电缆，该电缆传输频率 16MHz，用于语音传输及传输速率为 10Mbit/s 的数据传输，主要用于 10BASE-T。

（2）5 类线

该类电缆增加绕线密度，外套使用高质量绝缘材料，传输率为 100MHz，用于语音传输和速率为 100Mbit/s 的数据传输，主要用于 100BASE-T 和 10BASE-T 网络，是最常用的以太网电缆，如图 2-2-13、图 2-2-14 所示。

图 2-2-13　5 类 4 对非屏蔽双绞线

图 2-2-14　5 类 4 对屏蔽双绞线

（3）超 5 类线

超 5 类具有衰减小，串扰少，更高的衰减与串扰的比值（ACR）和信噪比，更小的时延误差，性能得到很大提高。超 5 类线主要用于吉比特以太网（1000Mbit/s），如图 2-2-15 所示。

图 2-2-15　超 5 类屏蔽双绞线

（4）6 类线

该类电缆传输频率为 1MHz～250MHz，它提供 2 倍于超 5 类线的带宽。6 类线的传输性能远远高于超 5 类线，适用于传输速率高于 1Gbit/s 传输，如图 2-2-16 所示。

图 2-2-16　6 类双屏蔽双绞线

2.2.7　同轴电缆传输介质

1．同轴电缆组成

同轴电缆是由两根同轴心、相互绝缘的圆柱形金属导体构成，再由单个或多个同轴对组成的电缆。同轴电缆由绕在同一轴线上的两个导体组成。具有抗干扰能力强，连接简单等特点，信息传输速度可达几百 Mbit/s。

同轴电缆由内导体铜质芯线（单股实心线或多股绞合线）、绝缘层、网状编织的外导体屏蔽层（也可是单股）以及保护塑料外层所组成。同轴电缆的这种结构，使它具有高带宽和极好的噪声抑制特性，如图 2-2-17 所示，同轴电缆需用带 BNC 头的 T 型连接器连接。

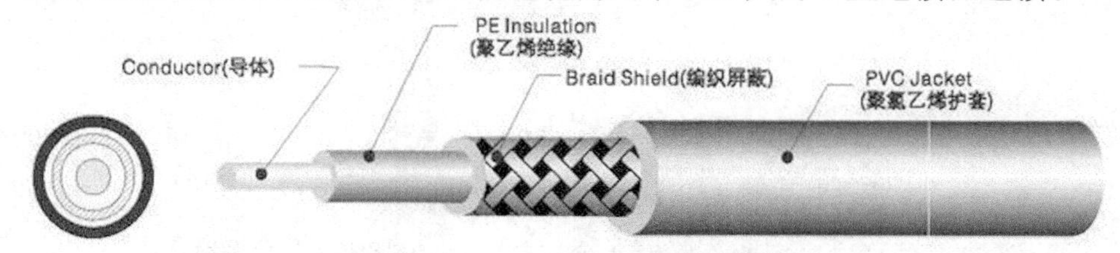

图 2-2-17　同轴电缆内导体铜质芯线

同轴电缆的带宽取决于电缆的长度，1 千米的电缆可以达到 1～2Gbit/s 的数据传输速率。若使用更长的电缆，传输率会降低，中间可以使用放大器来防止传输率的降低。

2. 同轴电缆类型

有两种广泛使用的同轴电缆，按直径的不同，可分为粗缆和细缆两种。

一种是 50Ω 同轴电缆，用于数字传输，多用于基带传输。另一种是 75Ω 同轴电缆，用于模拟传输系统，它是有线电视系统 CATV 中的标准传输电缆。在这种电缆上传送的信号采用了频分复用的宽带信号，因此，75Ω 同轴电缆又称为宽带同轴电缆。宽带同轴电缆用于传送模拟信号时，其频率可高达 300 MHz ~ 450 MHz 或更高，而传输距离可达 100 千米。但在传送数字信号时，必须将其转换成模拟信号，接收时，则要把收到的模拟信号转换成数字信号。

（1）粗缆

粗缆的传输距离长，性能好，但成本高，网络安装、维护困难，一般用于大型局域网的干线，连接时两端需终接器，如图 2-2-18 所示。

① 粗缆与外部收发器相连。

② 收发器与网卡之间用 AUI 电缆相连。

③ 网卡必须有 AUI 接口（15 针 D 型接口）。每段 500 米，100 个用户，4 个中继器可达 2500 米，收发器之间最小 2.5 米，收发器电缆最大 50 米。

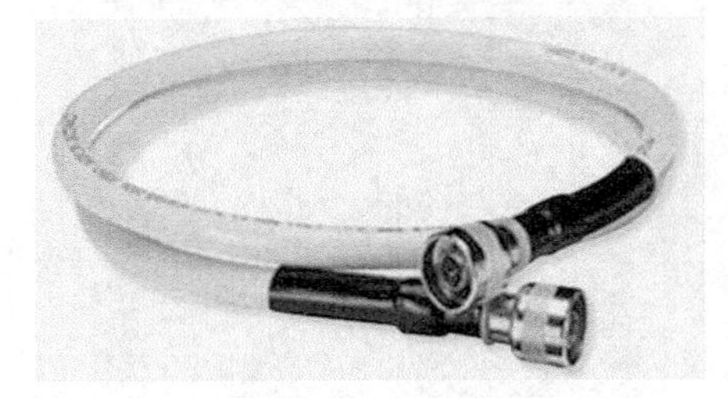

图 2-2-18　粗缆

（2）细缆

细缆与 BNC 网卡相连，两端装 50Ω 的终端电阻。用 T 型头，T 型头之间最小 0.5 米。细缆网络每段干线长度最大为 185 米，每段干线最多接入 30 个用户。如采用 4 个中继器连接 5 个网段，网络最大距离可达 925 米。

细缆安装较容易，造价较低，但日常维护不方便，一旦一个用户出故障，便会影响其他用户的正常工作，如图 2-2-19 所示。

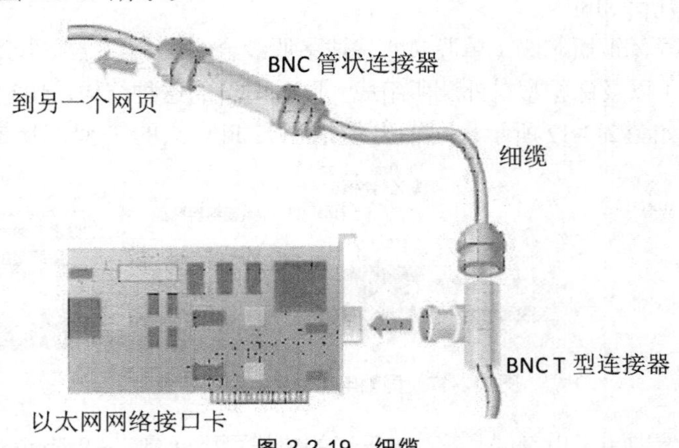

图 2-2-19　细缆

目前，同轴电缆大量被光纤取代，但仍广泛应用于有线电视和某些局域网。

2.2.8 光纤传输介质

1．什么是光纤

光纤又称为光缆或光导纤维，由光导纤维纤芯、玻璃网层和能吸收光线的外壳组成，是由一组光导纤维组成的用来传播光束的、细小而柔韧的传输介质。应用光学原理，由光发送机产生光束，将电信号变为光信号，再把光信号导入光纤，在另一端由光接收机接收光纤上传来的光信号，并把它变为电信号，经解码后再处理。

2．光纤特点

与其他传输介质比较，光纤的电磁绝缘性能好，信号衰小，频带宽，传输速度快，传输距离大，主要用于要求传输距离较长、布线条件特殊的主干网连接，具有不受外界电磁场的影响、无限制的带宽等特点，可以实现几十 Mbit/s 的数据传送，尺寸小，重量轻，数据可传送几百千米，但价格昂贵，如图 2-2-20 所示。

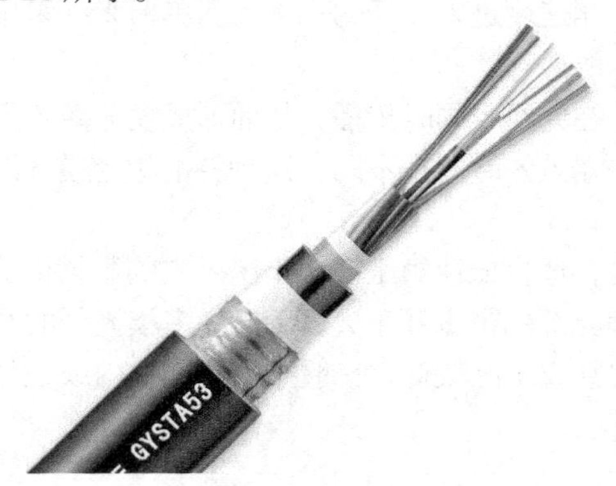

图 2-2-20 光纤

3．光纤传输原理

光纤通信利用光导纤维传递光脉冲进行通信。有光脉冲相当于 1，没有光脉冲相当于 0。光纤由纤芯和包层构成双层通信圆柱体，纤芯通常由非常透明的石英玻璃拉成细丝制成。

光纤在连接过程中，需用 ST 型头连接器连接。当光线从高折射率的媒体射向低折射率的媒体时，其折射角将大于入射角。因此入射角足够大，就会出现全反射，即光线碰到包层时就会折射回纤芯。这个过程不断重复，光也就沿着光纤传输下去，如图 2-2-21 所示。

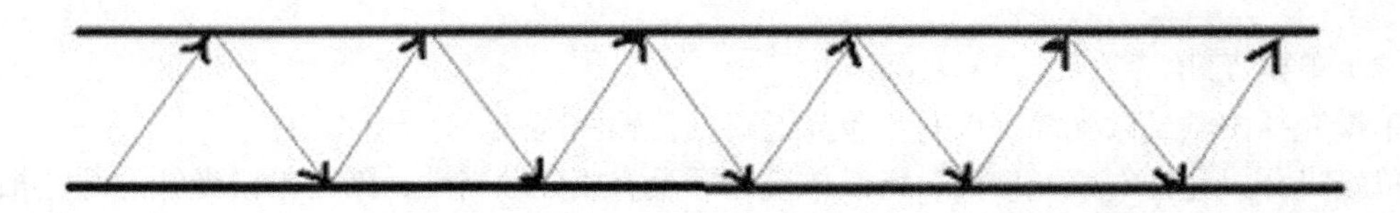

图 2-2-21 光纤折射传输过程

光是光纤通信传输媒体，纤芯用来传导光波，包层较纤芯有较低折射率。在发送端有光源，可以采用发光二极管或半导体激光器，它们在电脉冲作用下，能产生出光脉冲。

在接收端，利用光电二极管做成光检测器，在检测到光脉冲时，可还原出电脉冲，如图 2-2-22 所示。

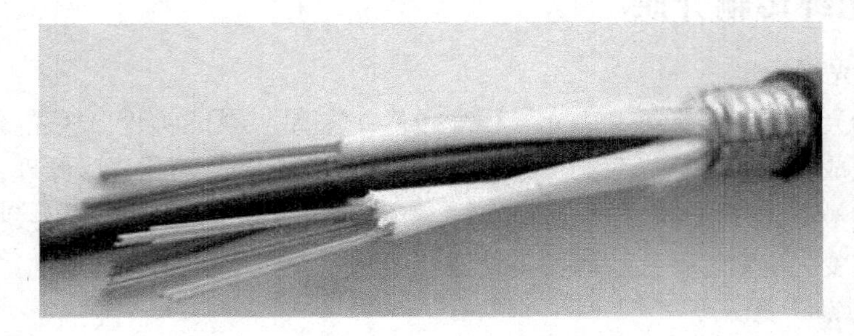

图 2-2-22 光纤芯线

4. 光纤分类

根据传输点模数的不同，光纤可分为单模光纤和多模光纤。

所谓“模”是指以一定角速度进入光纤的一束光。单模光纤采用固体激光器做光源，多模光纤则采用发光二极管做光源。

多模光纤允许多束光，在光纤中同时传播，从而形成模分散（因为每一个“模”进入光纤的角度不同，它们到达另一端点的时间也不同，这种特征称为模分散）。

（1）多模光纤

多模光纤由二极管发光，适合低速短距离 2 千米以内的数据传输。

模分散技术限制了多模光纤的带宽和距离，因此，多模光纤的芯线粗，传输速度低，距离短，整体的传输性能差，但其成本比较低，一般用于建筑物内或地理位置相邻的建筑物间的布线环境下，如图 2-2-23 所示。

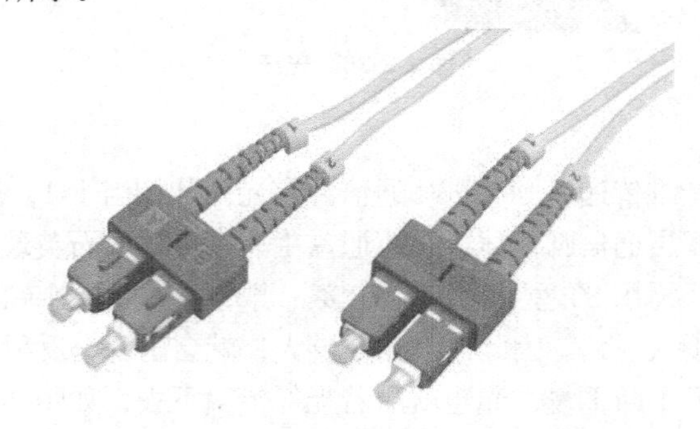

图 2-2-23 多模光纤

（2）单模光纤

单模光纤由激光做光源，仅有一条光通路，传输距离长，2 千米以上。

单模光纤只允许一束光传播，所以单模光纤没有模分散特性，因而单模光纤的纤芯相应较细，传输频带宽，容量大，传输距离长，但因其需要激光源，成本较高，通常在建筑物之间或地域分散时使用。

单模光纤是当前计算机网络中研究和应用的重点，也是光纤通信与光波技术发展的必然趋势，如图 2-2-24 所示。

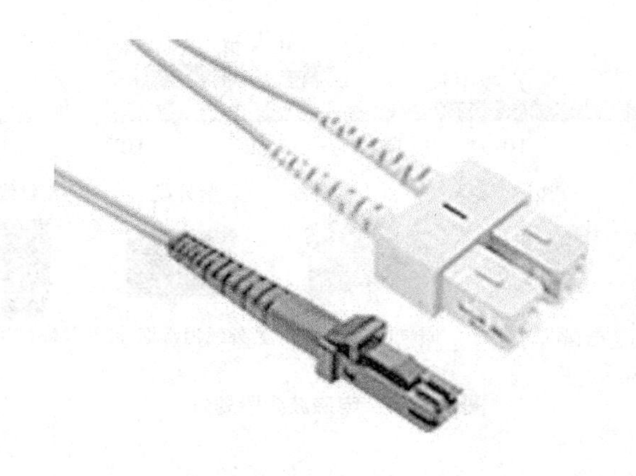

图 2-2-24　单模光纤

2.2.9　无线传输介质

1. 什么是无线通信

无线通信是利用电磁波信号可以在自由空间中传播的特性，进行信息交换的一种通信方式，是近年来信息通信领域中，发展最快、应用最广的一种通信技术，深入到人们生活的各个方面。

其中，无线局域网（Wireless Local Area Network，WLAN）、3G、超宽带无线技术（Ultra Wideband，UWB）、蓝牙等都是最热门的无线通信技术应用，如图 2-2-25 所示。

图 2-2-25　无线 WiFi 技术的应用

人们现在已经利用无线电、微波、红外线以及可见光这几个波段进行通信。

无线传输所使用的电磁波频段很广，国际电信联合会（International Telecommunication Union, ITU）规定了波段正式名称，如低频（LF，长波，波长从 1 ~10 千米，对应于 30 ~300 kHz）、中频（MF，中波，波长从 100~1000 米，对应于 300 ~3000 kHz）、高频（HF，短波，波长从 10 ~100 米，对应于 3 ~30 MHz），更高频段还有甚高频、特高频、超高频、极高频等，如图 2-2-26 所示。

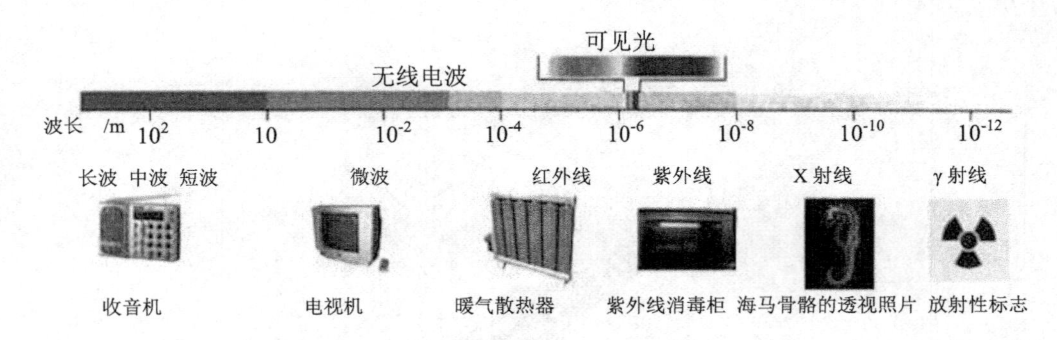

图 2-2-26 电磁波频段划分

2. 认识无线电波

无线电波是指在自由空间（包括空气和真空）传播的射频频段的电磁波。无线电技术是通过无线电波传播声音或其他信号的技术，如图 2-2-27 所示。

无线电技术的传输原理在于导体中电流强弱的改变会产生无线电波。利用这一现象，通过调制可将信息加载于无线电波之上。当电波通过空间传播到达收信端，电波引起的电磁场变化又会在导体中产生电流。通过解调将信息从电流变化中提取出来，就达到了信息传递的目的。

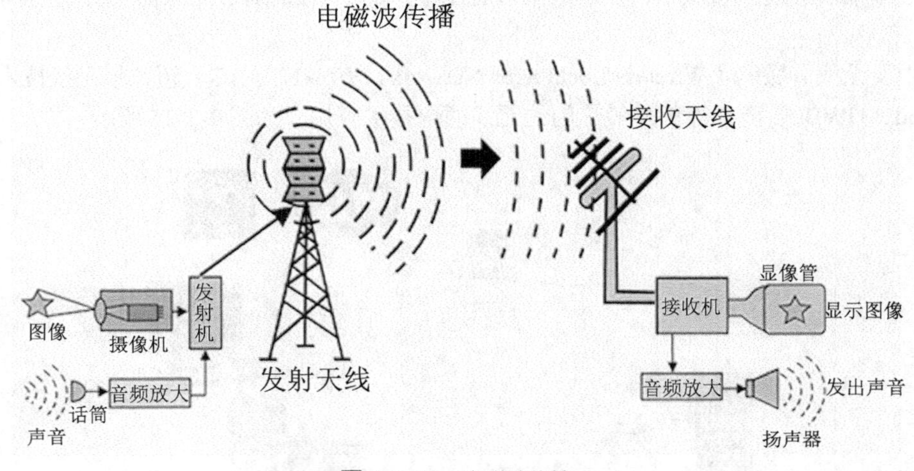

图 2-2-27 电磁波传输

3. 认识微波

无线电微波通信在数据通信中占有重要地位。微波是一种无线电波，微波的频率范围为 300 MHz~300 GHz，它传送的距离一般只有几十千米，主要使用 2 ~40 GHz 频率范围。

微波是指频率为 300MHz-300GHz 的电磁波，是无线电波中一个有限频带的简称，即波长在 1 米（不含 1 米）到 1 毫米之间的电磁波，是分米波、厘米波、毫米波和亚毫米波的统称。微波频率比一般的无线电波频率高，通常也称为“超高频电磁波”。

使用微波进行远距离传输时，由于微波的频带很宽，通信容量很大，通信每隔几十千米要建一个微波中继站，两个终端之间需要建若干个中继站。微波通信可传输电话、电报、图像、数据等信息，如图 2-2-28 所示。

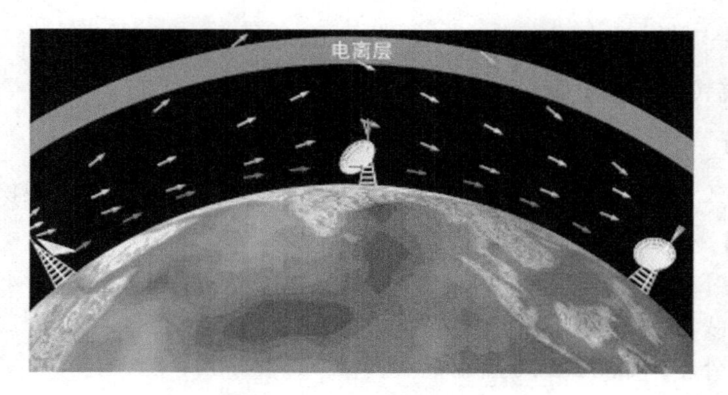

图 2-2-28 无线电微波通信

4. 认识蓝牙

蓝牙是一种支持设备短距离通信（一般 10 米内）的无线电技术，能在包括移动电话、PDA、无线耳机、笔记本电脑、相关外设等之间进行无线信息交换。

利用“蓝牙”技术，能够有效地简化移动通信终端设备之间的通信，也能够简化设备与因特网之间的通信，从而数据传输变得更加迅速高效。蓝牙技术实现智能终端通信如图 2-2-29 所示。

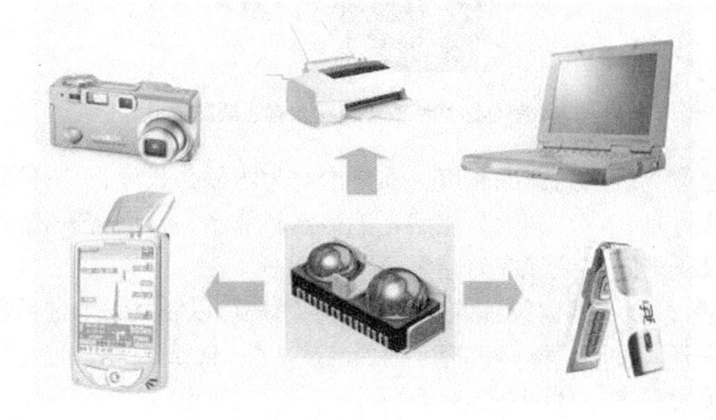

图 2-2-29 蓝牙通信

5. 认识红外线

红外线是太阳光线中众多不可见光线中的一种，由德国科学家霍胥尔于 1800 年发现，又称为红外热辐射。太阳光谱中，红光的外侧必定存在看不见的光线，这就是红外线，也可以当作传输之媒界。太阳光谱上红外线的波长大于可见光线，波长为 0.75 ~ 1000μm。

在无线通信过程中，红外线适合应用在短距离的信息传输应用中，如电视遥控器控制电视机。

【任务实施】制作双绞线

【任务描述】

小明购买了一台集线器设备，把所有同学的电脑都通过网线连接起来，组建成了互联互通的宿舍网络。因此需要制作一根网线，组建宿舍局域网。

【材料目标】

完成双绞线（直连线 1 根、交叉线 1 根）制作。

【材料准备】

RJ45 接头（若干）（水晶头）、裸线（若干）、卡线钳（1 把）、测线仪器（1 台）。

【工作过程】

① 用双绞线网线钳把双绞线的一端剪齐。然后，把剪齐的一端插入到网线钳用于剥线的缺口中。顶住网线钳后面的挡位后，稍微握紧网线钳，慢慢旋转一圈，让刀口划开双绞线的保护胶皮，并剥除外皮，如图 2-2-30 所示。

图 2-2-30　双绞线插入剥线缺口

注意：网线钳挡位离剥线刀口的长度，通常恰好为水晶头长度，这样可以有效避免剥线过长或过短。如果剥线过长，往往会因为网线不能被水晶头卡住，而容易松动；如果剥线过短，则会造成水晶头插针不能跟双绞线完好接触。

② 剥除外包皮后，会看到双绞线的 4 对芯线，用户可以看到每对芯线的颜色各不相同。将绞在一起的芯线分开，按照“橙白、橙、绿白、蓝、蓝白、绿、棕白、棕”的颜色一字排列，并用网线钳将线的顶端剪齐，如图 2-2-31 所示。

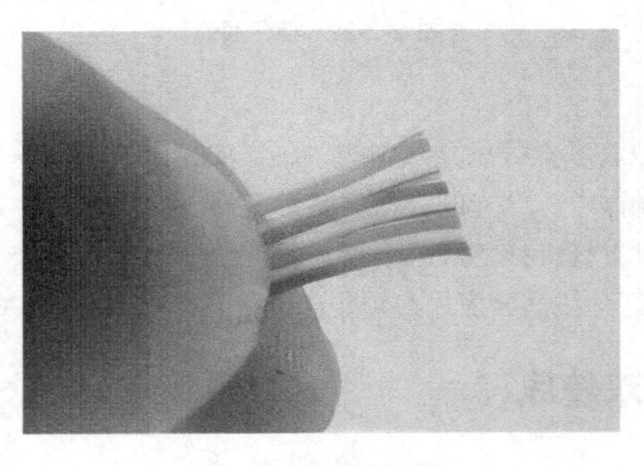

图 2-2-31　排列芯线

按照上述线序排列的每条芯线分别对应 RJ-45 插头的 1、2、3、4、5、6、7、8 针脚，如图 2-2-32 所示。

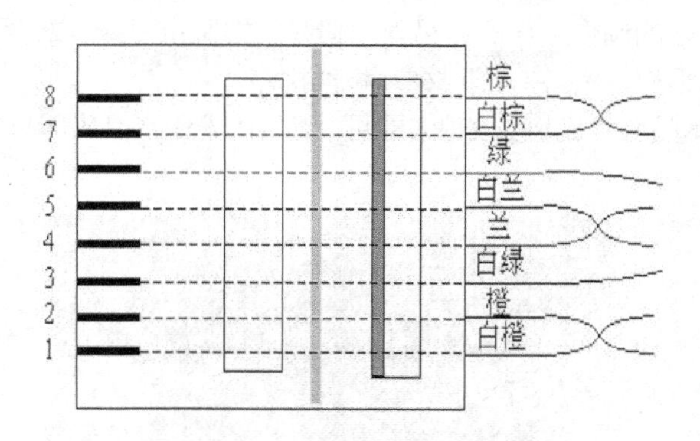

图 2-2-32 双绞线 568B 插头的针脚顺序

③ 使 RJ-45 插头的弹簧卡朝下，然后，将正确排列的双绞线插入 RJ-45 插头中。在插的时候，一定要将各条芯线都插到底部。RJ-45 插头是透明的，因此，可以观查到每条芯线插入的位置，如图 2-2-33 所示。

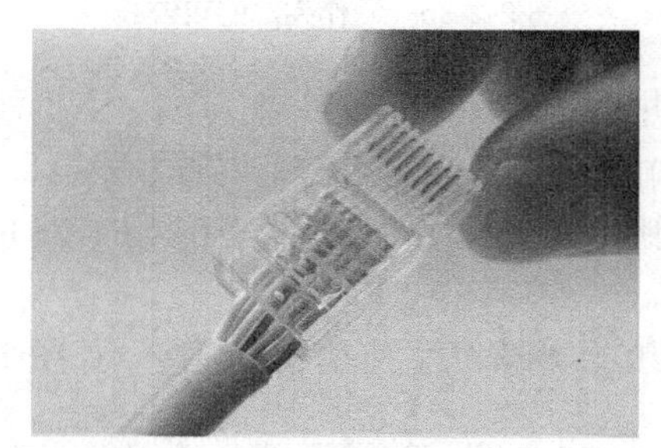

图 2-2-33 将双绞线插入 RJ-45 插头

然后，一只手捏往水晶头，将水晶头有弹片一侧向下。另一只手捏平双绞线，把修剪整齐的双绞线线头插入到水晶头中，插紧。

观查 8 根线的金属线芯是否全部顶进水晶头的顶部。稍稍用力，将排好的线平行插入水晶头内的线槽中。8 条导线顶端应插入线槽顶端。

注意：插入时，使水晶头有金属片的一端对着自己。

④ 将插入双绞线的 RJ-45 插头，插入网线钳的压线插槽中，用力压下网线钳的手柄，使 RJ-45 插头的针脚都能接触到双绞线的芯线，如图 2-2-34 所示。

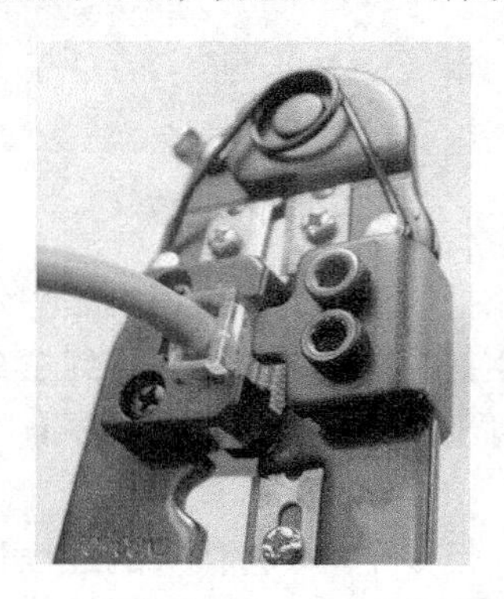

图 2-2-34 将 RJ-45 插头插入压线插槽

⑤ 完成双绞线一端的制作工作后，另外一端线序按照：白绿、2、绿、3、白橙、4、蓝、5、白蓝、6、橙、7、白棕、8、棕，即568A标准排序。

将线按顺序放到水晶头中，直接放进去即可。使用钳子压水晶头即可完成制作，如图2-2-35所示。

图2-2-35　制作完成的双绞线

⑥ 制作好的线路，在使用前最好用测线仪检查一下，因为短路不仅会导致无法通信，而且还可能损坏网卡。测线仪由两部分组成，主控端和测试线端。

- 主控端有开关可以控制测试过程，具有和线序相同的1～8指示灯，用来显示被测试线缆的连通情况。
- 测试线端有一个RJ45口，用来与主控端线缆连接，如图2-2-36所示。

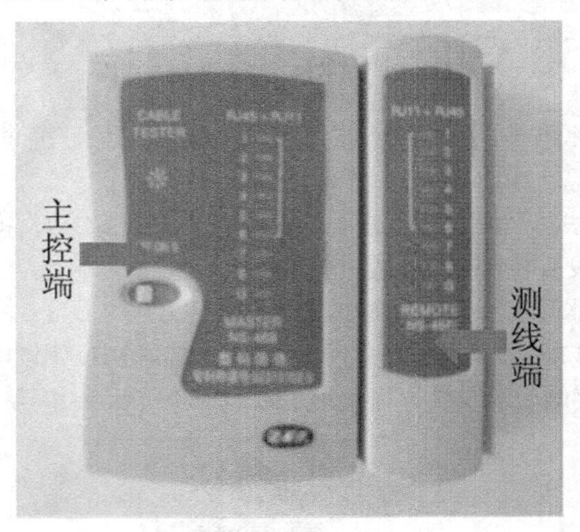

图2-2-36　测线仪

测试制作好的网线连通性时，把制作好的双绞线水晶头分别插在测线器的两个插口中，确认线路连接固定后，打开测线器主控端的开关，如果看到左右各8个指示灯顺序闪亮，则表明网线通信正常。如果有某个指示灯不亮，则表明这条线序有问题，整根网线就有问题，需要进行更换。

对于交叉线测试，方法同上，但8个指示灯闪亮的过程和以上有所不同，闪亮的过程如图2-2-37所示。也就是说主控端的1灯亮的时候，测试端的3灯亮。

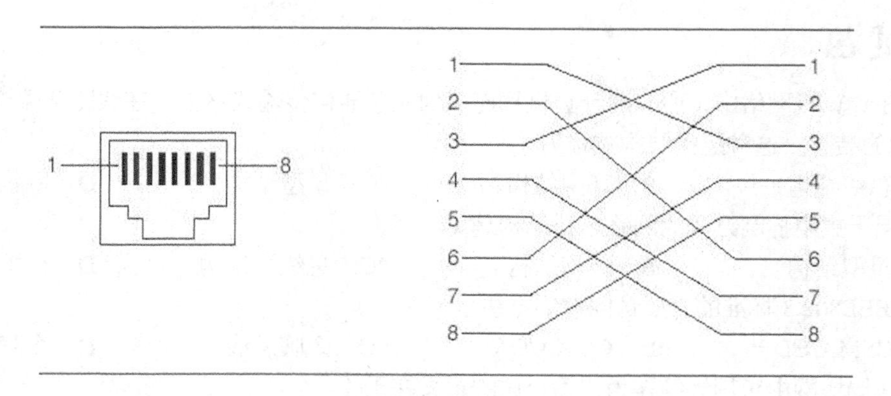

图 2-2-37　双绞线线序信号

提示：实际上在目前的 100Mbit/s 带宽的局域网中，双绞线中的 8 条芯线并没有完全用上，而只有第 1、2、3、6 线有效，分别起着发送和接收数据的作用。

因此在测试网线的时候，如果网线测试仪上与芯线线序相对应的第 1、2、3、6 指示灯能够被点亮，则说明网线已经具备了通信能力，而不必关心其他的芯线是否连通。

备注：关于直连线和交叉线

直连线的左右两端使用同样的布线标准（如 568A），一般应用于异型设备之间的连接，如用于网络中计算机与集线器（或交换机）之间连接的双绞线。

交叉线的左右两端使用不同的布线标准（如 568A 和 568B），一般应用于同型设备之间的连接，如用于网络中计算机与计算机之间连接的双绞线。

其通信原理如图 2-2-38 所示。

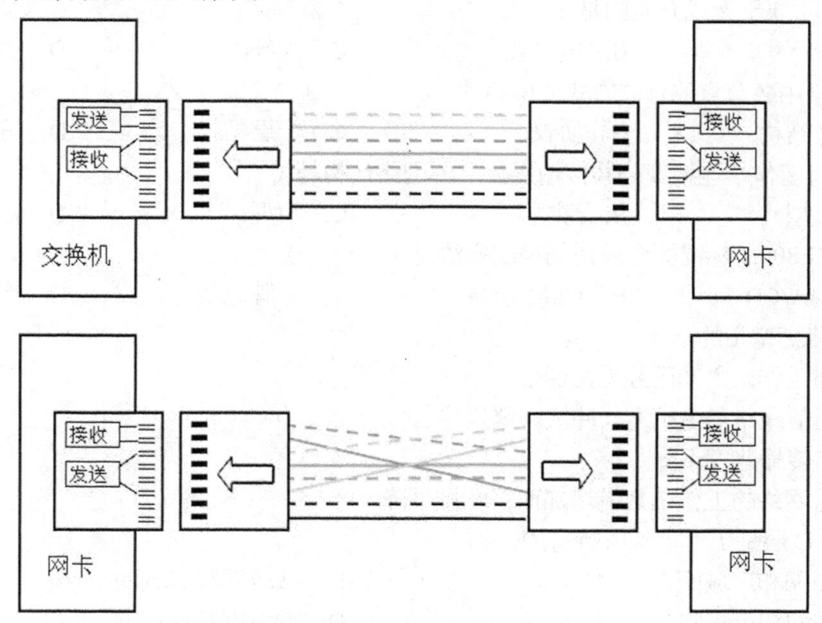

图 2-2-38　直连线和交叉线通信原理

认证试题

1. 在计算机网络中，所有的计算机均连接到一条通信传输线路上，在线路两端连有防止信号反射的装置。这种连接结构被称为（　　）。

A. 总线结构　　B. 环型结构　　C. 星型结构　　D. 网状结构

2. 属于集中控制方式的网络拓扑结构是（　　）。

A. 星型结构　　B. 环型结构　　C. 总线型结构　　D. 树型结构

3. IEEE802.3 标准的介质访问控制方法是（　　）。

A. CSMA/CD　　B. CSMA/CA　　C. 令牌总线　　D. 令牌环

4. 在局域网中应用光缆作为传输介质的意义在于（　　）。

A. 增加网络带宽　　B. 扩大网络传输距离

C. 降低连接及使用费用　　D. 以上都正确

5. 在星型局域网结构中，通常用于连接文件服务器与工作站的设备是（　　）。

A. 调制解调器　　B. 中断器　　C. 路由器　　D. 集线器

6. 在常用的传输介质中，（　　）的带宽最宽，信号传输衰减最小，抗干扰能力最强。

A. 双绞线　　B. 同轴电缆　　C. 光纤　　D. 微波

7. 一座大楼内的一个计算机网络系统，属于（　　）。

A. PAN　　B. LAN　　C. MAN　　D. WAN

8. 计算机网络中可以共享的资源包括（　　）。

A. 硬件、软件、数据、通信信道　　B. 主机、外设、软件、通信信道

C. 硬件、程序、数据、通信信道　　D. 主机、程序、数据、通信信道

9. 以下不属于无线介质的是（　　）。

A. 激光　　B. 电磁波　　C. 光纤　　D. 微波

10. 网络中各节点的互联方式叫网络的（　　）。

A. 拓扑结构　　B. 协议　　C. 分层结构　　D. 分组结构

11. 所有工作站连接到公共传输媒体上的网络结构是（　　）。

A. 总线型　　B. 环型　　C. 树型　　D. 混合型

12. IEEE802.3 标准的介质访问控制方法是（　　）。

A. CSMA/CD　　B. CSMA/CA　　C. 令牌总线　　D. 令牌环

13. 网络拥塞指的是（　　）。

A. 网络工作站之间已经无法通信

B. 在通信线路与主机之间冲突频繁发生

C. 网络传输速度下降

D. 连入网络的工作站数量增加而吞吐量下降

14. MAC 层是（　　）所特有的。

A. 局域网和广域网　　B. 城域网和广域网

C. 城域网和远程网　　D. 局域网和城域网

15. 采用全双工通信方式，数据传输的方向性结构为（　　）。

A. 可以在两个方向上同时传输　　B. 只能在一个方向上传输

C. 可以在两个方向上传输，但不能同时进行　　D. 以上均不对

16. 以太网使用的介质控制协议是（　　）。

A. CSMA/CD　　B. TCP/IP　　C. X.25　　D. UDP

17. DNS 是指（　　）。

A. 域名服务器　　B. 发信服务器　　C. 收信服务器　　D. 邮箱服务器

18. 在 100Base T 的以太网中，使用双绞线作为传输介质，最大的网段长度是（　　）。

A. 2000 米　　B. 500 米　　C. 185 米　　D. 100 米

19. 计算机网络的拓扑结构是指（　　）。

A. 计算机网络的物理连接形式　　B. 计算机网络的协议集合

C. 计算机网络的体系结构　　D. 计算机网络的物理组成

20. 分布在一座大楼或一个集中建筑群中的网络可称为（　　）。

A. LAN　　B. 广域网　　C. 公用网　　D. 专用网

PART 3 项目三 熟悉计算机网络系统

项目背景

小明进入深圳职业院校计算机专业学习一段时间之后，懂得了一点计算机网络的基础知识，认识到了生活周围的网络，会使用互联网。

和同学相比，小明发现其对于网络的了解还很肤浅，仅停留在应用水平上，对网络系统知识了解甚少，不清楚相关硬件的通信原理，不了解软件的功能……

因此，小明想在目前掌握互联网应用的基础上，能深入了解更多计算机网络系统知识，为后续计算机网络专业课程的学习，打下扎实的专业基础知识。

本项目主要讲解计算机网络系统组成知识，通过计算机网络系统知识的学习，熟悉计算机硬件设备，了解集线器设备，了解运行在计算机网络中的软件程序和通信协议。

- 任务一　认识网络硬件设备
- 任务二　认识网络软件系统
- 任务三　使用集线器设备

技术导读

本项目技术重点：计算机网络系统组成、网络硬件设备、网络软件系统，认识集线器设备。

任务一：认识网络硬件设备

【任务描述】

由于学校网络规模的扩大，学校网络中心的网络管理人手非常紧张，学校决定招聘学生到学校的网络中心做兼职的网络管理员工作，帮助维护网络。小明看到网络中心贴出的招聘广告后，第一时间报名。

以后，小明每天课后都来到学校网络中心，帮助网络中心的工程师打下手，按照工程师的要求做些简单的网络管理工作。小明来到网络中心后，首先开始熟悉网络设备。

【任务分析】

和计算机系统组成原理一样，一个完整的计算机网络系统，也是由硬件系统和软件系统组成的，二者之间互相配合，形成完善的网络通信系统。

其中，组建计算机网络的硬件设备是构建计算机网络的基础，网络中常见的组网设备包括网络终端设备、网络互联设备、网络安全设备和网络传输介质。

【知识介绍】

3.1.1　计算机网络系统组成

计算机网络是指将地理位置不同的具有独立功能的多台计算机及其外部设备，通过通信线路连接起来，使其彼此间能够互相通信，并且实现资源共享（包括软件、硬件、数据等）的整个系统。

一个完整计算机网络系统是一个集计算机硬件设备、通信设施、软件系统及数据处理能力为一体，能够实现资源共享的综合服务系统。

计算机网络系统的组成可分为 3 个部分，即硬件系统、软件系统及网络信息系统。

其中：计算机网络的硬件系统是物质基础，软件系统是驱动硬件系统实现其网络通信和共享功能的软件协议和程序，网络信息系统是管理计算机网络的工具。

3.1.2　计算机网络硬件介绍

硬件系统是计算机网络的基础。硬件系统由计算机、通信设备、连接设备及辅助设备组成。硬件系统中设备的组合形式决定了计算机网络的类型，其中硬件系统主要包括：服务器、工作站、网卡、网桥、交换机、路由器、调制调节器等。

网络传输介质也是组建计算机网络系统不可缺少的一部分。

1．网络服务器

网络中的服务器是一台速度快、存储量大的高性能计算机，它是网络系统的核心设备，负责网络资源管理和用户服务。服务器可分为文件服务器、远程访问服务器、数据库服务器、打印服务器等，如图 3-1-1 所示。

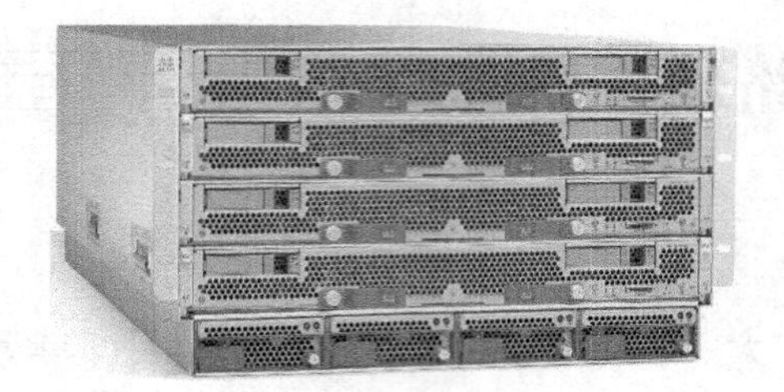

图 3-1-1　网络服务器

2．工作站

网络中的工作站是具有独立处理能力的计算机，它是用户向服务器申请服务的终端设备。用户可以在工作站上处理日常工作，并向服务器索取各种信息及数据，请求服务器提供各种服务（如传输文件，打印文件等），如图 3-1-2 所示。

图 3-1-2　网络工作站

3．网卡

网卡又称为网络适配器，它是计算机和计算机之间直接或间接传输介质互相通信的接口。网卡的作用是将计算机与通信设施相连接，将计算机的数字信号转换成通信线路能够传送的电子信号或电磁信号，如图 3-1-3 所示。

图 3-1-3　网卡

4. 调制解调器

调制解调器（Modem）是一种信号转换装置。它可以把计算机的数字信号“调制”成通信线路的模拟信号，将通信线路的模拟信号“解调”回计算机的数字信号，如图 3-1-4 所示。

调制解调器的作用是将计算机与公用电话线相连接，使得现有网络系统以外的计算机用户，能够通过拨号的方式，利用公用电话网，也可以访问互联网系统资源。

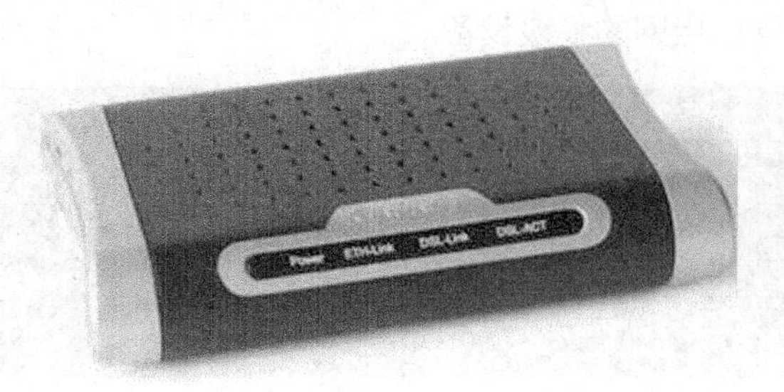

图 3-1-4 调制解调器

5. 集线器

集线器（Hub）是局域网中组网连接设备。它具有多个端口，可连接多台计算机。在局域网中常以集线器为中心，用双绞线将所有分散的工作站与服务器连接在一起，形成星型拓扑结构的局域网系统。这样的网络连接，在网上某个节点发生故障时，不会影响其他节点正常工作。集线器的传输速率有 100Mbit/s 和 100Mbit/s/1000Mbit/s 自适应，如图 3-1-5 所示。

图 3-1-5 网络集线器

6. 网桥

网桥（Bridge）是局域网早期网络连接设备，主要用于扩展网络的距离，减轻网络的负载。

在局域网中，每条通信线路的长度和连接的设备数都有最大限度，如果超载就会降低网络的工作性能。对于较大的局域网，可以采用网桥，将负担过重的网络分成多个网络段。当信号通过网桥时，网桥会将非本网段的信号排除掉（即过滤），使网络信号能够更有效地使用信道，从而达到减轻网络负担的目的，如图 3-1-6 所示。

图 3-1-6 网络网桥

7. 交换机

交换机是近年来局域网中最为重要的组网设备，如图 3-1-7 所示。和集线器一样，它使连接在局域网中的计算机形成星型的拓扑网络。

和集线器设备不同的是，它能够在网络中减少广播方式的通信，尽量采用交换式的通信，从而优化网络的传输效率，实现高速通信，并独享带宽的网络设备。目前交换机已经逐步取代集线器设备，成为局域网中组网的经典设备。

图 3-1-7　网络交换机

8. 路由器

路由器（Router）是互联网中使用的网络连接设备。它可以将两个不同类型的网络连接在一起，连接成更大的网络，成为互联网的一部分。

在互联网中，两台计算机之间传送数据的链接会有很多条，数据包从一台计算机出发，中途需要经过多个站点，才能到达另一台计算机。路由器的作用就是为数据包选择一条合适的传送路径。路由器具有路径的选择功能，可根据网络上信息拥挤的程度，自动地选择适当的线路传递信息，如图 3-1-8 所示。

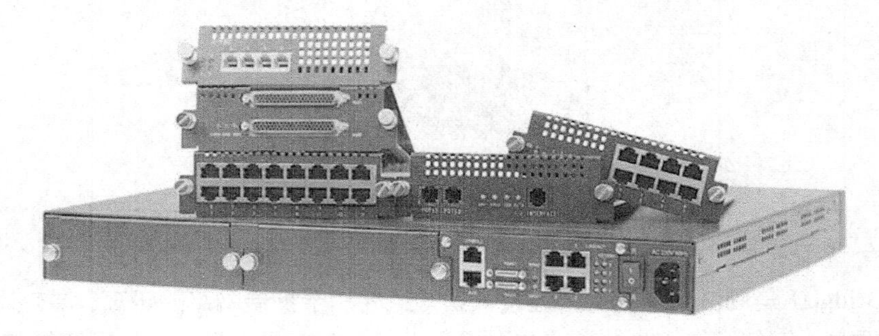

图 3-1-8　路由器

9. 防火墙

所谓防火墙指的是一个由软件和硬件设备组合，能在内部网和外部网之间构造保护屏障，将内部网和外部的公众网络（如 Internet）互相隔离，阻止来自外部网络，特别是互联网上的非授权的访问技术，它实际上是一种重要的安全隔离技术。

防火墙在网络检查中，允许“同意”的数据进入内部网络，同时将“不同意”“非授权”的数据拒之门外，阻止来自外部网络中的黑客访问企业的内部网络。换句话说，流入、流出的网络通信和数据包，均要经过防火墙进行安全检查，如图 3-1-9 所示。

图 3-1-9　防火墙安全设备

10. 入侵检测系统 IDS

IDS 是英文“Intrusion Detection Systems”的缩写，中文意思是“入侵检测系统”，依照一定的安全策略，通过软、硬件，对网络、系统的运行状况进行监视，尽可能发现各种攻击企图、攻击行为或者攻击结果，以保证网络系统资源的机密性、完整性和可用性，如图 3-1-10 所示。

一个形象的比喻是：假如防火墙是一栋大楼的门锁，那么 IDS 就是这栋大楼里的监视系统。一旦小偷爬窗进入大楼，或内部人员有越界行为，实时监视系统能立即发现情况并发出警告。

图 3-1-10　入侵检测系统 IDS

11. 入侵侦测与实时防御 IDP

IDS 只有“侦测”的功能，倾听（Sniffer）网络的封包是否有不正常或攻击性质的行为发生，一旦发现有这样的行为，就会发出信息，警告管理者。但 IDS 却无力阻止攻击者的一切扫描和攻击行为，只能被动地警告防御的一方有人已经对你的系统进行扫描和攻击。

IDP 兼具入侵侦测系统（IDS）、入侵防御系统（IPS）两种功能，和 IDS 不同的是，它对于所侦测到的攻击和扫描行为，具有主动和自动的阻挡功能，并且在阻挡完成后，会告诉防御的一方有人曾经试图对你的系统进行扫描和攻击，但是已经被我（IDP）成功阻挡了，所以攻击者没有得逞，如图 3-1-11 所示。

此外，IDP 也会告诉防御者它所知道的这个攻击者的信息，包括 IP 地址、DNS 名称，用哪个端口连进来，发动攻击的日期和时间，攻击者的计算机名称，攻击者的网卡物理地址。

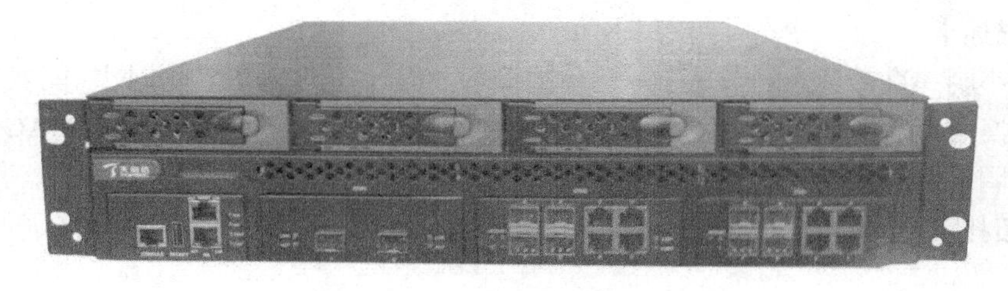

图 3-1-11　入侵侦测与实时防御 IDP

12．无线 AP

无线 AP 为 Access Point 的简称，也称为“无线访问节点”。无线接入点（Access Point，AP）是一个无线网络的接入点，主要有胖 AP 和瘦 AP 之分。

胖 AP 设备是无线网络的核心，执行接入和路由工作，瘦 AP 设备只负责无线客户端的接入，通常作为无线网络的扩展使用，与其他 AP 或者主 AP 连接，以扩大无线覆盖范围，如图 3-1-12 所示。

图 3-1-12　无线 AP 设备

13．无线 AC

无线 AC 是指无线接入控制服务器（AC），是无线局域网接入控制设备，负责把来自不同 AP 的数据进行汇聚并接入 Internet，同时完成 AP 设备的配置管理，无线用户的认证、管理及宽带访问、安全等控制功能，图 3-1-13 所示的为无线接入管理控制设备 AC。

图 3-1-13　无线接入控制设备 AC

【任务实施】详细了解网卡

【任务描述】

以前，小明一直都认为网卡是个很简单的设备。但计算机专业老师说网卡能发送信号、接受信号、转换信号、封装和解封装数据帧、校验数据、封装数据的物理地址（MAC）……，真是颠覆了小明以前的认知，因此，小明决定仔细查看一下，了解网卡更多的知识。

【网络拓扑】无。

【设备清单】计算机网卡。

【工作过程】

1. 认识网卡设备

网卡（Network Interface Card，NIC），也称网络适配器，是电脑与局域网相互连接的设备。无论是普通电脑，还是高端服务器，都需要网卡。如果有必要，一台电脑也可以同时安装两块或多块网卡，如图 3-1-14 所示。

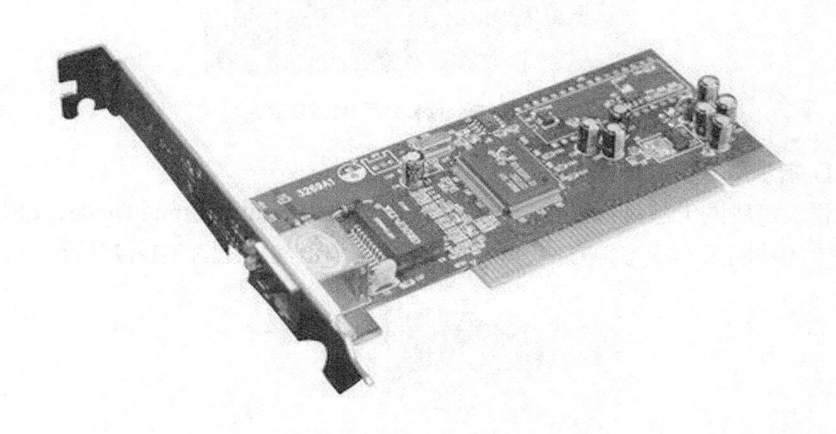

图 3-1-14　PCI 网卡

2. 图解网卡

以最常见的 PCI 接口网卡为例，一块网卡主要由 PCB 线路板、主芯片、数据汞、金手指（总线插槽接口）、BOOTROM、EEPROM、晶振、RJ45 接口、指示灯、固定片，以及一些二极管、电阻电容等组成，如图 3-1-15 所示。

网卡解剖图

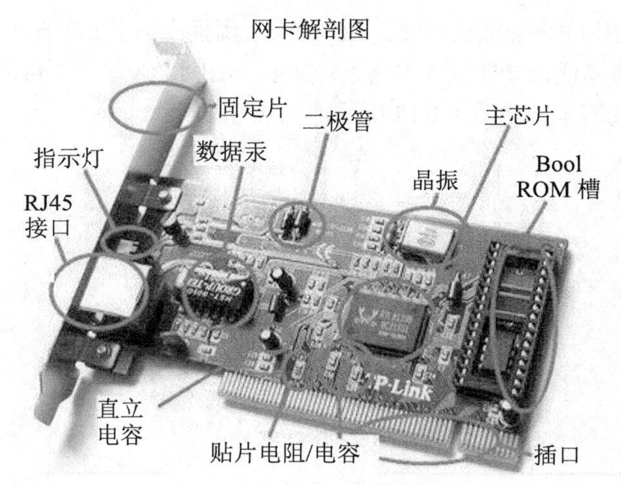

图 3-1-15　网卡组成

3. 主芯片

网卡的主控制芯片是网卡的核心元件，一块网卡性能的好坏和功能的强弱多寡，主要就是看这块芯片的质量，Realtek 公司推出的 8139D 芯片如图 3-1-16 所示。

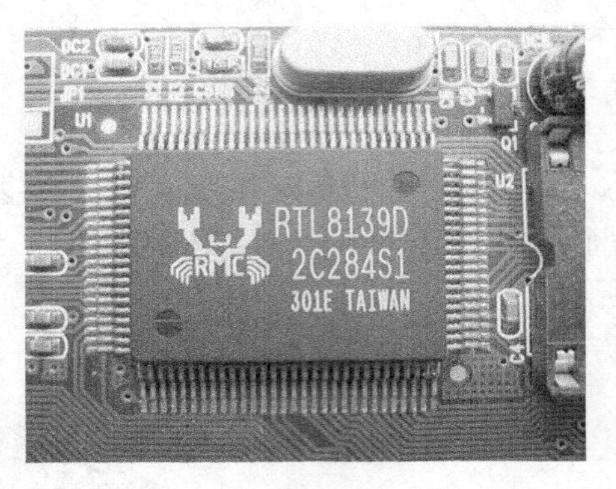

图 3-1-16　Realtek 公司 8139D 芯片

4．LED 指示灯

一般来讲，每块网卡都具有 1 个以上的发光二极管（Light Emitting Diode，LED）指示灯，用来表示网卡的不同工作状态，方便查看网卡是否工作正常，如图 3-1-17 所示。

图 3-1-17　网卡接口的 LED 指示灯

5．常见的各种网卡的接口类型

（1）ISA 接口网卡

ISA 是早期网卡使用的一种总线接口，ISA 网卡采用程序请求 I/O 方式与 CPU 进行通信，这种方式的网络传输速率低，CPU 资源占用大，其多为 10Mbit/s 网卡，目前在市面上基本上看不到有 ISA 总线类型的网卡，如图 3-1-18 所示。

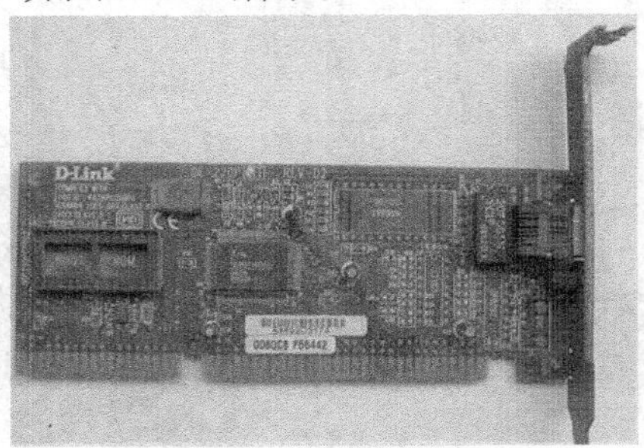

图 3-1-18　ISA 接口网卡

（2）PCI 接口网卡

PCI（peripheral component interconnect）总线插槽是目前主板上最基本的接口，基于 32 位数据总线，可扩展为 64 位，工作频率为 33MHz、66MHz。数据传输率为 132Mbit/s（32*33MHz/8）。目前 PCI 接口网卡仍是家用消费级市场上绝对的主流，如图 3-1-19 所示。

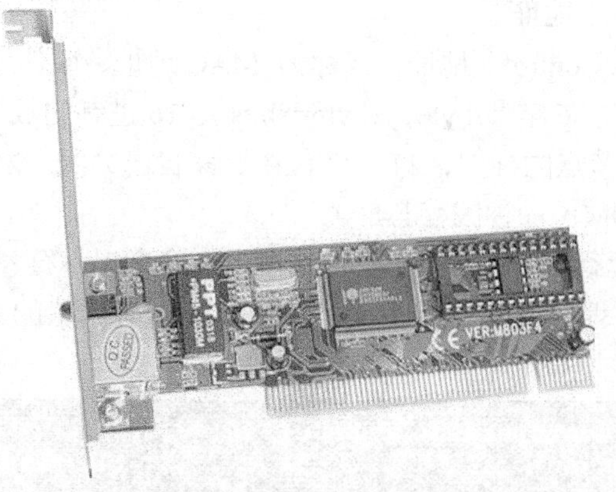

图 3-1-19　PCI 接口网卡

（3）USB 接口网卡

目前的电脑很难没有通用串行总线（Universal Serial Bus，USB），USB 总线分为 USB2.0 和 USB1.1 标准。USB1.1 标准的传输速率的理论值是 12Mbit/s，而 USB2.0 标准的传输速率可以高达 480Mbit/s，目前的 USB 有线网卡多为 USB2.0 标准的，如图 3-1-20 所示。

图 3-1-20　USB 接口网卡

（4）PCMCIA 接口网卡

PCMCIA 接口是笔记本电脑专用接口，PCMCIA 总线分为两类，一类为 16 位的 PCMCIA，另一类为 32 位的 CardBus，CardBus 网卡的最大吞吐量接近 90Mbit/s，其是目前市售笔记本网卡的主流，如图 3-1-21 所示。

图 3-1-21　PCMCIA 接口网卡

6. 查看网卡的 MAC 地址

MAC（Media Access Control）地址，或称为 MAC 地址、硬件地址，用来定义网络设备的位置。MAC 由 48 比特长（6 字节/byte，1byte=8bits）、16 进制的数字组成。0～23 位是组织唯一标识符，是识别 LAN 节点的标识，24～47 位由厂家自己分配。网卡的物理地址通常由网卡生产厂家烧入网卡 EPROM（一种闪存芯片）。

单击"开始"→"运行"，输入"cmd"，回车，在命令提示符界面，输入"ipconfig /all"，回车，得到计算机 MAC 地址，其中 Physical Address 就是计算机的 MAC 地址，，如图 3-1-22 所示。

```
   Connection-specific DNS Suffix  . :
   Description . . . . . . . . . . . : NE2000 Compatible
(Generic)
   Physical Address. . . . . . . . . : 00-50-BA-CE-07-0C
   Dhcp Enabled. . . . . . . . . . . : No
   IP Address. . . . . . . . . . . . : 192.168.10.61
   Subnet Mask . . . . . . . . . . . : 255.255.255.0
   Default Gateway . . . . . . . . . : 192.168.10.254
```

图 3-1-22　网卡的 MAC 地址

任务二：认识网络软件系统

【任务描述】

小明每天课后都来到学校网络中心，帮助网络中心的工程师打下手，按照工程师的要求做些简单的网络管理工作。在网络中心工程师的帮助下，熟悉了网络中心的网络设备，小明开始了解办公网的软件系统，尝试给校园的设备配置 IP 地址。

【任务分析】

和计算机系统组成原理一样，一个完整的计算机网络系统也是由硬件系统和软件系统组成，二者之间互相配合，形成完善的网络通信系统。

其中，组建计算机网络的硬件设备是构建计算机网络的基础，安装在网络中的软件程序、网络管理系统以及通信协议，是驱动硬件系统的关键。

【知识介绍】

3.2.1　什么是计算机网络系统

一个完整计算机网络系统是一个集计算机硬件设备、通信设施、软件系统及数据处理能力为一体，能够实现资源共享的综合服务系统。其中：

- 计算机网络的硬件系统是物质基础。
- 软件系统是驱动硬件系统，实现其网络通信和共享功能的软件协议和程序。
- 网络信息系统是管理计算机网络的工具。

3.2.2　网络软件系统分类

计算机网络中的软件按功能可分为数据通信软件、网络操作系统和网络应用软件。其中：

1．数据通信软件

数据通信软件是指按照网络协议的要求，完成通信功能的软件。

2．网络操作系统

网络操作系统是指能够控制和管理网络资源的软件，向网络操作系统的用户和管理人员提供一个整体的系统控制能力。在服务器上，为服务器提供资源管理；在网络工作站上，完成工作站任务识别和与网络连接，向用户提供一个网络环境的“窗口”，即首先判断应用程序提出的服务请求是使用本地资源，还是使用网络资源，若使用网络资源，则需完成与网络的连接。

在应用上，网络服务器操作系统要完成整个网络的目录管理、文件管理、安全性、网络打印、存储管理、通信管理等主要服务。

常用网络操作系统有：Net ware 系统、Windows NT 系统、UNIX 系统和 Linux 系统等。

3．网络应用软件

网络应用软件是指网络能够为用户提供各种服务的软件，如浏览器软件（360 浏览器）、上传和下载软件（迅雷）、电子邮件软件（Outlook）等。

3.2.3　了解网络操作系统

1．什么是网络操作系统

计算机的网络操作系统（NOS）是网络管理的核心，网络操作系统运行在网络服务器和网络工作站上，向网络中的计算机提供网络服务。

一般情况下，网络操作系统以使网络相关特性达到最佳为目的，如共享数据文件、软件应用，以及共享硬盘、打印机、调制解调器、扫描仪和传真机等。

2．网络操作系统与个人操作系统区别

网络操作系统与日常的单机个人操作系统有所不同，它除了应具有通常操作系统应具有的处理机管理、存储器管理、设备管理和文件管理外，还应具有以下两大功能。

- 提供高效、可靠的网络通信能力。
- 提供多种网络服务功能，如远程作业录入并进行处理的服务功能，文件传输服务功能，电子邮件服务功能，远程打印服务功能。

3．局域网常见的网络操作系统

（1）Windows 网络操作系统

微软公司的 Windows 系统不仅在个人操作系统中占有绝对优势，它在网络操作系统中也具有重要地位。由于它对服务器的硬件要求一般，且稳定性能不是很高，Windows 版本的网络操作系统在整个局域网配置中最常见，一般应用在中低档服务器中。高端服务器通常采用 UNIX、Linux 或 Solaris 等非 Windows 操作系统。

微软的网络操作系统主要有：Windows NT 4.0 Serve、Windows 2000 Server/Advance Server、Windows 2003 Server/ Advance Server 等。工作站系统可以采用 Windows 或非 Windows 操作系统等，如图 3-2-1 所示。

图 3-2-1　Windows NT 4.0

（2）NetWare 网络操作系统

NetWare 网络操作系统虽然不如早几年风光，在局域网中早已失去了当年雄霸一方的气势，但 NetWare 操作系统仍以对网络硬件要求较低的优势，而受到一些设备性能比较弱的中、小型企业，特别是学校的青睐，如图 3-2-2 所示。

图 3-2-2　NetWare 6.0

目前 NetWare 网络操作系统常用版本有 NetWare V3.0、V4.0、V5.0、V6.0 等中英文版本，NetWare 服务器对无盘站支持较好，常用于教学网和游戏厅。目前这种操作系统市场占有率呈下降趋势，这部分市场主要被 Windows NT/2000 和 Linux 系统瓜分。

（3）UNIX 网络操作系统

UNIX 网络操作系统由 AT&T 和 SCO 公司推出，支持网络文件系统服务，提供数据等应用，功能强大。UNIX 网络操作系统稳定，安全性能非常好，但由于它多数以命令方式来进行操作，不容易掌握，特别是初级用户。正因如此，小型局域网基本不使用 UNIX 作为网络操作系统，

UNIX 一般用于大型的网站或大型的企、事业单位的局域网中。

目前常用的 UNIX 系统版本主要有：UNIX SUR4.0、HP-UX 11.0，SUN 的 Solaris8.0 等。UNIX 网络操作系统历史悠久，其良好的网络管理功能已为广大网络用户接受，特别是其拥有丰富的应用软件的支持。目前 UNIX 网络操作系统的版本有：AT&T 和 SCO 的 UNIXSVR3.2、SVR4.0 和 SVR4.2 等，如图 3-2-3 所示。

图 3-2-3　NetWare 6.0

（4）Linux 网络操作系统

这是一种新型的网络操作系统，它最大的特点就是源代码开放，可以免费得到许多应用程序。目前也有中文版本的 Linux，如 REDHAT（红帽子）、红旗 Linux 等。在国内得到了用户充分的肯定，主要体现在它的安全性和稳定性方面，它与 UNIX 有许多类似之处。但这类操作系统目前仍主要应用于中、高档服务器中，如图 3-2-4 所示。

图 3-2-4　Linux 网络操作系统

总的来说，每一个操作系统都有适合自己的工作场合，这就是系统对特定网络环境的支持。例如，Windows 2000 Server、Linux 目前较适用于小型网络，而 UNIX 则适用于大型服务器。因此，对于不同的网络应用，需要有目的地选择合适的网络操作系统。

3.2.4　了解网络通信协议

1. 网络通信协议

通信协议是指通信双方必须共同遵守的约定和通信规则，如 TCP/IP 协议、NetBEUI 协议、IEEE802 协议等。协议是通信双方关于通信如何进行所达成的约定，如用什么样的格式表达，如何组织和传输数据，如何校验和纠正信息传输中的错误……

在网络上，通信双方必须遵守相同协议，才能正确交流信息。就像人们谈话要用同一种语言一样，如果谈话时使用不同的语言，就会造成相互间听不懂谁在说什么，无法进行交流。

在网络中，协议的实现是由软件和硬件配合完成的。协议规定了分层原则、层次间的关系、执行信息传递过程的方向、分解与重组等约定。

2. 常见的网络通信协议

在局域网中常用的通信协议有 NetBEUI、IPX/SPX 和 TCP/IP 3 种。下面分别介绍这 3 种网络通信协议。

（1）NetBEUI 网络通信协议

NetBEUI（用户扩展接口）网络通信协议是由 IBM 公司开发的一种体积小、效率高、速度快的通信协议。NetBEUI 通信协议是为小型、非路由、局域网设计的，适合由几台至两百台左右 PC 机组成的单网段小型局域网。

在 Microsoft 公司推出的操作系统中，NetBEUI 协议已成为默认协议，如图 3-2-5 所示。

（2）TCP/IP 网络通信协议

TCP/IP（传输控制协议|网际协议）网络通信协议是一组协议集的统称，其中 TCP/IP 协议是最基本、最重要的两个协议。TCP/IP 协议是目前网络中最常用的通信协议，不仅应用于局域网，同时也是 Internet 基础协议。

TCP/IP 协议具有很强的灵活性，可以支持任意规模网络。使用 TCP/IP 通信协议，不仅可以组建对等网，而且可以非常方便地接入其他服务器。在安装 Windows XP 操作系统过程中默认安装 TCP/IP 通信协议，如图 3-2-5 所示。

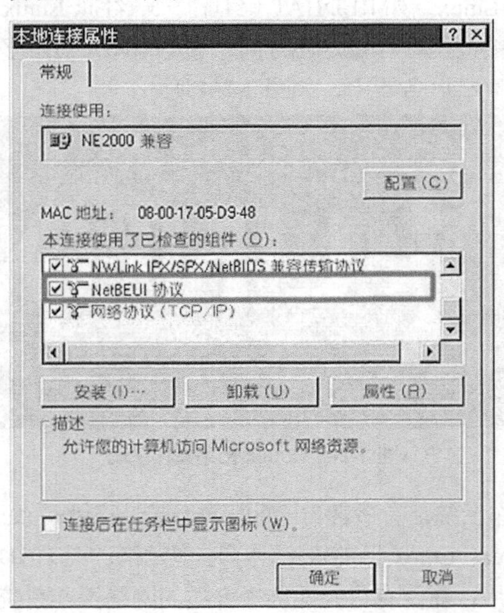

图 3-2-5　Microsoft 操作系统内嵌 NetBEUI、TCP/IP 协议

（3）IPX/SPX 网络通信协议

IPX/SPX（网际包交换）协议是由 Novell 公司开发的网络通信协议，该协议具有强大路由功能，为多网段、大型网络设计。当用户端接入 NetWare 服务器时，需使用 IPX/SPX 及其兼容

协议，但在非 Novell 网络环境中，一般不直接使用 IPX/SPX 协议。

在 Windows XP 中提供了 IPX/SPX 两个兼容协议，分别为：NWLink IPX/SPX 兼容协议和 NWLink NetBIOS，两者统称为 NWLink 协议，如图 3-2-6 所示。

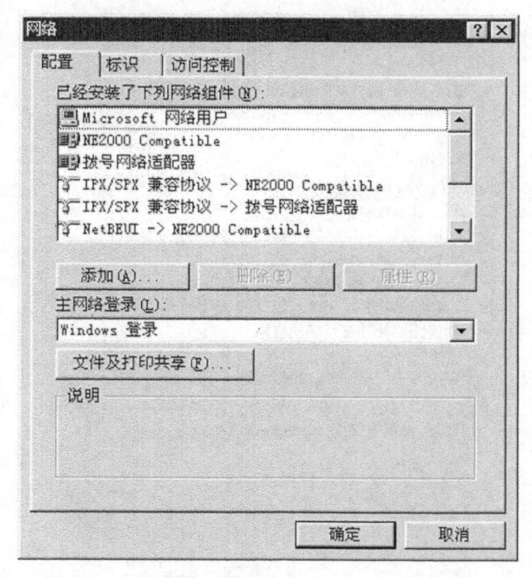

图 3-2-6　Microsoft 操作系统内嵌 IPX/SPX 协议

【任务实施】配置 TCP/IP 属性

【任务描述】

小明来到网络中心从事兼职网管工作后，首先开始帮助工程师配置校园网设备地址。为了实现校园网中设备之间的连通，需要给网中的设备配置 IP 地址，因此需要熟悉 TCP/IP。

【网络拓扑】无。

【任务目标】给办公网中的所有设备配置 IP 地址，认识 TCP/IP 协议软件。

【设备清单】交换机（1 台）、计算机（2 台）、网线（若干）。

【工作过程】

1．打开网络连接

“网络”→右键→“属性”→“网络连接”→选择“本地连接”，如图 3-2-7 所示。

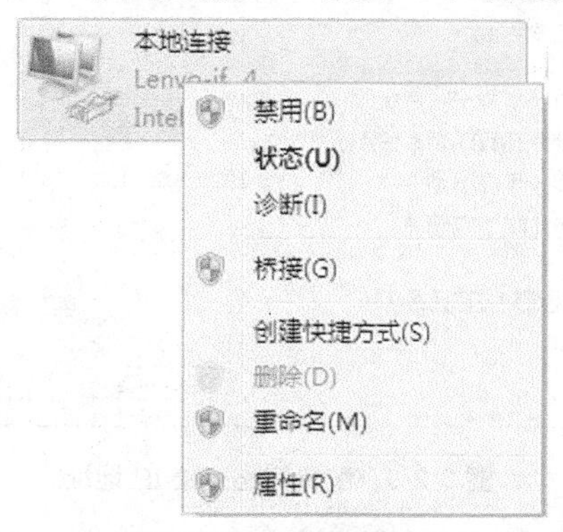

图 3-2-7　打开网络连接

2. 打开“网络连接”属性

在“本地连接” 窗口中，选择 “网络”→“Internet 协议版本 4”，如图 3-2-8 所示。

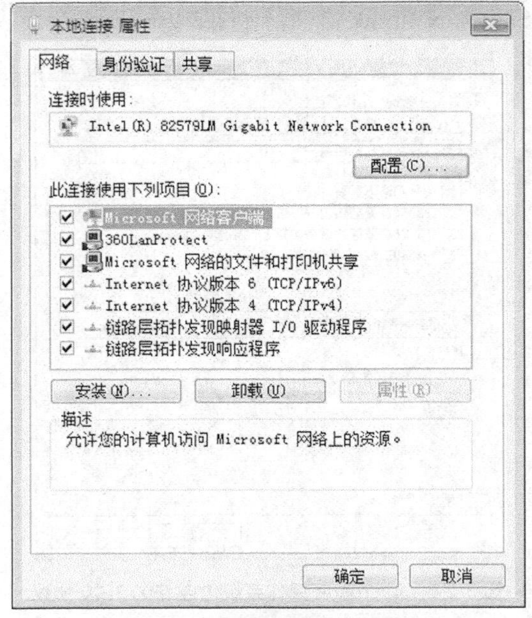

图 3-2-8　配置网络连接属性

3. 配置“TCP/IP”属性

选择“Internet 协议版本 4”，再单击“属性”，打开“TCP/IP”属性配置窗口，配置“TCP/IP”属性，如图 3-2-9 所示。

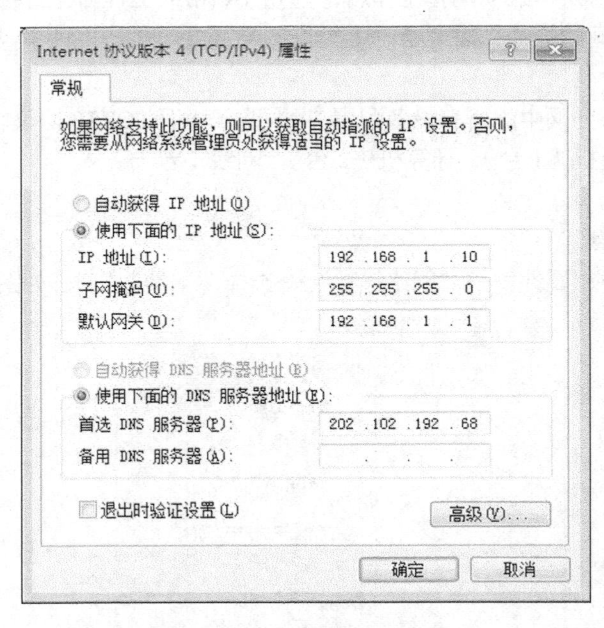

图 3-2-9　配置网络连接 IP 地址

4. 配置所有计算机的“TCP/IP”属性

按照上述同样的方式，选择“Internet 协议版本 4”，配置办公网中所有计算机的 IP 地址属性，完成办公网中所有计算机的网络连通。

5. 测试网络连通

使用 ping 命令测试网络连通，打开销售部 PC1 机：开始 → CMD → 转到 DOS 工作模式，输入以下命令。

```
Ping 192.168.1.2          ! 测试办公网中计算机是否互相连通
```

任务三：使用集线器设备

【任务描述】

王琳的家中之前就有一台台式机器和一台笔记本电脑，主要是父母使用它。最近因为王琳学习的需求，又给王琳专门购买了一台新笔记本电脑。

王琳通过学习知道，使用集线器设备，可以把家中分散的电脑连接起来，组建家庭局域网。因此王琳就购买了一台家用集线器设备，组建了家庭局域网，这样一来，全家都可以访问互联网，共享网络资源。

【任务分析】

集线器是局域网中重要的组网设备，使用集线器设备可以非常方便地把周围的设备接入到网络中，共享网络中的资源。

【知识介绍】

3.3.1　认识集线器设备

使用网络互联设备，把网络中的计算机设备以及终端设备互相连接起来，形成更大范围的网络的过程，称为网络互联。常见的网络互联设备有集线器、网桥、交换机以及路由器等。

集线器是以太网络中重要的连接设备，它是星型以太网中重要的组网设备，通过集线器将网络中的计算机连接一起，实现网络的互联互通。集线器，英文名称 Hub，也叫多口中继器。主要为优化网络布线结构，简化网络管理而设计的。Hub 是对网络进行集中管理的最小单元。集线器如图 3-3-1 所示。

集线器是一个多端口的转发器，当以集线器为中心设备时，网络中某条线路产生了故障，并不影响其他线路的工作，所以集线器在早期的局域网组网过程中得到了广泛的应用。大多数的时候，集线器都应用在星型与树型网络拓扑结构中，以 RJ45 接口方式，实现与网络中的各种主机相连。

图 3-3-1　集线器

集线器源于早期组建 10Base-T 网络，Hub 是对网络进行集中管理的最小单元，它只是一个信号放大和中转设备，不具备自动寻址能力和交换作用，所有传到集线器的数据均被广播到与之相连的各个端口，因而容易形成数据阻塞。

3.3.2　集线器的工作特点

集线器主要用于共享网络的组建，是解决从服务器直接到桌面最经济的方案。集线器的主要功能是对接收到的网络中的信号，进行同步整形放大，以扩大网络的传输距离，所以它属于中继器的一种。

集线器的主要工作特点是：

- 集线器是一种广播工作模式，也就是说集线器某个端口工作的时候，其他所有端口都能够收听到信息，容易产生广播风暴（当网卡或网络设备损坏后，会不停地发送广播包，从而导致广播风暴，使网络通信陷于瘫痪）。
- 集线器所有端口都是共享带宽的，同一时刻只能有一个端口传送数据，其他端口只能等待，工作在半双工模式下，传输效率低。
- 集线器属于物理层设备，从 OSI 模型可以看出，它只对数据的传输起到同步、放大和整形的作用，对数据传输中的短帧、碎片等无法进行有效的处理。

集线器多用于小型局域网组网，随着交换机的整体价格下调，集线器性价比明显偏低，处于淘汰的边缘。目前主流集线器主要有 8 口、16 口和 24 口等几大类。

3.3.3　集线器的工作原理

集线器属于纯硬件网络底层设备，基本上不具有类似于交换机的“智能记忆”能力和“学习”能力，也不具备交换机所具有的 MAC 地址表，所以它发送数据时没有针对性，而是采用广播方式发送。

集线器传输信息的过程如图 3-3-2 所示。

如 PC1 给 PC2 发送数据，数据即从 Hub 的 F0/1 口传到 Hub 中，Hub 只知道从 F0/1 口收到一串 0、1 代码，而无法读懂该数据，不能判断该数据是要发给哪台 PC。因此，Hub 将从 F0/1 口接收到的 0、1 代码原封不动从其他端口传出。也就是说，该数据 PC2、PC3 和 PC4 都能收到。只是 PC3 和 PC4 的网卡收到该数据后，查看到目标 MAC 地址不是自己，而将该数据丢弃。由此可见，任何数据在 Hub 中都会以广播形式传输。

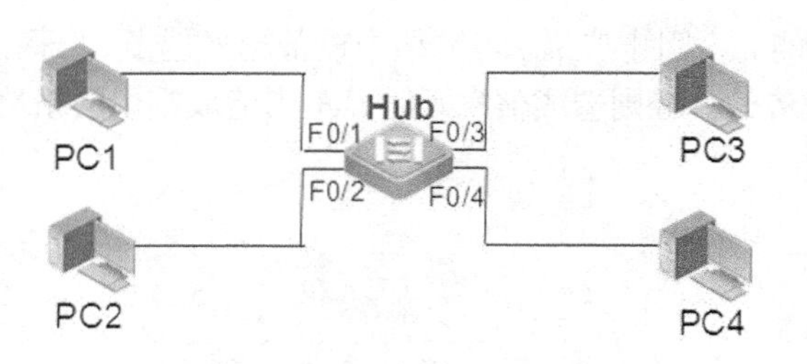

图 3-3-2 Hub 传输信息的过程

如果在 PC1 给 PC2 发送数据时，PC3 和 PC4 也在发数据，因为是共享同一根信道，那么就会发生冲突。Hub 中的所有 PC 都在一个冲突域中。

也就是说当它要向某节点发送数据时，不是直接把数据发送到目的节点，而是把数据包发送到与集线器相连的所有节点，如图 3-3-3 所示。

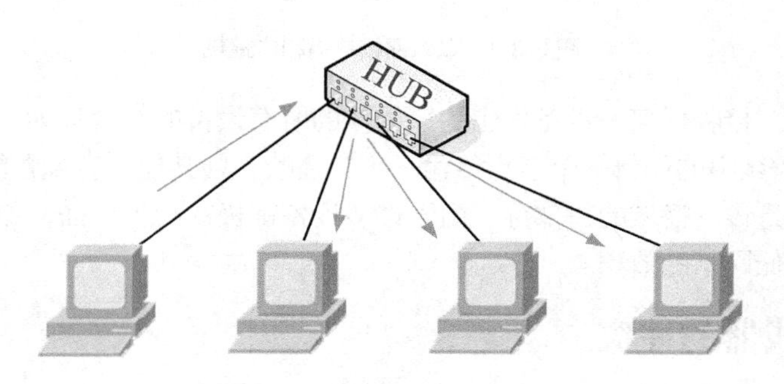

图 3-3-3 集线器广播工作机制

这种广播发送数据方式有 3 方面不足。

① 用户数据包向所有节点发送，很可能带来数据通信的不安全因素，一些别有用心的人很容易就能非法截获他人的数据包。

② 由于所有数据包都是向所有节点同时发送的，加上其共享带宽方式（如果两个设备共享 10Mbit/s 的集线器，那么每个设备就只有 5Mbit/s 的带宽），就更加可能造成网络塞车现象，更加降低了网络执行效率。

③ 非双工传输，网络通信效率低。集线器同一时刻每一个端口只能进行一个方向数据通信，而不能像交换机那样进行双向双工传输，网络执行效率低，不能满足较大型网络通信需求。

3.3.4 集线器的广播

集线器基本工作原理是广播技术（broadcast），也就是集线器从任何一个端口收到一个信息包后， 它都将此信息包广播到其他所有端口。这里所说的广播，是指集线器将该信息包发送到所有其他端口，并不是指集线器将该包改变为广播包。 虽然以太网的信息包中含有源 MAC 地址和目的 MAC 地址，但 Hub 既不能识别，也无法进行针对性处理。

集线器广播的过程，就像邮递员只根据信封上的地址传递信件，而不管信中的内容以及收信人是否回信，或收信人由于某种原因没有回信。不同的是邮递员在找不到该地址时，会将信退回，而集线器不管退信，只负责转发。

早期以太网共享介质传输，处于同一个网络的所有设备，如果需要把信息传给另一台设备，就把信息广播到共享介质上，也就是说，广播信息会传播到网络中除自己之外的每一个端口，即使交换机、网桥也不能完全阻止广播。当网络中设备越来越多，广播占用时间也会越来越多，影响网络上正常的信息传输。轻则造成信息延时，重则造成整个网络堵塞，瘫痪，这就是广播风暴，如图 3-3-4 所示。

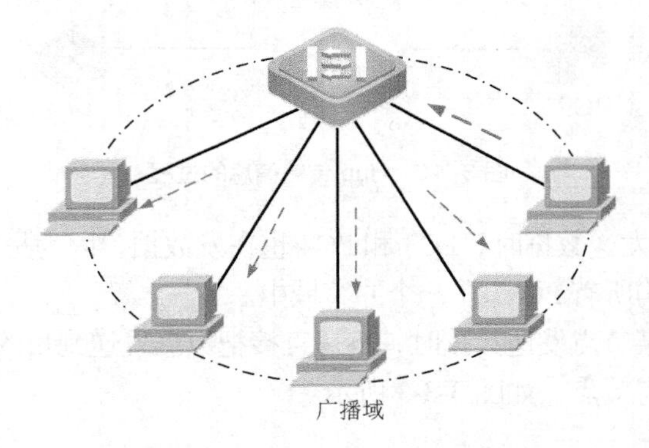

图 3-3-4　以太网帧广播和广播域

一般把网络中能接收任何一设备发出的广播帧的所有设备的集合称为广播域（broadcast domain）。这个广播域中的任何一个节点传输一个广播帧，则其他所有设备能收到这个帧的广播信号，都被认为是该广播域的一部分。由于许多设备都极易产生广播，如果不维护，就会消耗大量的带宽，降低网络的效率。

3.3.5　集线器的冲突

在以太网传输中，如果网络上两台计算机同时通信，就会发生冲突。共享介质上所有节点在竞争同一带宽传输信息时，都会发生冲突。这个冲突范围就是冲突域（collision domain）。

处于冲突域里的某台设备在某个网段发送数据帧，强迫该网段其他设备注意这个帧。而在某一个相同时间里，不同设备尝试同时发送帧，那么将在这个网段导致冲突的发生。冲突会降低网络性能，冲突越多，网络传输效率会越低，如图 3-3-5 所示。

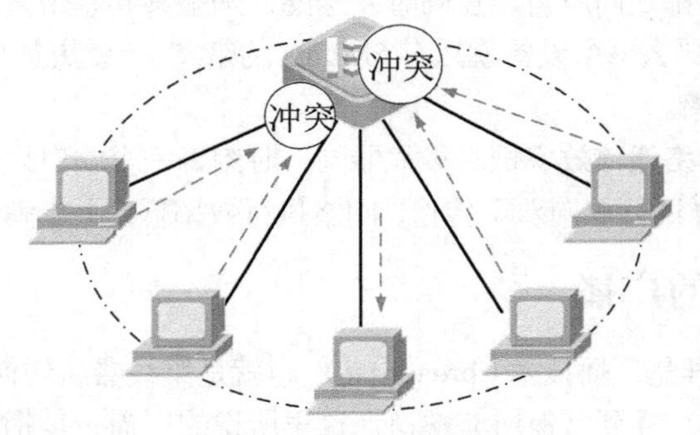

图 3-3-5　以太网帧冲突和冲突域

集线器不具有选路功能，只是将接收到的数据以广播的形式发出，极其容易产生广播风暴。它的所有端口为一个冲突域。

3.3.6　访问共享资源的方法

1．使用“网上邻居”访问共享资源

“网上邻居”顾名思义指的是网络上的邻居，一个局域网是由许多台计算机相互连接而组成的，在这个局域网中，每台计算机与其他任何一台联网的计算机之间，都可以称为是“网上邻居”。“网上邻居”是局域网中用户访问其他计算机的一种途径，不少用户在访问共享资源时，总利用“网上邻居”功能，来移动或者复制共享计算机中的信息，从而提高工作效率。

通过一台电脑，查看网络上其他在同一局域网内的电脑上的信息资源，首先必须其他电脑上的资源是被提前设置为共享的。如图 3-3-6 所示，通过打开“网上邻居”查看到互联的计算机设备，单击相应的设备，即可访问到共享资源。

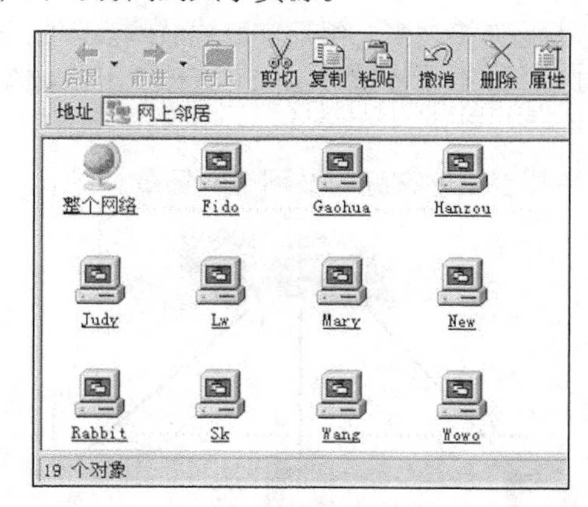

图 3-3-6　打开“网上邻居”

在 Windows 操作系统下，大家还可以用被访问的“网上邻居”中的共享计算机名字，作为网络连接命令，来访问指定的共享计算机。比方说，大家想要访问“网上邻居”中的共享计算机 ABC 时，可以单击“开始”→“运行”，在弹出的运行对话框中输入“ABC”，然后单击“确定”按钮，就能访问到“网上邻居”中指定计算机上的内容了。

2．使用“IP 地址”访问共享资源

还可以使用“IP 地址”访问共享资源，这种访问方法通常适用于不知道“网上邻居”中共享计算机名字的情况。比方说，要访问的“网上邻居”共享计算机的 IP 地址为 10.64.5.227，那么单击“开始”→“运行”，输入“10.64.5.227”，并单击“确定”按钮，就可以看到需要访问的共享计算机以及共享的资源，如图 3-3-7 所示。

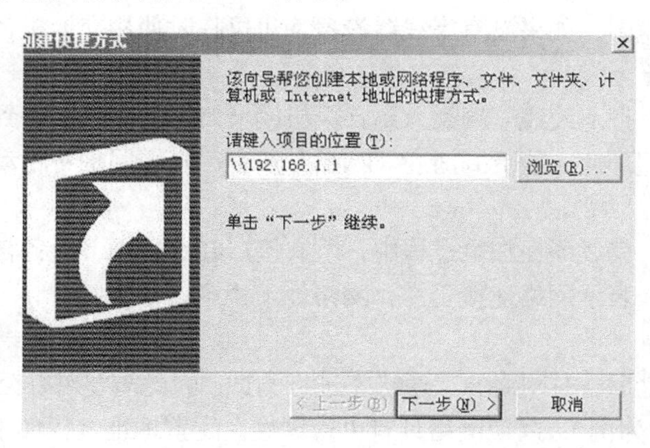

图 3-3-7　使用“IP 地址”访问共享资源

或者，直接打开“我的电脑”，在“我的电脑”窗口中，直接输入“\\ 10.64.5.227”，按回车键，也可以看到需要访问的共享计算机以及共享的资源。

【任务实施】

任务1：使用集线器组建家庭网络

【任务描述】

王琳需要把家中分散的电脑连接起来，组建家庭局域网。因此王琳就购买了一台家用集线器设备，组建了家庭局域网，实现全家都可以访问互联网，共享网络资源。

【网络拓扑】

如图3-3-8所示的网络拓扑是王琳家庭局域网组网场景。

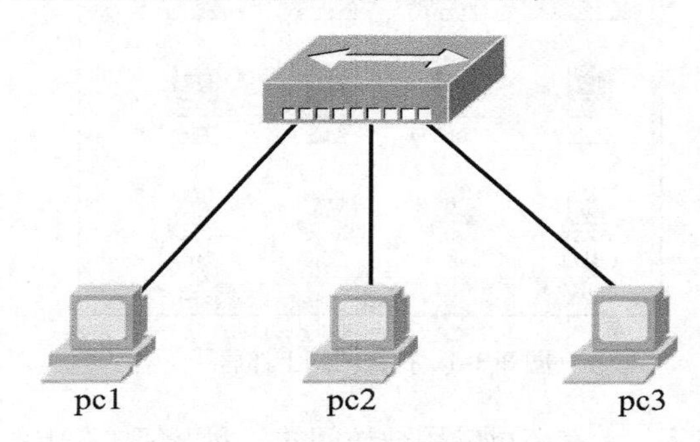

图3-3-8　家庭局域网组网场景

【设备清单】集线器（1台）、计算机（≥2台）、双绞线（若干根）。

【工作过程】

1．制作网线

制作连接组网设备双绞线，制作过程见相关资料，此处省略。

2．组网设备准备

在工作台上，摆放好组建办公网网络设备：计算机和集线器。注意集线器设备摆放平稳，接口方向正对，以方便随时插拔线缆。

注意：在实际环境中，如果没有集线器设备，也可临时使用交换机替代完成任务。

3．安装连接设备

在设备断电状态，把双绞线一端插入到计算机网卡口，另一端插入到集线器接口中。插入时注意按住双绞线上翘环片，能听到清脆“叭哒”声音，轻轻回抽不松动即可。

4．加电

给所有设备加电，集线器在加电过程中，所有接口红灯闪烁，设备自检接口。当连接设备的接口处于绿灯状态，表示网络连接正常，网络处于稳定。

5．配置

办公网络安装成功后，对网络的连通状态进行测试。因此需要对办公网中每台电脑进行IP配置（以WindowsXP为例），以使网络具有可管理性。配置地址过程如下。

① 打开测试计算机的“开始”菜单，打开“设置”→“网络连接”，如图3-3-9所示。

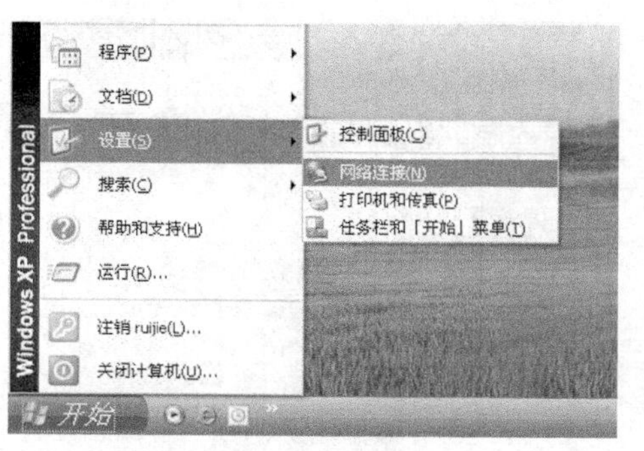

图 3-3-9　打开网络连接

② 选择“本地连接”，单击鼠标右键，选择快捷菜单中“属性”项，如图 3-3-10 所示。

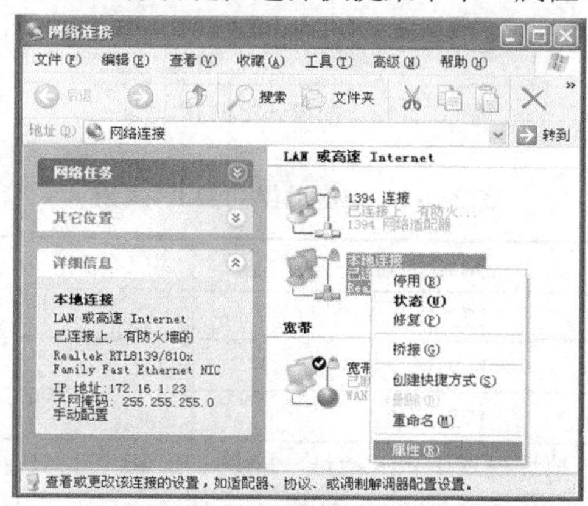

图 3-3-10　配置本地连接属性

③ 选择“常规”属性中“Internet 协议（TCP/IP）”项，单击“属性”按钮，设置 TCP/IP 协议属性，如图 3-3-11 所示。

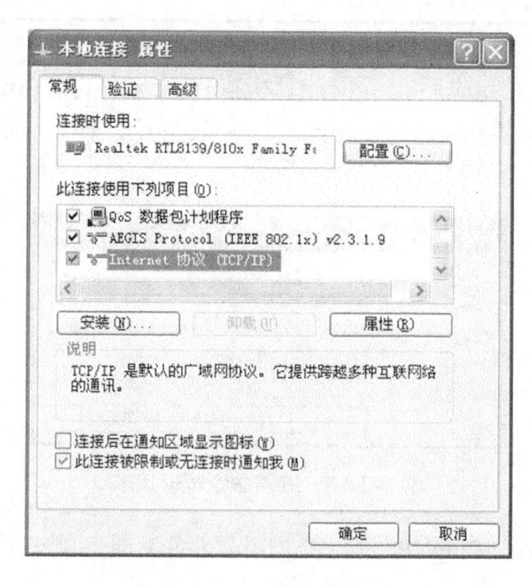

图 3-3-11　选择通信协议

④ 为所有计算机设置 IP 地址，如图 3-3-12 所示。局域网内部 IP 地址规划，见表 3-3-1。

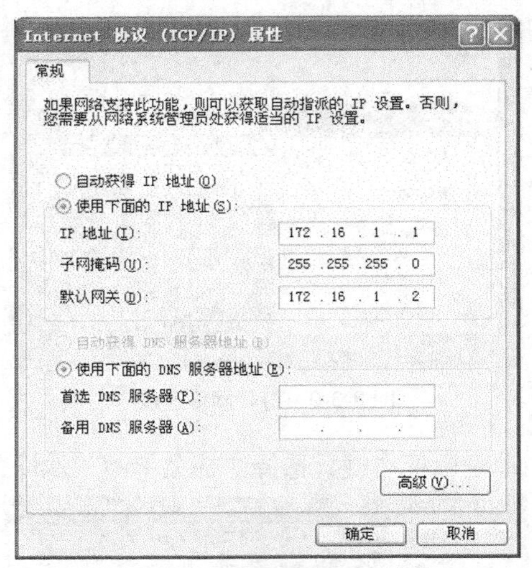

图 3-3-12　配置计算机 IP 地址

表 3-3-1　家庭网络内部 IP 规划

设备	网络地址	子网络掩码
PC1	172.16.1.2	255.255.255.0
PC2	172.16.1.3	255.255.255.0
PC3	172.16.1.4	255.255.255.0

备注：在办公网内部 IP 地址规划中，IP 地址一般是 172. 16. X . X，或者 192 .168 .X .X ，X 可以是 1 ~ 255 之间的任意数字，在局域网中每一台计算机 IP 地址应是唯一的。

子网掩码：局域网中该项一般设置为 255.255.255.0，只要单击空白处就会自动显示。

默认网关：如果办公网内部网中计算机需要通过其他计算机访问 Internet，将“默认网关”设置为代理服务器 IP 地址，否则局域网中只设置 IP 地址即可。

6. 测试

网络安装和 IP 地址配置完成后，可用计算机操作系统中的“Ping 命令”，检查组建的办公网网络的连通情况。打开计算机，单击“开始”→“运行”，输入“cmd”命令，转到命令操作状态，如图 3-3-13 所示。

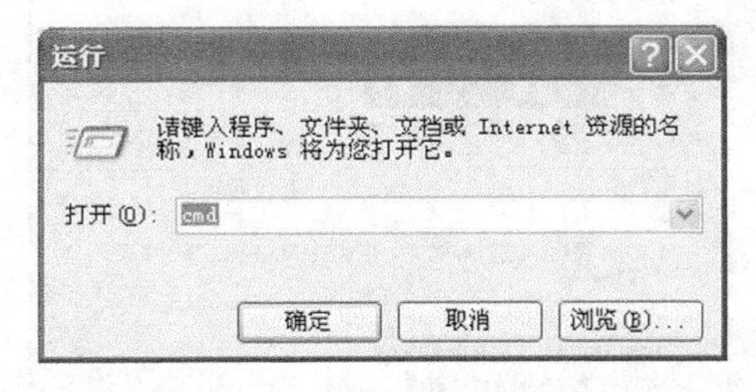

图 3-3-13　进入命令管理状态

在命令操作状态，输入“Ping IP”命令，测试网络连通，测试结果如图 3-3-14 所示。

```
C:\WINDOWS\system32\cmd.exe
Microsoft Windows XP [版本 5.1.2600]
(C) 版权所有 1985-2001 Microsoft Corp.

C:\Documents and Settings\new>ping 172.16.1.1

Pinging 172.16.1.1 with 32 bytes of data:

Reply from 172.16.1.1: bytes=32 time=7ms TTL=255
Reply from 172.16.1.1: bytes=32 time<1ms TTL=255
Reply from 172.16.1.1: bytes=32 time<1ms TTL=255
Reply from 172.16.1.1: bytes=32 time<1ms TTL=255

Ping statistics for 172.16.1.1:
    Packets: Sent = 4, Received = 4, Lost = 0 (0% loss),
Approximate round trip times in milli-seconds:
    Minimum = 0ms, Maximum = 7ms, Average = 1ms

C:\Documents and Settings\new>
```

图 3-3-14　测试二台 PC 连通性

如果测试结果如图 3-3-15 所示，则表述组建的网络未通，有故障，需检查网卡、网线和 IP 地址，看问题出在哪里。

```
C:\WINDOWS\system32\CMD.exe
Microsoft Windows XP [版本 5.1.2600]
(C) 版权所有 1985-2001 Microsoft Corp.

C:\Documents and Settings\Administrator>ping 172.16.1.1

Pinging 172.16.1.1 with 32 bytes of data:

Request timed out.
Request timed out.
Request timed out.
Request timed out.

Ping statistics for 172.16.1.1:
    Packets: Sent = 4, Received = 0, Lost = 4 (100% loss),

C:\Documents and Settings\Administrator>
```

图 3-3-15　网络不通

备注：在测试过程中，关掉防火墙，防火墙提供的安全性会屏蔽测试命令。

在“本地连接属性”对话框中，切换到“高级”选项卡，单击“设置”，选择“关闭”，单击“确定”，完成设置。

任务 2：共享家庭网络资源

【任务描述】

王琳购买了一台家用集线器设备，组建了家庭局域网，实现全家都可以访问互联网。

但在使用的过程中，王琳发现，通过设置电脑共享，可以很方便地把资料从一台电脑中传输到另外一台电脑中。因此，王琳通过配置各自计算机的共享功能，实现家庭网络中的资源共享。

【网络拓扑】

如图 3-3-16 所示的网络拓扑，是王琳家庭局域网组网场景。

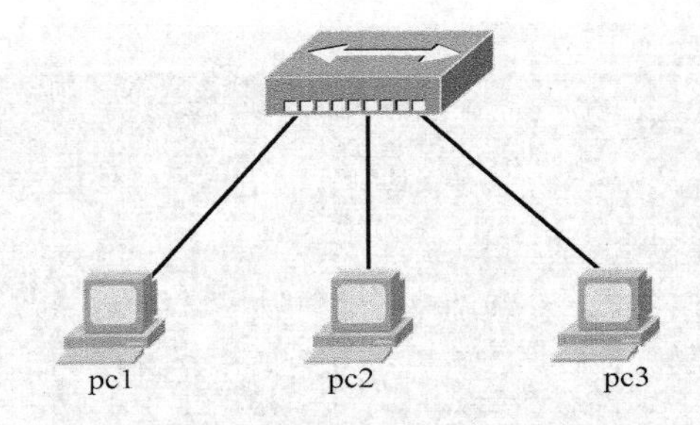

图 3-3-16　家庭局域网组网场景

【设备清单】集线器（1 台）、计算机（≥2 台）、双绞线（若干根）。

【工作过程 1】组建家庭网络

如图 3-3-16 所示，组建家庭网络的过程，见任务一的实施过程，此处省略。

【工作过程 2】

① 双击“我的电脑”图标，打开“我的电脑”对话框，如图 3-3-17 所示。

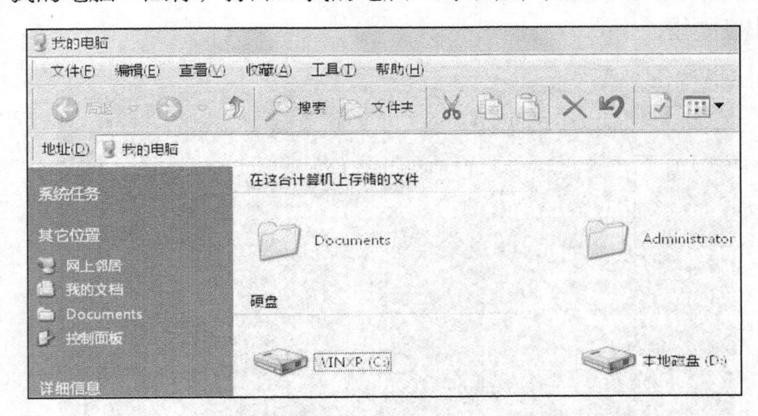

图 3-3-17　打开“我的电脑”

② 选中需要共享盘符或文件夹，单击鼠标右键，选择快捷菜单中“属性”项，如图 3-3-18 所示。

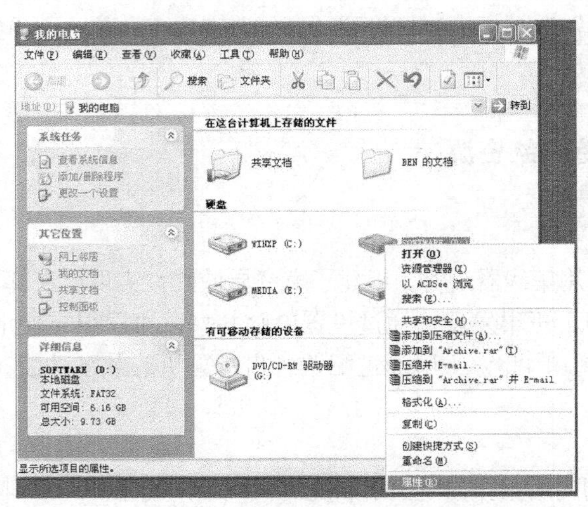

图 3-3-18　选择共享的文件目录

③ 在共享文件属性对话框中，选择“共享”选项，如图 3-3-19 所示。

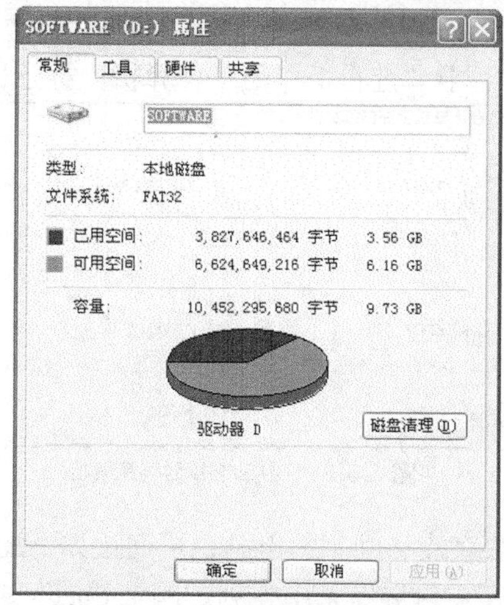

图 3-3-19 “共享”选项

④ 在“共享”选项中，选择对话框中的“网络共享和安全”，选择“在网络上共享这个文件夹”选项，如图 3-3-20 所示。

- 在“网络共享和安全”选项组中，选中“在网络上共享文件夹”复选框，这时“共享名”文本框和“允许网络用户更改我的文件”复选框均变为可用状态。
- 在“共享名”文本框中，输入共享文件夹在网络上显示的共享名称，也可以使用原来的文件夹名称。
- 选中“允许网络用户更改我的文件”复选框，则设置该共享文件夹为完全控制属性，任何访问该文件夹的用户都可以对该文件夹进行编辑修改；若清除该复选框，则设置该共享文件夹为只读属性，用户只可访问该共享文件夹，而无法对其进行编辑修改。
- 设置共享文件夹后，文件夹图标将出现托起小手，表示该文件夹为共享文件夹，如图 3-3-21 所示。

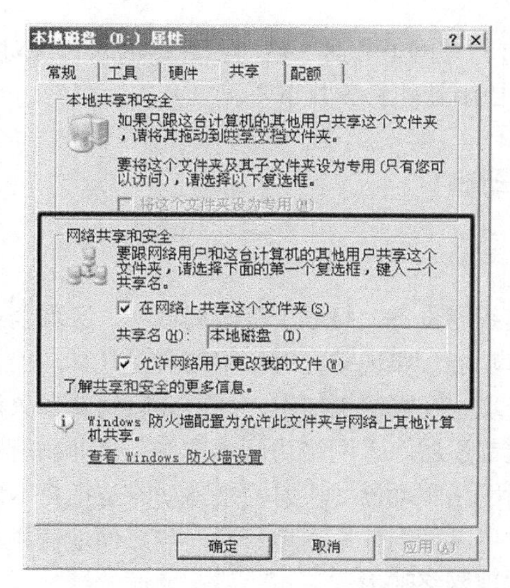

图 3-3-20 共享文件参数配置

⑤ 在对方计算机上，双击“网上邻居”图标，在打开的窗口中就能看到共享资源，双击打开就可以“享用”共享资源，如图 3-3-20 所示。

也可通过选择“网上邻居”中“查看工作组”计算机，打开目标计算机查看共享资源。

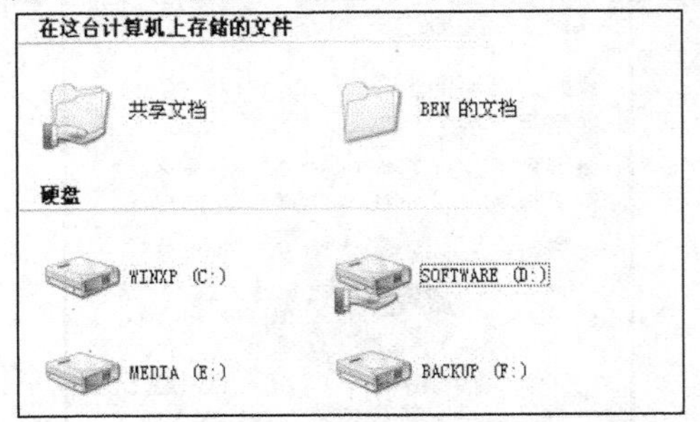

图 3-3-21　共享的网络资源

⑥ 如果通过网上邻居无法直接访问相邻电脑，可通过如下配置完成操作。

● 打开“我的电脑”，在左侧导航条中找到“网上邻居”进入，如图 3-3-22 所示。

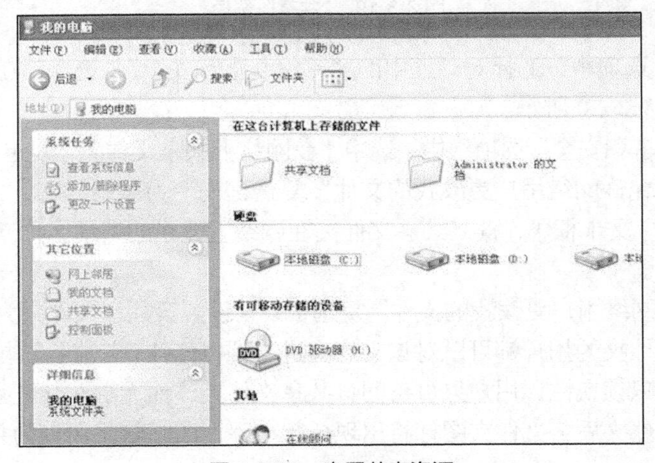

图 3-3-22　查看共享资源

● 或者在本地电脑，打开“网上邻居”窗口，直接输入“ \\对方 IP ”或者“ \\对方计算机名”，在打开的窗口中就能看到共享资源。

任务 3：映射网络驱动器

【任务描述】

王琳购买了一台家用集线器设备，组建了家庭局域网，实现全家都可以访问互联网。后来王琳通过配置计算机的共享功能，实现家庭网络中的资源共享。

在使用的过程中王琳发现，在网络操作中，经常会遇到要多次访问网络中某台计算机上某个共享文件夹的情况，每次都逐层深入网络访问该文件夹会非常麻烦。

这时候就可以用到映射网络驱动器。映射网络驱动器是指将本地计算机的驱动器号分配给网络计算机或文件夹。这样可以如同使用本地资源一样方便地使用它了。因此，王琳通过配置各自计算机的映射功能，实现网络映射。

【网络拓扑】

如图 3-3-9 所示的网络拓扑是王琳家庭局域网组网场景。

组网的实施过程同上。

设备网络中设备共享的过程同上。

【工作过程】

① 在桌面上选择“我的电脑”命令，双击打开“我的电脑”窗口，如图 3-3-23 所示。

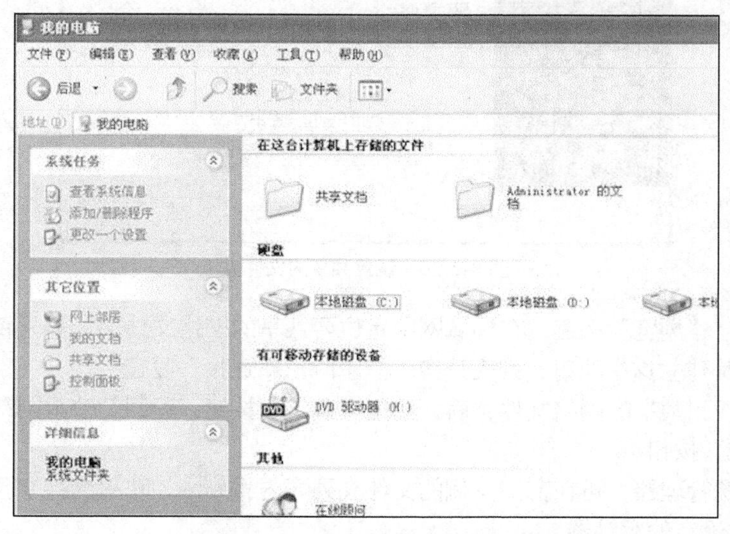

图 3-3-23　打开“我的电脑”窗口

② 在“工具”菜单上，选择“映射网络驱动器”命令，如图 3-3-24 所示。

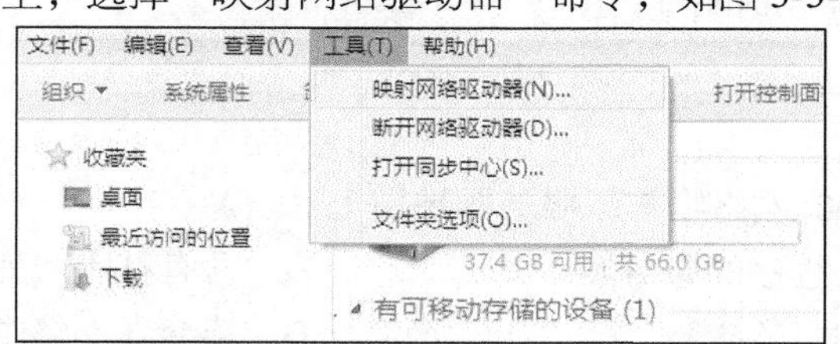

图 3-3-24　选择“映射网络驱动器”

③ 在“驱动器”下拉列表框中，输入或选择将映射到共享资源的驱动器号，如图 3-3-25 所示。

图 3-3-25　选择将映射到共享资源的驱动器号

④ 在“文件夹”下拉列表框中，以“\\服务器\共享名”的形式输入资源的服务器名（或者计算机名）和共享名，如图 3-3-26 所示。

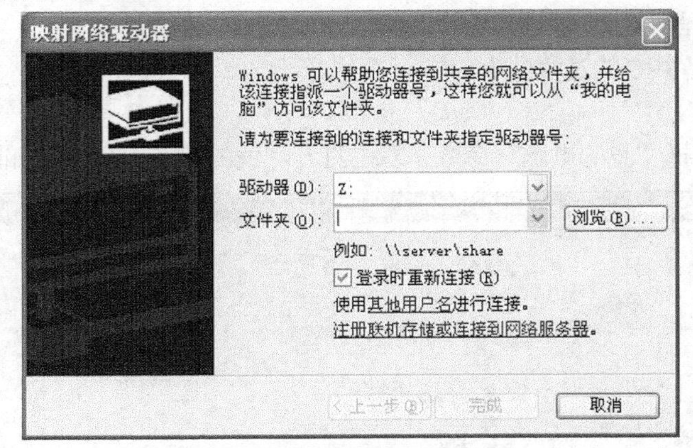

图 3-3-26　设置共享的文件夹

还可以单击 “浏览”按钮，在局域网中定位要共享的网络文件夹。如果希望每次启动 Windows XP 时都建立这个映射，则应选中“登录时重新连接”复选框。

⑤ 输入或找到共享的网络文件夹后，单击“确定”按钮，返回“映射网络驱动器”对话框，单击“完成”按钮。

⑥ 运行资源管理器，可在窗口左侧的文件夹列表内看到刚才映射的共享网络文件夹，它已被分配了刚才设定的驱动器。

⑦ 要断开网络驱动器，则在“我的电脑”窗口，右键单击要断开的网络驱动器，在弹出的快捷菜单中选择“断开”项即可。

认证试题

1. Windows NT 2000 网络中打印服务器是指（　　）。

A. 安装了打印服务程序的服务器　　B. 含有打印队列的服务器

C. 连接了打印机的服务器　　D. 连接在网络中的打印机

2. Windows NT 2000 安装成功后，能够设置文件访问安全属性的分区是（　　）。

A. FAT32　　B. NTFS　　C. FAT16　　D. 基本分区

3. 网络用户不包括（　　）。

A. 网络操作员　　B. 普通用户　　C. 系统管理员　　D. 网络维修人员

4. 计算机网络的主要功能有（　　）、数据传输和进行分布处理。

A. 资源共享　　B. 提高计算机的可靠性

C. 共享数据库　　D. 使用服务器上的硬盘

5. 计算机网络的体系结构是指（　　）。

A. 计算机网络的分层结构和协议的集合　　B. 计算机网络的连接形式

C. 计算机网络的协议集合　　D. 由通信线路连接起来的网络系统

6. 局域网的硬件组成包括网络服务器、（　　）、网络适配器、网络传输介质和网络连接部件。

A. 发送设备和接收设备　　B. 网络工作站

C. 配套的插头和插座　　　　D. 代码转换设备

7. 按照对介质的存取方法，局域网可以分为以太网、(　　)和令牌总线网。

A. 星型网　　B. 树型网　　C. 令牌网　　D. 环型网

8. 为实现计算机网络的一个网段的通信电缆长度的延伸，应选择(　　)。

A. 网桥　　B. 中继器　　C. 网关　　D. 路由器

9. Windows NT2000 系统规定所有用户都是(　　)组成员。

A. Administrators　　B. groups　　C. everyone　　D. guest

10. Windows NT2000 系统安装时，自动产生的管理员用户名是(　　)。

A. guest　　B. IUSR_NT　　C. administrator　　D. everyone

PART 4

项目四 组建局域网

项目背景

学校随着招生规模的扩大以及教育信息化技术的发展，需要改造现有的校园网，进行全新的数字化校园网建设。

数字化校园网络改造内容包括：扩展办公网的建设规模，把所有办公网的设备都接入校园网中，共享办公网中的硬件资源和软件资源，提高学校信息化的建设水平。

二期校园网改造针对楼层的接入节点，办公区、教学区、宿舍区以及网络中心等网络的核心区域，使用高性能的三层交换设备，增加网络的冗余和备份，优化网络传输效率。

本项目主要讲解具有典型意义的校园网（局域网）网络组建的过程，通过本项目知识点的学习，使读者更好地了解身边局域网硬件、软件和协议应用的场景，熟悉局域网的组建和实施过程，懂得更多的局域网基础知识。

- 任务一　组建宿舍网，优化宿舍网络
- 任务二　组建多办公区校园网

技术导读

本项目技术重点：认识交换机设备，掌握交换机工作原理，会配置交换机，会使用交换机优化网络传输。

任务一：组建宿舍网，优化宿舍网络

【任务描述】

最近一段时间，小明的同学发现宿舍的网络速度很缓慢，就让小明去和网络中心反映一下，看看是什么原因。

网络中心的工程师听到反馈后，调查发现主要是由于校区网的宿舍网络接入端没有使用交换机设备，选用低速的集线器做宿舍网接入，造成宿舍网络速度提供不上去。如果使用交换机替代集线器设备，就能优化网络传输效率，提高宿舍网络的传输速度。

【任务分析】

宿舍接入网络因为集线器本身的性能限制，影响了网络传输的效率，所以在接入设备比较多的网络环境中，需要采用更先进的交换机做接入，优化网络传输效率。

【知识介绍】

4.1.1 认识交换机

交换机也叫第二层交换机，替代集线器，优化网络传输效率。像网桥一样，交换机也连接多个局域网分段，利用 MAC 地址表来传输数据，从而减少通信量，但交换机的处理速度比网桥要高得多。

二层交换机能把多个物理上的 LAN 分段互连成更大的网络。交换机也基于 MAC 地址对通信帧进行转发。由于交换机通过硬件芯片转发，所以交换速度要比网桥软件执行交换快得多。交换机把每一个交换端口都当作一个微型网桥，从而为每一台主机提供全部带宽。连接的每一台主机都可以获得全部带宽，不必跟其他主机竞争可用带宽，所以不会发生冲突。

如图 4-1-1 所示，一个网段被交换机分隔成多个微分段。

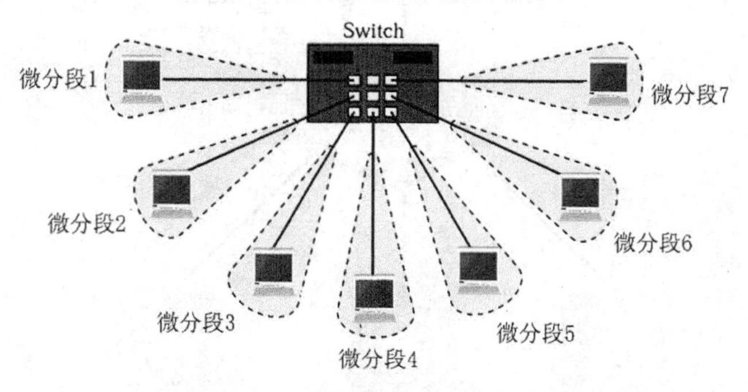

图 4-1-1 网段交换机分隔的微分段

图 4-1-2 所示是锐捷生产的 RG-S2126G 交换机，它具有 24 个百兆端口和 2 个扩展端口插槽（在后面背板上，提供最大 2 个百兆/千兆单/多模光纤端口或电端口），以及 Console 端口，此外，还有一系列的 LED 指示灯。

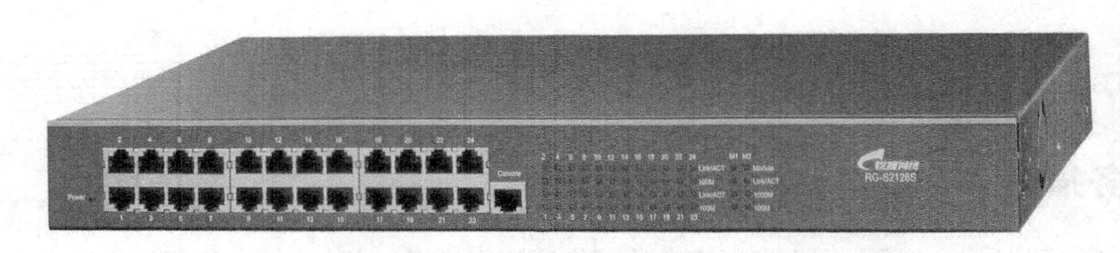

图 4-1-2　锐捷 RG-S2126G 系列增强型安全智能多层交换机

交换机前面板接口编号由两个部分组成：插槽号和端口在插槽上的编号。默认前面板固化端口插槽编号为 0，端口编号为 3，则该接口书写标识为：FastEthernet0/3。

交换机配置端口 Console 是一个特殊端口，是控制交换机设备的端口，能实现设备初始化或远程控制。Console 端口需要使用专用配置线连接至计算机 COM 串口上，利用终端仿真程序（如 Windows 系统“超级终端”）进行本地配置。

交换机不配置电源开关，电源接通就启动。当交换机加电后，前面板 Power 指示灯点亮成绿色。前面板上多排指示灯是端口连接状态灯，代表所有端口工作状态。

4.1.2　交换机工作原理

传统的交换机从网桥发展而来，交换机是一台简化、低价、高性能和高端口密集的网络互联设备，能基于目标 MAC 地址智能化转发、传输信息。

如图 4-1-3 所示，交换机维护一张计算机 MAC 地址和交换机端口的映射表，它对接收到的所有帧进行检查，读取帧的源 MAC 地址字段后，根据帧中的目的 MAC 地址，按照学习来的 MAC 地址表进行转发。每一信息帧都能独立地从源端口送至目的端口，避免了和其他端口发生碰撞。只有在地址表中没有查询到地址帧后，才转发给所有的端口，广播传输。

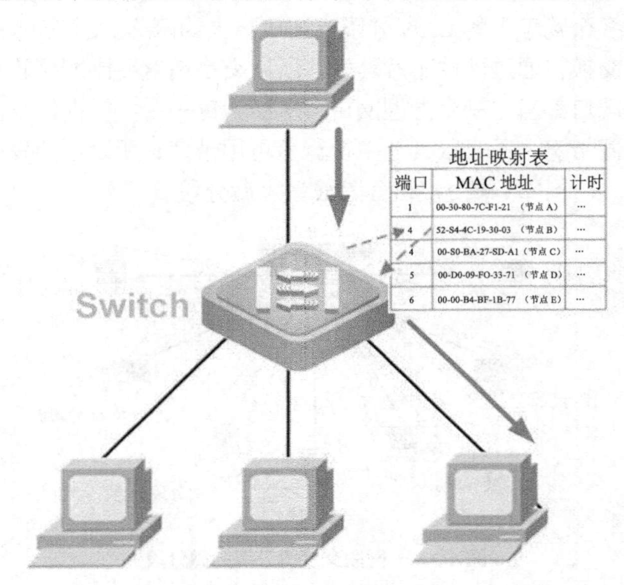

端口	MAC 地址	计时
1	00-30-80-7C-F1-21 （节点 A）	…
4	52-S4-4C-19-30-03 （节点 B）	…
4	00-S0-BA-27-SD-A1（节点 C）	…
5	00-D0-09-FO-33-71 （节点 D）	…
6	00-00-B4-BF-1B-77 （节点 E）	…

图 4-1-3　基于 MAC 地址的交换机转发信息方式

交换机和集线器比较有如下不同。

首先从 OSI 体系结构来看，集线器属于 OSI 模型中的第一层物理层设备，而交换机属于 OSI 模型第二层数据链路层设备。

集线器只是在一个端口收到 0、1 代码后，将这些数据传给其他所有端口，而不关心这个数据真正是发给哪个 PC，只能起信号放大和传输作用，不能对信号进行处理，在传输过程中容易出错。

而交换机则具有智能型，除了拥有集线器所有特性外，它能够读懂数据链路层的数据，即以太帧（目标 MAC、源 MAC）字段，因此交换机就能根据这些信息，了解该数据是从哪儿发到哪儿的，具有自动寻址、交换、处理功能。

4.1.3　了解交换机操作系统

交换机和计算机一样，由硬件和软件系统组成。虽然不同交换机产品由不同硬件构成，但组成交换机的基本硬件一般都包括：CPU（处理器）、RAM（随机存储器）、ROM（只读存储器）、Flash（可读写存储器）、Interface（接口）等组件。

交换机分为可网管交换机和不可网管交换机。不可网管交换机不能被管理，像集线器一样直接转发数据，如图 4-1-4 所示。

图 4-1-4　不带 Console 口非网管交换机

可网管交换机则可以被管理，更具有智能性、可管理性、安全性，如图 4-1-5 所示。一台交换机是否为可网管交换机可从外观上分辨，可网管交换机正面或背面有一个配置 Console 口。

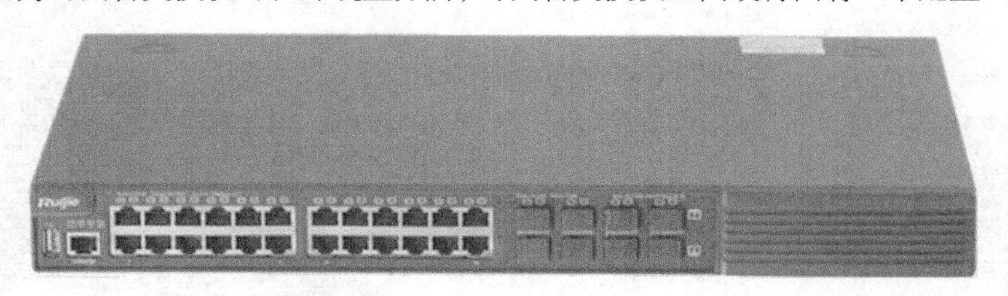

图 4-1-5　带 Console 口可网管交换机

可网管交换机的网际操作系统（IOS）是一个为网际互连优化的操作系统，类似一个局域操作系统（NOS），如 Novell 的 NetWare，主要通过设备的配置管理操作，为局域网优化和管理使用，如图 4-1-6 所示。

```
4000a>en
4000a#conf t
Enter configuration commands, one per line.  End with CNTL/Z.
4000a(config)#int s1
4000a(config-if)#ip address 172.16.40.1 255.255.255.0
4000a(config-if)#clock rate 56000
4000a(config-if)#bandwidth 56
4000a(config-if)#no shut
4000a(config-if)#int s0
4000a(config-if)#ip address 172.16.20.2 255.255.255.0
4000a(config-if)#clock rate 56000
4000a(config-if)#bandwidth 56
4000a(config-if)#no shut
4000a(config-if)#
```

图 4-1-6　交换机操作系统 IOS

4.1.4 配置交换机

交换机的配置和管理通过仿真终端设备进行，交换机第一次配置管理时，必须采用专用配置线缆，通过 Console 口对交换机配置，把一台 PC 机配置成交换机仿真终端。

1．配置超级终端程序

使用交换机附带串口配置线缆，一端插在交换机 Console 口，另一端连接在配置计算机九针串口里，通过 Console 口方式配置管理交换机，如图 4-1-7 所示。

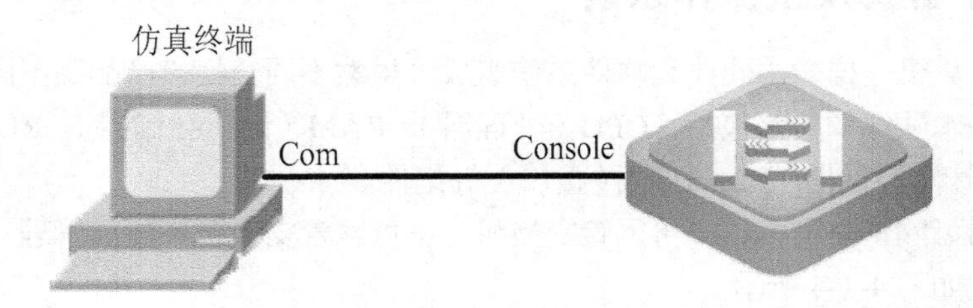

图 4-1-7　仿真终端连接

开启设备，配置计算机“超级终端”程序，单击“开始”→“程序”→“附件”→“通信”→“超级终端”，建立超级终端和交换机连接，如图 4-1-8 所示。

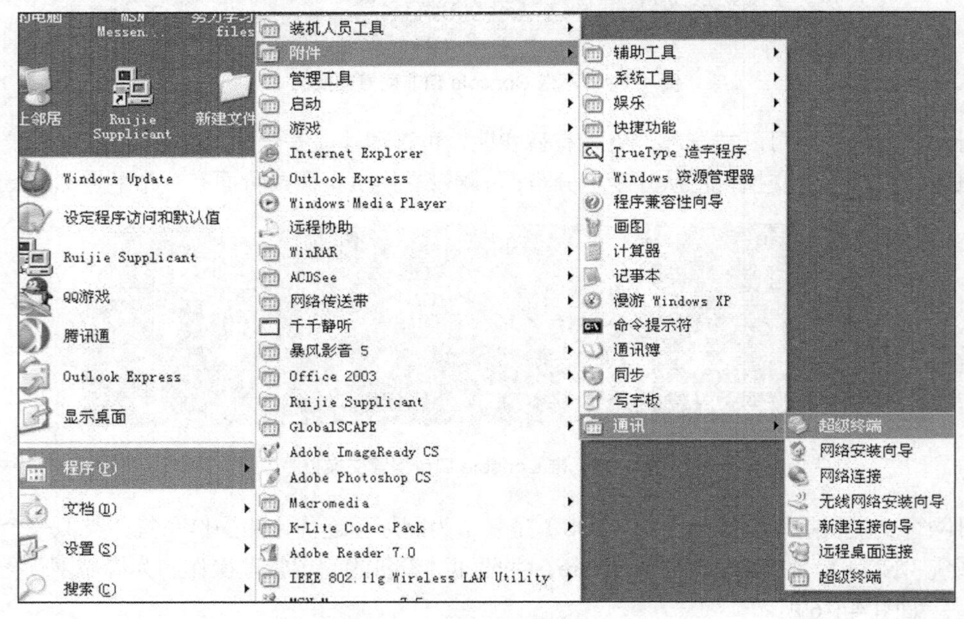

图 4-1-8　带外管理配置过程

① 首先填写设备连接描述名称，如图 4-1-9 所示。

② 接下来，选择连接仿真终端（计算机）串口名称 COM1，如图 4-1-10 所示。

③ 配置连接端口后，设置设备之间通信信号参数，参数如下：9600 波特率、8 位数据位、1 位停止位、无校验、无流控，如图 4-1-11 所示。

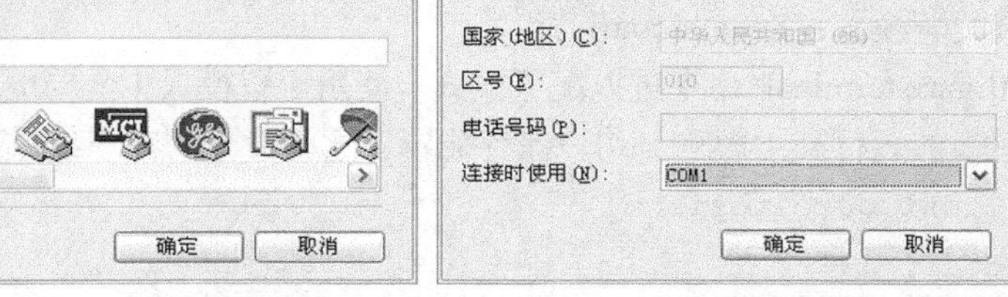

图 4-1-9　仿真终端的连接端口　　　　图 4-1-10　连接名称

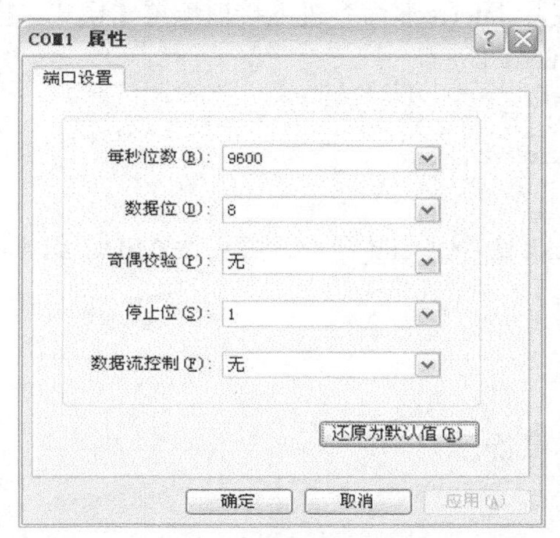

图 4-1-11　设备连接参数

④ 设置好交换机和管理设备连接参数以后，如图 4-1-12 所示，设备之间连接成功。

图 4-1-12　连接成功界面

2. 识别交换机提示符号

交换机根据配置管理功能不同，可分为 3 种不同命令模式：用户模式、特权模式、配置模式（全局模式、接口模式、VLAN 模式、线程模式）。

（1）用户模式：Switch>

和交换机建立连接后，用户首先处于用户模式。在用户模式下，用户拥有很小配置管理交换机权限，只可以使用少量命令，用户模式命令操作结果不会被保存。

（2）特权模式：Switch #

要想在网管交换机上使用更多的命令，必须进入特权模式（Privileged　Exec 模式）。由用户模式进入特权模式时的命令是：Enable 。在特权模式下用户命令条数丰富很多。

```
Switch>enable
Switch #
```

（3）全局配置模式：Switch(config) #

通过 configure terminal 命令进入配置模式。使用配置模式（全局配置模式、接口配置模式等）命令，对当前运行产生影响。用户保存配置，这些命令将在系统重启后执行。

```
Switch# configure terminal
Switch(config)#
```

从全局配置模式出发，可以进入接口配置模式等各种配置子模式。

在全局配置模式下，使用 interface 命令进入接口配置子模式。操作过程为：

```
Switch# configure terminal
Switch(config)#
Switch(config)#interface fa0/1
Switch(config-if)#
```

在所有模式下，输入 exit 命令或 end 命令，或者按 Ctrl+Z 组合键，可离开该模式。

【任务实施】

任务 1：认识交换机设备

【任务描述】

为了增加学校网络中心的管理人手，学校招聘一位兼职网络管理员小明帮助维护学校的网络。小明来到网络中心后，先开始熟悉校园网中使用最多的网络互联设备：交换机。

【网络拓扑】

如图 4-1-13 所示设备为办公网组网设备。

图 4-1-13　办公网组网设备

【设备清单】交换机（1 台）。

【工作过程】

交换机系统和计算机一样，也是由硬件系统和软件系统组成。组成交换机基本硬件包括：CPU（处理器）、RAM（随机存储器）、ROM（只读存储器）、Flash（可读写存储器）、Interface（接口）基本设备。

1．认识交换机型号

如图 4-1-14 所示的 LOGO 以及文字信息，是交换机设备的常见的标识信息内容，通过该信息内容可以了解该台交换机的生产厂家以及设备的基本性能信息。

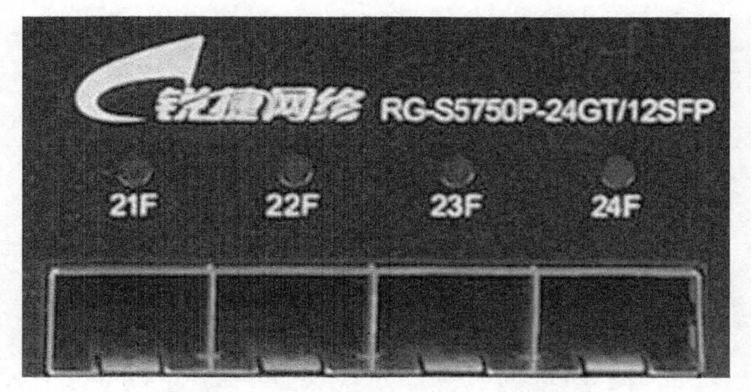

图 4-1-14　RG-S5750P-24GT/12SFP

RG-S5750P-24GT/12SFP 是锐捷生产的“安全智能万兆多层交换机”，该数字表示信息如下。

商标 LOGO、“锐捷网络”以及“RG”文字信息，表示该台设备生产厂家信息。

大写字母“S”，表示该台设备为交换机，是英语“Switcher”第一个字母简写。

数字组合“5750P”，第一个数字“5”，表示该设备为三层以上交换机设备，能识别 IP 数据包信息，常见的数字为“3”“4”“5”……等；如果是数字“2”，表示该设备为二层交换机设备，只能识别 MAC 数据帧。第二个数字“7”，表示该设备为 5 系列的三层交换机中第七个序列产品，具有特点的性能。最后数字“50”则表示该交换机理论上具有 50 个外接端口，但实际上只有 24 个端口，由“24GT”数字补充描述。

“12SFP”表示该型号交换机有 12 个复用的 SFP 接口。

2．认识交换机的接口类型

（1）RJ-45 接口

RJ-45 接口属于以太网接口，不仅在最基本的 10Base-T 以太网中使用，在 100Base-TX 快速以太网和 1000Base-TX 吉比特以太网中都广泛使用，使用的传输介质都是双绞线，如图 4-1-15 所示。

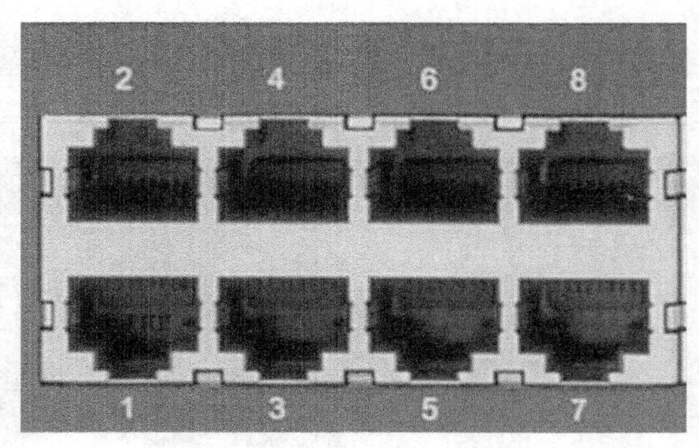

图 4-1-15　RJ-45 接口

（2）光纤接口

光纤传输介质虽然早在 100Base 以太网就开始采用，但由于价格比双绞线高许多，所以在 100Mbit/s 时代并没有得到广泛应用。从 1000Base 技术标准实施以来，光纤技术得以全面应用，各种光纤接口也层出不穷，都通过模块形式出现，如图 4-1-16 所示。

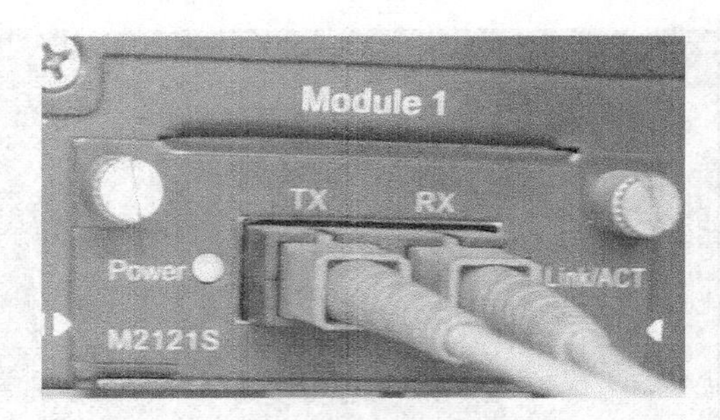

图 4-1-16　光纤接口

（3）Console 端口

可管理交换机都有一个 Console 口，用于对交换机配置和管理的口。通过 Console 口和 PC 连接配置管理交换机。Console 口类型如图 4-1-17 所示，但也有串行 Console 口，如图 4-1-18 所示。它们都需要专门的 Console 线连接至配置计算机串行 COM 口，还需要配置 PC 成为其仿真终端。

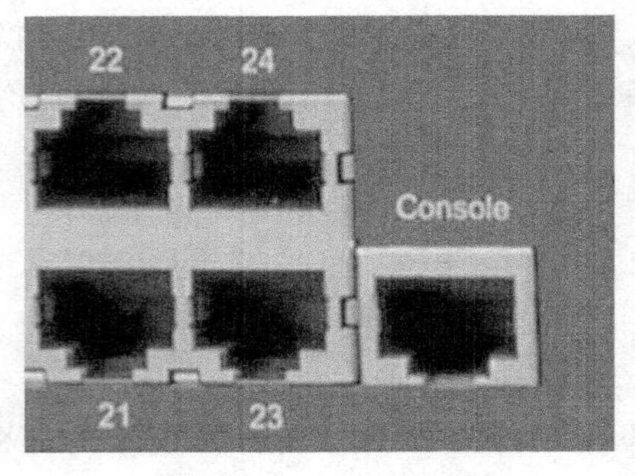

图 4-1-17　Console 端口

图 4-1-18　Console 端口

3．配置交换机线缆

交换机 Console 口与计算机串口间使用一根 9 芯串口线连接，配置计算机超级终端程序，对交换机进行配置和管理，如图 4-1-19、图 4-1-20 所示。

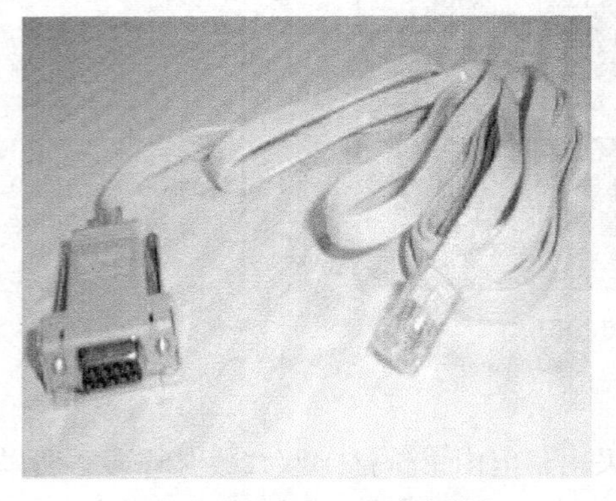

图 4-1-19　配置连接线缆

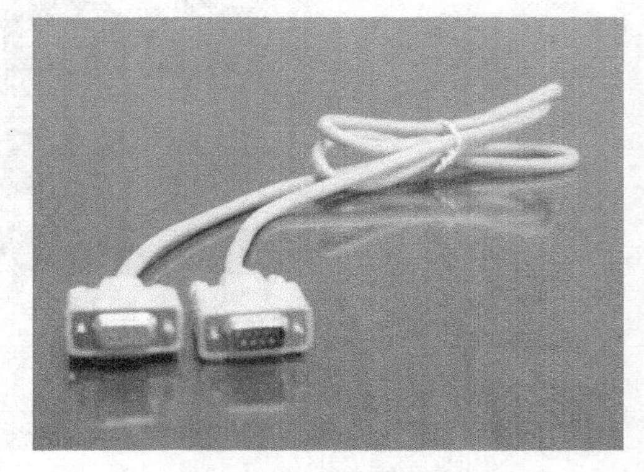

图 4-1-20　配置连接线缆

4．认识交换机的芯片

（1）CPU 芯片

交换机的 CPU 主要控制和管理所有网络通信的运行，理论上可以执行任何网络功能，如

图 4-1-21 所示，如执行生成树、路由协议、ARP 等。但在交换机中，CPU 作用通常没有那么重要，因为大部分交换计算由一种叫做专用集成电路 ASIC 的专用硬件来完成。

图 4-1-21　交换机的 CPU 芯片

（2）ASIC 芯片

交换机的 ASIC 芯片是连接 CPU 和前端接口的专门的硬件集成电路，并行转发数据，提供高性能的基于硬件的功能特性，主要提供接口数据的解析、缓冲、拥塞避免、链路聚合、VLAN 标记、广播抑制、ACL、QOS 等功能，如图 4-1-22 所示。

图 4-1-22　交换机的 ASIC 芯片

5．认识交换机存储器

（1）RAM（随机存储器）

和计算机一样，交换机 RAM 随机存储器在交换机启动时按需随意存取。RAM 在断电时将丢失存储内容，主要用于存储交换机正在运行的程序，配置完成没有保存的参数信息。

（2）Flash（可读写存储器）

交换机的闪存（Flash）是可读可写的存储器，在系统重新启动或关机之后仍能保存数据。一般保存交换机的操作系统文件和配置文件信息。

（3）交换机背板

交换机背板是交换机最重要的硬件组成，背板是交换机高密度端口之间连接的通道，类似 PC 中的主板。交换机背板带宽是交换机接口处理器或接口卡和数据总线间所能吞吐的最大数据量。背板带宽标志交换机总数据交换能力，单位为 Gbit/s，也叫交换带宽。

一般的交换机的背板带宽从几 Gbit/s 到上百 Gbit/s 不等。一台交换机的背板带宽越高，所能处理数据的能力就越强，但同时设计成本也会越高。

任务 2：配置交换机设备基础信息

【任务描述】

为了增加学校网络中心的管理人手，学校招聘一位兼职网络管理员小明帮助维护学校的网络。小明来到网络中心后，首先熟悉校园网中的交换机设备，再和工程师学习配置交换机设备，为后续开展网络维护工作打下基础。

【网络拓扑】

小明配置办公网络交换机设备的连接拓扑，如图 4-1-23 所示。

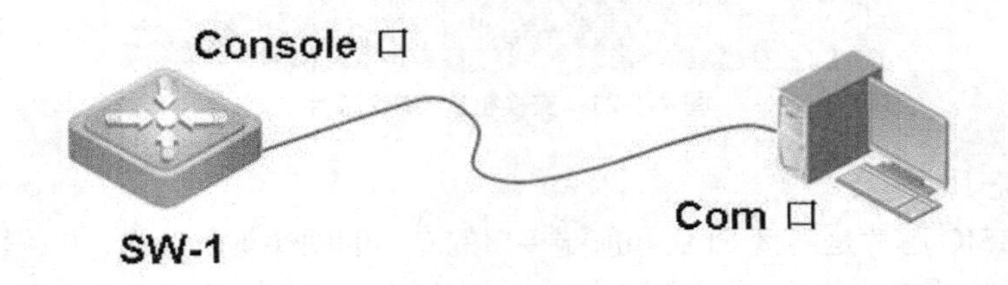

图 4-1-23　配置交换机连接拓扑

【设备清单】交换机（1 台）、计算机（>=1 台）、 配置线缆（1 根）、 网线（1 根）。

【工作过程】

首先配置仿真终端程序，连接成功后，进入交换机的命令配置状态。

1．配置交换机名称

```
Switch>enable                          ! 进入交换机特权模式
Switch#
Switch#configure terminal              ! 进入交换机配置模式
Switch(config)#hostname S2126G         ! 修改交换机标识名为 S2126G
S2126G (config)#exit                   ! 结束返回到特权模式
```

2．查看交换机版本信息

```
S2126G #show version                   ! 查看交换机版本信息
System description: Red-Giant Gigabit Intelligent Switch(S2126G) By Ruijie
Network
System uptime            : 0d:0h:43m:28s
System hardware version : 3.0          ! 设备的硬件版本信息
System software version : 1.61(4) Build Sep  9 2005 Release
System BOOT version     : RG-S2126G-BOOT  01-02-02
System CTRL version     : RG-S2126G-CTRL  03-09-03
Running Switching Image : Layer2                  ! 表示是二层交换机
```

3．配置交换机端口参数

交换机 Fastethernet 接口默认情况下是 10Mbit/s、100Mbit/s 自适应端口，双工模式也为自适应（端口速率、双工模式可配置）。默认情况下，所有交换机端口均开启。如果网络中存在一些型号比较旧的主机还在使用 10Mbit/s 半双工的网卡，为了实现主机之间正常访问，应当在交换机上进行相应配置，把连接这些主机交换机的端口速率设为10Mbit/s，传输模式设为半双工。

```
Switch# configure terminal
Switch(config)#interface fastethernet 0/3          ！进行F0/3的端口模式
Switch (config-if)#description "This is a Accessport."
                                                    ！配置端口的描述信息，可作为提示
Switch(config-if)#speed 100                        ！配置端口速率为100Mbit/s
Switch(config-if)#duplex full                      ！配置端口的双工模式为全双工
Switch(config-if)#no shutdown                      ！开启该端口，使端口转发数据
Switch(config-if)#exit
   ！配置端口速率参数有100（100Mbit/s）、10（10Mbit/s）、auto(自适应)，默认是auto
                        ！配置双工模式有full (全双工)、half(半双工)、默认是auto
```

4．查看交换机端口的配置信息

```
Switch#show interface fastethernet 0/3
FastEthernet 0/1 is UP  , line protocol is UP         ！接口状态为UP
Hardware is marvell FastEthernet
Description: "This is a Accessport."                  ！接口的描述信息
Interface address is: no ip address
MTU 1500 bytes, BW 10000 Kbit                  ！接口的带宽为10Mbit/s（默认为
100Mbit/s）
……  ……
```

5．为交换机配置管理地址

```
Switch(config)#
Switch(config)# interface vlan 1                      ！打开交换机管理Vlan
Switch(config-if)# ip address 192.168.1.1  255.255.255.0  ！为交换机配置管理地址
Switch(config-if)# no shutdown                        ！Vlan设置为启动状态
Switch(config-if)# exit
```

交换机端口默认开启，AdminStatus是UP，如端口没连接设备，OperStatus是down。

6．保存交换机配置

```
Switch#copy running-config startup-config
Switch#write memory
Switch#write   ！以上的3条命令都可保存配置，选择一条
```

7．查看交换机的配置信息

```
Switch#show ip interfaces          ！查看交换机接口信息
……
Switch#show interfaces vlan1       ！查看管理Vlan1信息
……
Switch#show running-config         ！查看配置信息
……
```

任务二：组建多办公区校园网

【任务描述】

学校为了提高信息化程度，组建了互联互通的办公网络。随着学校招生数量的增多，校园网络规模的扩大，学校决定扩建学校的网络建设规模，把更多部门的计算机接入到校园网络中，通过相关技术的配置，组建多办公区的校园网。

【任务分析】

组建多办公区的网络，需要采购更多的交换机设备，使用到更多的网络互联技术，把更多的设备接入到校园网中。更多的交换机之间的互联技术涉及级联和堆叠技术，级联和堆叠技术可以使更多的网络设备实现网络接入，实现网络互联互通和资源的共享。

【知识介绍】

4.2.1 多区域的办公网规划

相对于简单的办公网络而言，多办公区域网络的范围进一步地扩展，连接了更多的计算机，涉及更多的网络连接设备，如图 4-2-1 所示，开始使用到网络的管理和优化技术。这些新出现的问题都给中型规模的网络访问速度、网络运行的稳定性提出了更高的需求，需要为网络提供更先进的管理技术、更安全的访问机制和更高的速度。

图 4-2-1 中型办公网络场景

图 4-2-2 所示是某学校的校园网网络，学校内部的管理部门分别分布在校园几个不同的大楼中，学院希望把原有的校园网络延伸到这些工作部门，把分布在这些大楼内不同区域的工作部门原有网络互相连接起来，形成一个共享的网络系统。

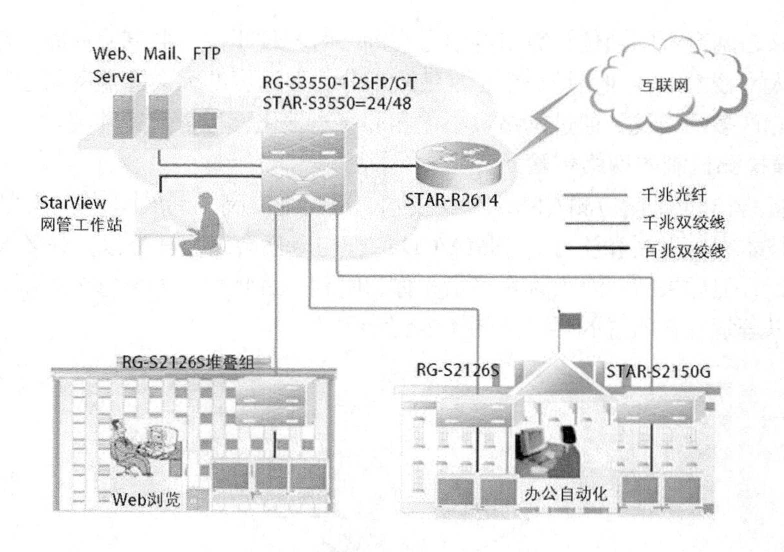

图 4-2-2　多办公区网络之间的安全互连

规划一个中型网络工作场景，把更多的计算机接入到网络。由于以太网的广播传输的机制，接入网络中的设备越多，给网络传输带来的负担越重，过重的网络负担又会造成网络传输效率的下降，这显然是一个恶性循环的结果。

在中型规模的网络中添加更先进、速度更快的连接设备，加快网络中信息包转发。把更快的网络设备引入到网络中，也给网络规划和设计带来了困难，更带来网络管理和网络安全问题，因此需要引入更优化网络传输效率的网络互联设备。

4.2.2　办公网传输机制

1．局域网络广播传输机制

共享局域网的关键技术就是连接在一根电缆上的多台计算机，有秩序地共享一根电缆，每次只允许一个用户使用电缆传输信息。如果有一个用户此时也想传输信息的话，需要等待电缆释放空闲后，才可以传输信息。

随着办公网络范围的不断扩展，需要使用网络中的资源越来越多，有更多的计算机连接到网络中，分享网络中的信息资源，这时大家发现网络的速度变得越来越慢。

多台设备如果都想强行传输信息，信息就会在电缆上产生信号的叠加，叫做碰撞，如图 4-2-3 所示，叠加的信号就会出现干扰，信息不能正确传输。因此在一个网络中，碰撞越多网络传输的效率就会越低，这就是所谓的冲突。

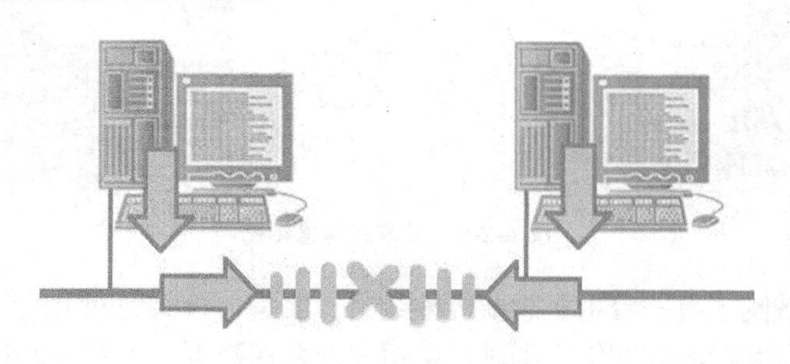

图 4-2-3　竞争信道

冲突就是来自两台不同通信计算机的信号在同一时刻位于同一共享介质时，造成信号意义无法识别。以太网技术中，冲突是一个正常组成部分，但过度冲突会降低网络速度或者使网络停止运行。因此许多网络设计通过网络最小化和冲突本地化，尽量避免冲突。

2．带碰撞检测机制的网络传输

载波监听多路访问/碰撞检测 CSMA/CD 技术，成功地提高了局域网共享信道的传输利用率，从而使该技术得以发展和流行。CSMA/CD 原理与电话会议非常类似，许多人可以同时在线路上进行对话，但如果每一个人都在讲话，你将听到一片噪声，如果每个人都等别人讲完后再讲，你则可以理解各人所说的话，如图 4-2-4 所示。

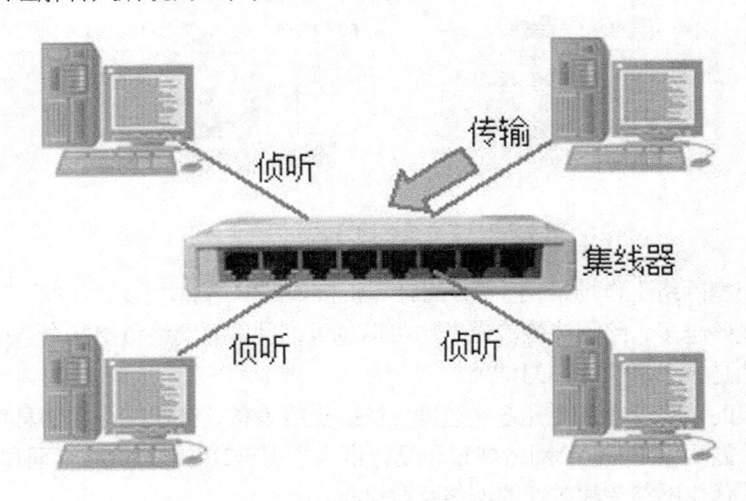

图 4-2-4　CSMA/CD 工作机制

如果多个工作站同时传输，CSMA/CD 使用一些方法来检测包是否因发生冲突而需重发。CSMA/CD 工作过程按下列几个步骤来进行：传输前侦听，如果电缆忙则等待，传输并检测冲突，如果冲突发生，重传前等待。通过带检测机制的传输机制，提高了网络传输的效率。

但 CSMA/CD 技术没有从根本上解决广播传输带来的冲突机制。共享式局域网这种“带宽竞争”的机制使得冲突（或碰撞）几乎不可避免，如图 4-2-5 所示。

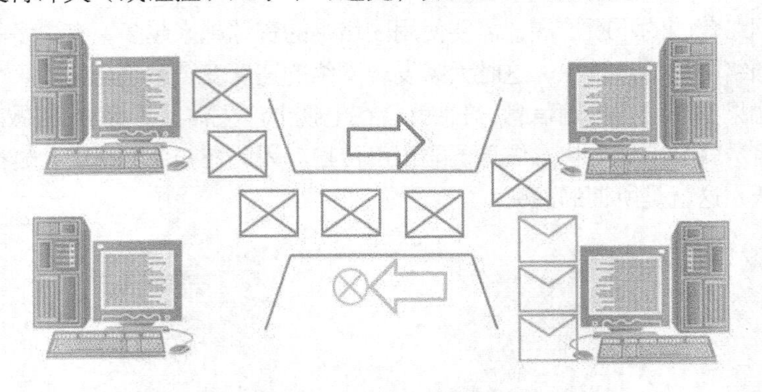

图 4-2-5　共享式网络传输

假如共享式局域网上有一台主机想要传输数据，但是它检测到网上已经有数据了，那么它必须等一段时间，只有检测到网络空闲时，主机才能发送数据，如图 4-2-6 所示。

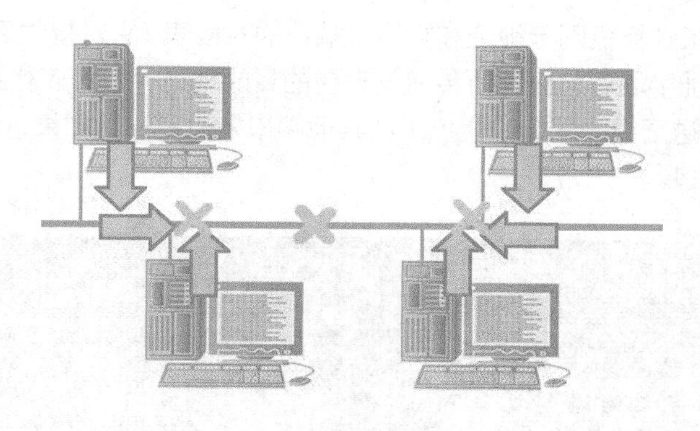

图 4-2-6　碰撞冲突

4.2.3　交换式网络的改进

把分散在校园或各办公区域的一个又一个小型网络互相连接起来，形成一个更大范围的网络。把区域网络中更多的网络设备连接起来，就需要引入更先进的网络互联设备，提高网络的传输速度。在重新规划的中等规模网络环境中，使用更多的二层交换机，作为部门网络的接入设备，把交换速度更快、网络管理功能更先进的三层交换机，作为连接所有区域的核心设备，如图 4-2-7 所示。

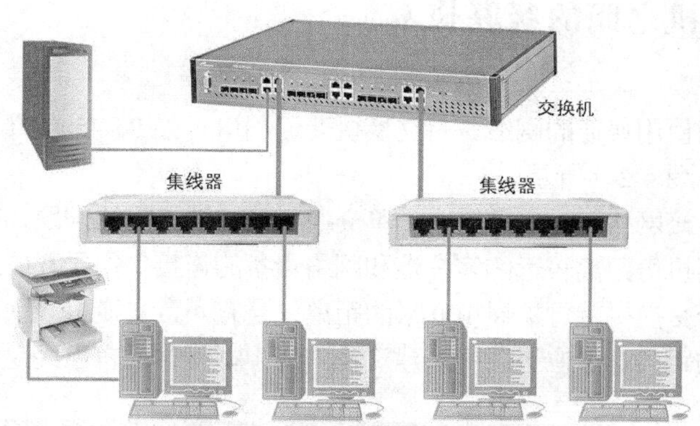

图 4-2-7　区域网络场景

使用共享式的网络在网络规模增大的情况下，网络会变得拥挤不堪，网络的速度也会越来越慢。20 世纪 90 年代初，随着计算机性能的提高及通信量的巨增，交换式以太网技术应运而生，大大提高了局域网的性能。

交换式以太网不需要改变网络中的其他硬件，包括电缆和用户的网卡，仅需要用交换机设备来替代共享式 Hub，节省用户网络升级的费用。以太网交换机的原理很简单，它检测从以太端口来的数据包的源和目的地的 MAC（介质访问层）地址，然后在系统内部动态查找地址表进行比较，若数据包的 MAC 层地址不在查找表中，则将该地址加入查找表中，并将数据包发送给所有的目的端口，如果找到对应的地址表，将数据包发送给所有的目的端口。

4.2.4　使用交换机优化网络

传统的交换机是从网桥发展来的，交换机是一个具有简化、低价、高性能和高端口密集的网络互联产品，交换机能基于目标 MAC 地址做出转发信息，而不是广播方式传输，如图 4-2-8

所示。交换机维护一张计算机网卡地址和交换机端口的对应表，它对接收到的所有帧进行检查，读取帧的源 MAC 地址字段后，根据所传递信息包的目的地址，按照表格进行转发，每一信息包能独立地从源端口送至目的端口，避免了和其他端口发生碰撞，如果是地址表中没有的地址帧就转发给所有的端口。

图 4-2-8　RG-S3526-01 交换机

交换机类似于一台专用的特殊的通信计算机，它包括交换机硬件系统和交换机操作系统。交换机信息转发的核心通过 ASIC 芯片来实现，由于采用硬件芯片来转发数据信息，所以信息在网络中传输的速度很快，是一个“处处交换”的廉价方案。它在星型拓扑结构的以太网络中，为所连接的两台设备提供一条独享的点到点的电路，避免了冲突发生，所以能够比集线器更有效地进行数据传输。

4.2.5　交换机之间的级联技术

1．什么是级联

所谓级联，是指使用普通的网线，将交换机普通端口（如 RJ-45 端口）连接在一起，实现相互之间的通信，如图 4-2-9 所示。

使用级联技术连接网络，一方面解决了单交换机端口数不足的问题，另一方面就是快速延伸网络直径，解决离机房距离较远的客户端和网络设备的连接。由于双绞线的传输距离为 100 米，因此每级联一个交换机就可扩展 100 米的距离，当有 4 台交换机级联时，网络跨度就可以达到 500 米，这样的距离对于位于同一座建筑物内的中型网络而言已经足够了。

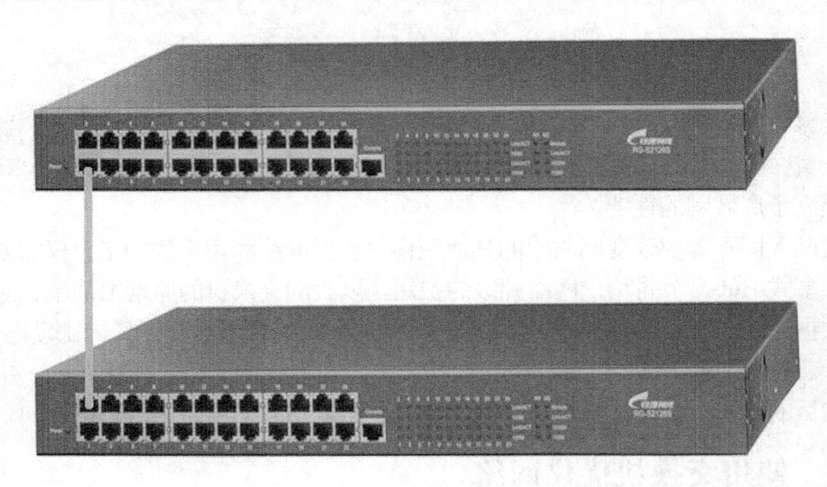

图 4-2-9　交换机级联

需要注意的是，交换机也不能无限制地级联下去，超过一定数量的交换机进行级联，最终会引起广播风暴，导致网络性能严重下降。而且还因为线路过长，一方面信号在线路上的衰减也较多，另一方面，下级交换机是共享上级交换机的一个端口可用带宽的，层次越多，最终的客户端可用带宽也就越低，这样对网络的连接性能影响非常大。

从实用的角度来看，建议最多部署 3 级交换机级联：核心交换机 → 汇聚交换机 → 接入交换机，如图 4-2-10 所示。这里的 3 级并不是说只能允许最多 3 台交换机，而是从层次上讲 3 个层次。

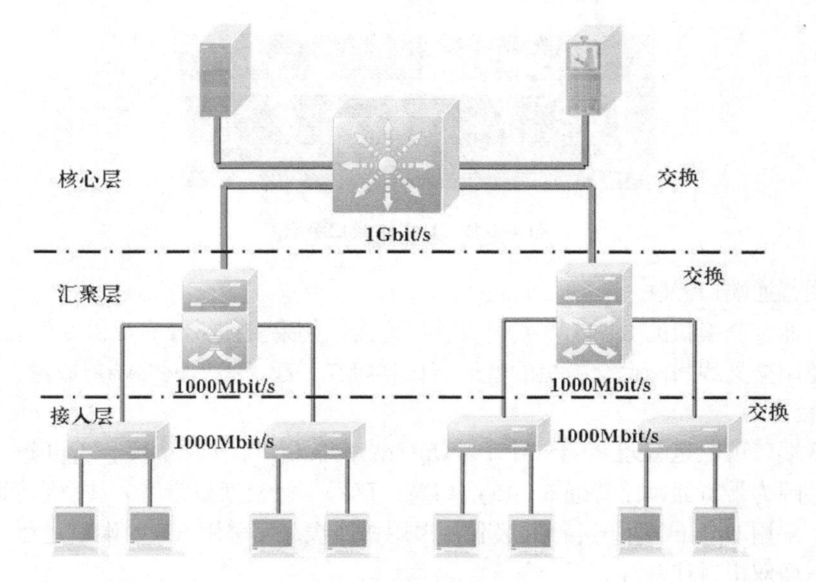

图 4-2-10　3 级交换机级联

连接在同一交换机上不同端口的交换机都属于同一层次，所以每个层次又能允许几个，甚至几十台交换机级联。

2. 级联端口区别

级联又分为以下两种，使用普通端口级联和使用级联端口级联。

（1）使用 Uplink 端口级联

有些交换机配有专门的级联（UpLink）端口，如图 4-2-11 所示，是专门用于与其他交换机连接的端口，通过 UpLink 口使得交换机之间的连接变得更加简单。

图 4-2-11　交换机级联 UpLink 端口

UpLink 端口是专门为上行连接提供的，通过直通线将该端口连接至其他交换机上除“Uplink 端口”外的任意端口，这种连接方式跟计算机与交换机之间的连接完全相同，如图 4-2-12 所示。

图 4-2-12　Uplink 端口级联

（2）使用普通端口级联

普通端口通过交换机的 RJ-45 以太端口进行连接。如果交换机没有提供专门的级联 Uplink 端口，只能使用交叉线将两台交换机的普通端口连接在一起，扩展网络端口数量，如图 4-2-13 所示。

层次级联端口可以是普通 RJ-45 端口或 UpLink 级联端口。如果有专门 UpLink 级联端口，则最好利用，因为带宽通常比普通 RJ-45 端口宽，确保下级交换机带宽。注意它们所采用的电缆也不一样。采用 UpLink 端口进行的级联，采用普通线；而采用 RJ-45 端口进行级联的电缆为交叉线，就像双机对连一样。

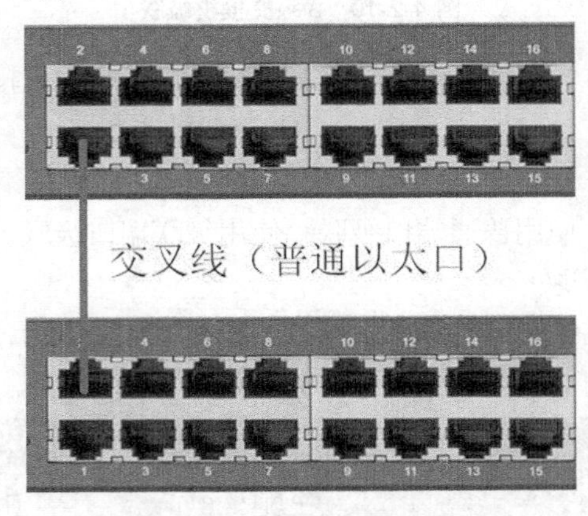

图 4-2-13　普通端口级联

【任务实施】组建多区域的办公网

【任务描述】

为了优化深圳职业技术学校校园网，提升学校信息化建设水平，把学校中更多的网络设备接入到校园网中，学校的网络中心实施了校园网的工程改造项目，扩展办公网的范围，把更多的办公网设备接入到校园网中，实现校园网的互联互通和资源共享。

【网络拓扑】

图 4-2-14 所示网络拓扑为把两台交换机连接起来，组建一个多办公区网络的工作场景，实现多办公区网络的互联互通和资源共享。

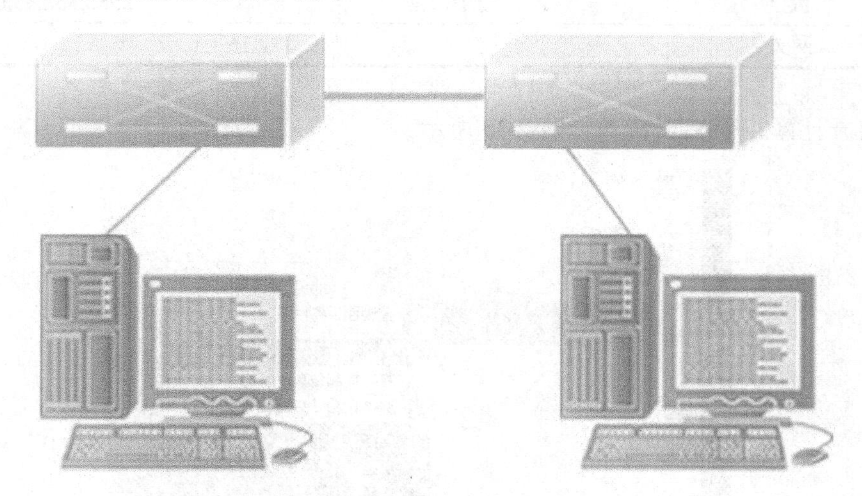

图 4-2-14　组建多办公区网络场景

【工作过程】组建网络

① 准备好实验用的材料，2 台交换机和 1 根交叉线，2 根直连网线。

备注：如果交换机口支持智能 MDI/MDIX 功能，可以是任意标准网线，锐捷网络交换和路由设备均支持智能 MDI/MDIX 端口。

② 如图 4-2-15 所示，在工作台上摆放好互连的设备，交换机可以堆叠在桌面上，保证设备在不带电的情况下工作。

把交叉线缆一端连接一台交换机的 Fa1 端口，保证连接的紧密性，另一端连接另一台交换机对应的 Fa1 端口，保持设备的对称性。

③ 2 台测试用计算机，使用直连网线分别连接在交换机的任意 RJ-45 口上，观查连接的连密性。

④ 加电运行，开启所有设备。2 台交换机的所有的端口都将处于红灯自检状态，直到设备运行稳定。交换机互相连接有网线接口的指示灯处于闪烁状态，测试计算机的网卡端口处于绿灯状态，表示网络设备处于连接完好稳定状态。

⑤ 打开测试 PC 的操作系统，为连接的计算机配置管理 IP 地址，具体地址内容见表 4-2-1、表 4-2-2。配置地址过程如下。

表 4-2-1　Pc1 配置的 IP 地址

名称	IP 地址	子网掩码
PC1	172.16.1.3	255.255.255.0
网关	172.16.1.1	

表 4-2-2　Pc2 配置的 IP 地址

名称	IP 地址	子网掩码
PC2	172.16.1.2	255.255.255.0
网关	172.16.1.1	

● 打开计算机网络连接，如图 4-2-15 所示。

图 4-2-15　打开网络连接

● 选择“本地连接”，单击右键，选择快捷菜单中的“属性”选项，如图 4-2-16 所示。

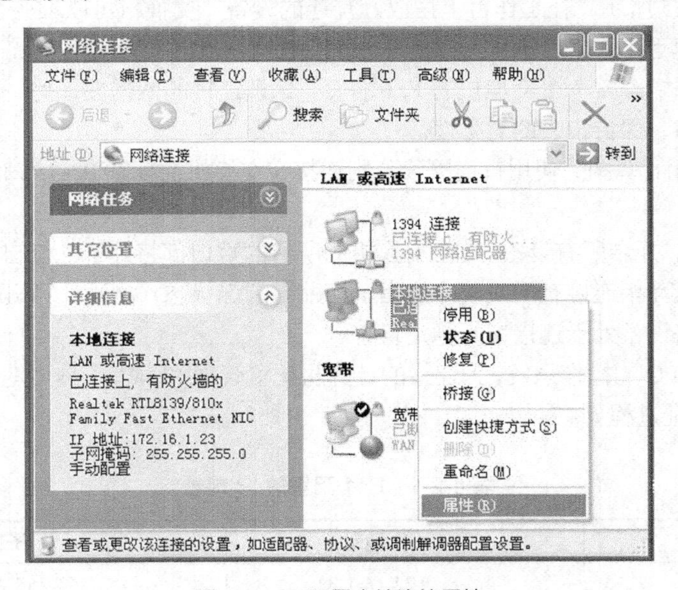

图 4-2-16　配置本地连接属性

● 选择本地连接属性中的“Internet 协议（TCP/IP）”选项，单击“属性”按钮，设置 TCP/IP 协议属性，如图 4-2-17 所示。

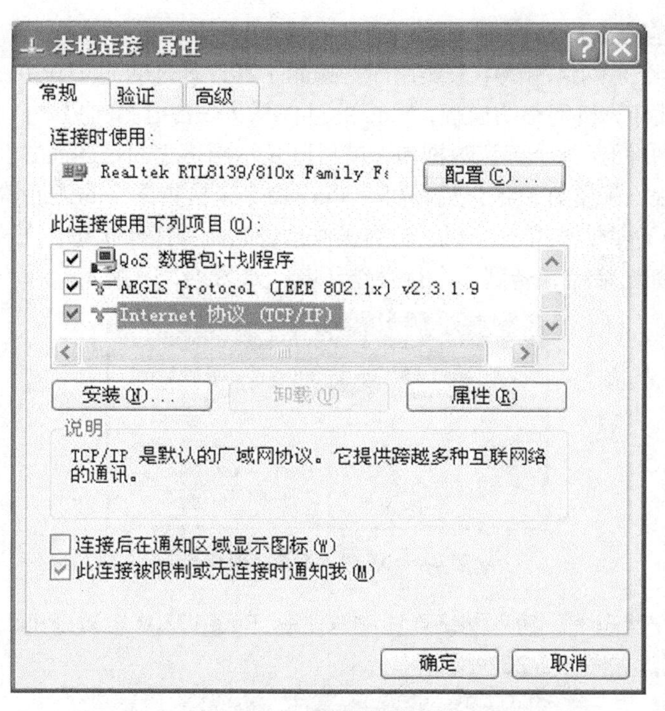

图 4-2-17　选择通信协议

- 为选择的计算机设置管理 IP 地址,如图 4-2-18 所示。

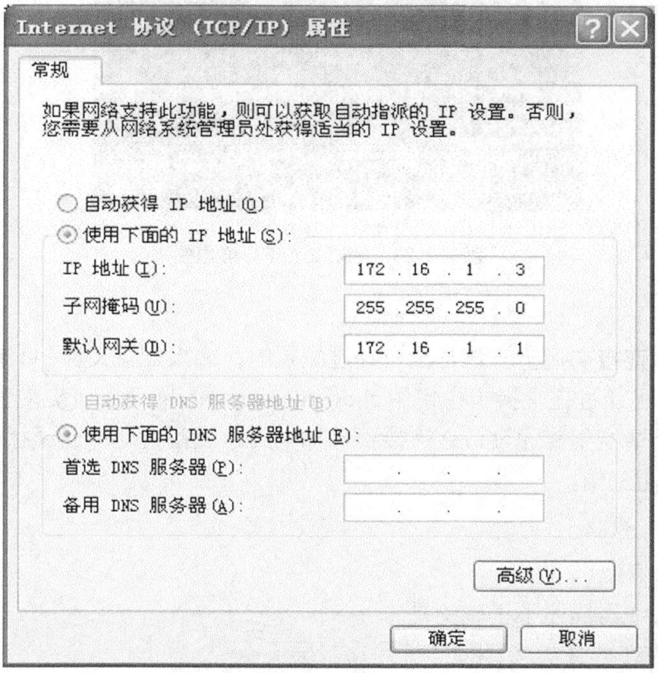

图 4-2-18　配置计算机 IP 地址

- 用同样方式为连接的另一台计算机设置管理用 IP 地址：172.16.1.2 ，子网掩码为：255.255.255.0，默认网关：无。

【测试网络的连通性】

备注：Ping 命令是网络测试中最实用而普遍的工具，凡是使用 TCP/IP 协议的电脑，都可用 Ping 命令来测试计算机网络的通顺，Ping 的过程是从一台电脑向另一台电脑发送几个数据包，对方如果收到并回送几个确认数据包，就可以表示网络之间是连通的。

① 连接好网线，配置好设备之后，可用 Ping 命令来检查网络的连通情况。

要想使用 Ping 命令，打开计算机，转到操作系统的命令操作状态，在“开始”菜单中选择“运行”，输入“cmd”命令，转到命令行操作环境，如图 4-2-19 所示。

图 4-2-19　进入命令管理状态

② 在命令操作状态下，输入网络连通测试命令 Ping 172.16.1.1，Ping 通后应有数据返回，否则表明网络不通，如图 4-2-20 所示。

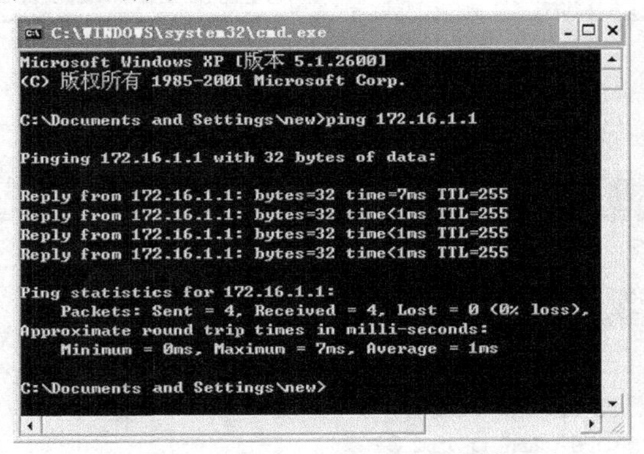

图 4-2-20　测试 2 台 PC 连通性

【备注】

① 使用的 2 台连接交换机应该是没有经过配置的，如果配置文件中有配置管理信息，特别是 VLAN 技术，可通过在交换机中使用 show running-config 命令，提前查询清楚。

② 交换机属于智能型直通设备，连接正确加电后，设备就处于连通状态，不需要任何配置管理，就可以连通工作。

认证试题

1. 下面关于集线器描述不正确的是（　　）。

A. 集线器工作在 OSI 参考模型的第一、二层

B. 集线器能够起到放大信号、增大网络传输距离的作用

C. 集线器上连接的所有设备同属于一个冲突域

D. 集线器支持 CSMA/CD 技术

2. 下列对双绞线线序 568A 排序正确的是（　　）。

A. 白绿、绿、白橙、兰、白兰、橙、白棕、棕

B. 绿、白绿、橙、白橙、兰、白兰、棕、白棕

C. 白橙、橙、白绿、兰、白兰、绿、白棕、棕

D. 白橙、橙、绿、白兰、兰、白绿、白棕、棕

3. 通过 Console 口管理交换机，在超级终端里应设（　　）。

A. 波特率：9600　数据位：8　停止位：1　奇偶校验：无

B. 波特率：57600　数据位：8　停止位：1　奇偶校验：有

C. 波特率：9600　数据位：6　停止位：2　奇偶校验：有

D. 波特率：57600　数据位：6　停止位：1　奇偶校验：无

4. 下列可用的 MAC 地址是（　　）。

A. 00-00-F8-00-EC-G7　　B. 00-0C-1E-23-00-2A-01

C. 00-00-0C-05-1C　　D. 00-D0-F8-00-11-0A

5. 通常以太网互联设备采用了（　　）协议以支持总线型的结构。

A. 总线型　　B. 环型

C. 令牌环　　D. 载波侦听与冲突检测 CSMA/CD

6. 下列不属于交换机配置模式的有（　　）。

A. 特权模式　　B. 用户模式　　C. 端口模式　　D. 全局模式

E. VLAN 配置模式　　F. 线路配置模式

7. 可以通过以下哪些方式不能对交换机进行配置（　　）。

A. 通过 console 口进行本地配置　　B. 通过 web 方式进行配置

C. 通过 telnet 方式进行配置　　D. 通过 ftp 方式进行配置

8. 交换机工作在 OSI 七层的哪一层？（　　）

A. 一层　　B. 二层　　C. 三层　　D. 三层以上

9. 下列选项中属于集线器功能的是（　　）。

A. 增加局域网络的上传速度　　B. 增加局域网络的下载速度

C. 连接各电脑线路间的媒介　　D. 以上皆是

10. 网桥是一种工作在（　　）层的存储转发设备。

A. 数据链路　　B. 网络　　C. 应用　　D. 传输

11. 下列哪种说法是正确的？（　　）

A. 集线器可以对接收到的信号进行放大　　B. 集线器具有信息过滤功能

C. 集线器具有路径检测功能　　D. 集线器具有交换功能

12. （　　）是因特网中最重要的设备，它是网络与网络连接的桥梁。

A. 中继站　　B. 集线器　　C. 路由器　　D. 服务器

13. （　　）设备可以看作一种多端口的网桥设备。

A. 中继器　　B. 交换机　　C. 路由器　　D. 集线器

14. 交换机如何知道将帧转发到哪个端口？（　　）

A. 用 MAC 地址表　　B. 用 ARP 地址表

C. 读取源 ARP 地址　　D. 读取源 MAC 地址

15. 以太网交换机的每一个端口可以看作一个（　　）。

A. 冲突域　　B. 广播域　　C. 管理域　　D. 阻塞域

16. 以太网交换机的一个端口在接收到数据帧时，如果没有在 MAC 地址表中查找到目的 MAC 地址，通常如何处理？（　　）

A. 把以太网帧复制到所有端口

B. 把以太网帧单点传送到特定端口

C. 把以太网帧发送到除本端口以外的所有端口

D. 丢弃该帧

17. 下面描述正确的是（　　）。

A. 集线器不能延伸网络的可操作距离

B. 集线器不能在网络上发送变弱的信号

C. 集线器不能过滤网络流量

D. 集线器不能放大变弱的信号

18. 以下关于以太网交换机的说法哪些是正确的？（　　）

A. 以太网交换机是一种工作在网络层的设备

B. 以太网交换机最基本的工作原理就是 802.1D

C. 生成树协议解决了以太网交换机组建虚拟私有网的需求

D. 使用以太网交换机可以隔离冲突域

19. 下面哪些地址可以正确地表示 MAC 地址？（　　）

A. 0067.8GCD.98EF　　B. 007D.7000.ES89

C. 0000.3922.6DDB　　D. 0098.FFFF.0AS1

PART 5

项目五 熟悉网络通信协议

项目背景

通过一段时间系统学习计算机网络基础知识，再加上小明在学校的网络中心一直从事兼职网络管理员工作，小明对网络中心的相关硬件都非常熟悉了，掌握了基本的通信功能，了解了常用软件的作用……

为了让小明更好地掌握网络系统知识，打下扎实的专业基础，更好地做好校园网的简单网络管理和维护工作，网络中心的工程师们都希望小明能系统地学习下 TCP/IP 协议课程，了解更多的网络协议知识。

本项目主要讲解计算机网络协议的基础知识，通过计算机网络协议的学习，了解 OSI、TCP/IP 以及 IEEE802 协议的基础知识，掌握 OSI 协议的七层模型的通信过程，熟悉 TCP/IP 协议族中的基础协议内容，掌握 IP 地址知识，全面了解 IEEE802.3 协议。

技术导读

本项目技术重点：了解 OSI 协议、TCP/IP 协议、IEEE802 协议。

任务一：了解 OSI 通信协议

【任务描述】

小明在学校的网络中心做兼职网管员后，要帮助网络中心的工程师做简单的校园网管理和维护工作，如给设备上架，制作网线，给设备安装软件，给设备配置一个地址，查找网络故障……

为了让小明在学校的网络中心承担更多网络管理和维护工作，需要他懂更多的专业知识，因此，网络中心的工程师建议小明系统地学习下网络通信协议，熟悉 OSI 七层通信模型。

【任务分析】

OSI/RM 协议是 ISO（国际标准化组织）制定的网络通信协议，也是所有的网络硬件或软件厂商在开发产品时，必须遵守的标准化协议，OSI/RM 协议描述所有的网络通信过程中的每一个通信的环节。

OSI 将计算机网络体系结构划分为 7 层，每一层都有硬件和软件承担相应的通信任务，和生活中的通信过程进行对接，如集线器对应物理层，交换机对应链路层等。

【知识介绍】

5.1.1 什么是网络通信协议

网络通信协议是在通信过程中双方对通信的各种约定，也称为通信控制规程或协议。

为了使网络中两个节点之间能顺利进行对话，必须在它们之间建立通信工具，即接口，使彼此之间能进行信息交换。网络通信的接口包括两部分。

- 硬件装置，功能是实现节点之间的信息传送。
- 软件装置，功能是规定双方进行通信的约定。

网络通信协议通常由 3 部分组成：一是语义部分，用于决定双方对话的类型；二是语法部分，用于决定双方对话的格式；三是变换规则，用于决定通信双方的应答关系。

网络中互相通信的节点之间的链路可能很复杂，因此，在制定协议时，一般把复杂链接过程分解成简单层次化模型。通信协议分层规定是：用户程序作为最高层，把物理通信线路作为最低层，将其间的协议处理分为若干层，规定每层处理任务，也规定每层接口标准。

国际标准化组织（ISO）于 1978 年提出“开放系统互连”（Open Systems Interconnection，OSI），将计算机网络体系结构通信规定为 7 层，受到计算机界和通信业的极大关注，通过多年发展和推进，已成为各种计算机网络结构的标准。

5.1.2 OSI 通信协议

在 OSI 出现之前，计算机网络中存在众多网络体系结构，其中以 IBM 公司 SNA 和 DEC 公司 DNA 网络体系结构最为著名。为了解决不同体系结构网络互联问题，国际标准化组织 ISO 于 1978 年制定了开放系统互连参考模型 OSI/RM。

OSI/RM 模型把网络通信的工作分为 7 层，它们由低到高分别是：物理层（Physical Layer）、数据链路层（Data Link Layer）、网络层（Network Layer）、传输层（Transport Layer）、会话层（Session Layer）、表示层（Presentation Layer）和应用层（Application Layer）。

每层完成一定的功能，每层都直接为其上层提供服务，并且所有层次都互相支持。而网络通信则可以自上而下（在发送端）或者自下而上（在接收端）双向进行。当然并不是每一通信都需要经过 OSI 的全部 7 层，有的甚至只需要双方对应的某一层即可。双方的通信是在对等层次上进行的，不能在不对称层次上进行通信，如图 5-1-1 所示。

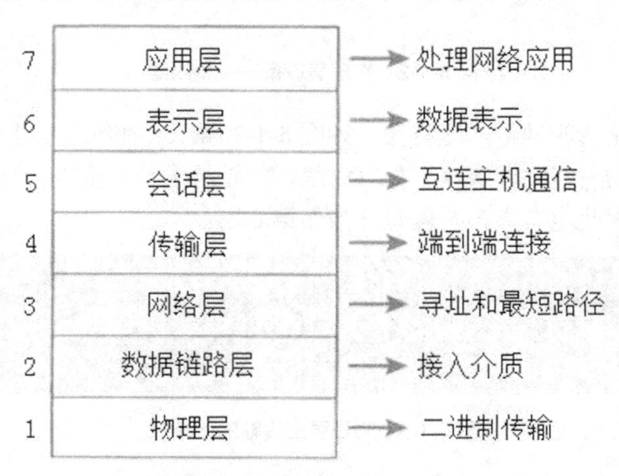

图 5-1-1 互连参考模型 OSI/RM

5.1.3 OSI 通信协议特点

OSI 通信协议标准制定过程采用的方法是：将整个庞大而复杂的问题，划分为若干个容易处理的小问题，这就是分层的体系结构办法。

在 OSI 中，采用了 3 级抽象，即体系结构、服务定义、协议规格说明，体现了 OSI 协议分层的优点。

- 人们可以很容易地讨论和学习协议的规范细节。
- 层间的标准接口方便了工程模块化。
- 创建了一个更好的互联环境。
- 降低了复杂度，使程序更容易修改，产品开发的速度更快。
- 每层利用紧邻的下层服务，更容易记住各层的功能。

5.1.4 OSI 通信协议 7 层介绍

1. 第一层：物理层（Physical Layer）

物理层规定通信设备机械的、电气的、功能的和过程的特性，用以建立、维护和拆除物理链路连接。其中，机械特性规定了网络连接时所需接插件的规格尺寸、引脚数量和排列情况等。电气特性规定了在物理连接上传输比特流时线路上信号电平的大小、阻抗匹配、传输速率距离限制等。功能特性是指对各个信号先分配确切的信号含义，即定义了 DTE 和 DCE 之间各个线路的功能。过程特性定义了利用信号线进行比特流传输的一组操作规程，是指在物理连接的建立、维护、交换信息时，DTE 和 DCE 双方在各电路上的动作系列。

物理层的主要设备有中继器、集线器，如图 5-1-2 所示。

图 5-1-2　物理层设备——集线器

物理层的任务就是透明地传送比特流，如图 5-1-3 所示。在物理层上所传数据的单位是比特。传输信息所利用的一些物理媒体，如双绞线、同轴电缆、光缆等，并不在物理层之内，而是在物理层的下面。因此也有人把物理媒体当作第 0 层。

10101110010111100010000101001
10001000010100111010001101000
01001000111010110111011110100

图 5-1-3　物理层上传输的比特流

“透明”是一个很重要的术语。它表示：某一个实际存在的事物看起来却好像不存在一样。“透明地传送比特流”表示经实际电路传送后的比特流没有发生变化，因此，对传送比特流来说，这个电路并没有对其产生什么影响，因而比特流就“看不见”这个电路。或者说，这个电路对该比特流来说是透明的。这样，任意组合比特流都可以在这个电路上传送。当然，哪几个比特代表什么意思，则不是物理层所要管的。

物理层要考虑用多大电压代表“1”或“0”，发送端发出比特“1”时，在接收端如何识别出这是比特“1”，而不是比特“0”。物理层还要确定连接电线的插头，应当有多少根腿以及各个腿应如何连接。

2．第二层：数据链路层（Data Link Layer）

数据链路层（Data Link Layer）是 OSI 模型的第二层，负责建立和管理节点间的链路。

该层的主要功能是：通过各种控制协议，将有差错的物理信道变为无差错的、能可靠传输数据帧的数据链路。

在计算机网络中由于各种干扰的存在，物理链路是不可靠的。因此，这一层的主要功能是在物理层提供的比特流的基础上，通过差错控制、流量控制方法，使有差错的物理线路变为无差错的数据链路，即提供可靠的通过物理介质传输数据的方法。

该层通常又被分为介质访问控制（MAC）和逻辑链路控制（LLC）两个子层。其中：MAC子层的主要任务是解决共享型网络中多用户对信道竞争的问题，完成网络介质的访问控制；LLC子层的主要任务是建立和维护网络连接，执行差错校验、流量控制和链路控制。

数据链路层的具体工作是接收来自物理层的位流形式的数据，并将其封装成帧，如图 5-1-4 所示，传送到上一层，同样，也将来自上层的数据帧，拆装为比特流形式的数据转发到物理层，并且，还负责处理接收端发回的确认帧的信息，以便提供可靠的数据传输。

在物理层提供比特流服务的基础上，建立相邻节点之间的数据链路，通过差错控制提供数据帧（Frame）在信道上无差错地传输，并进行各电路上的动作系列，数据链路层物理介质上提供可靠的传输。

前导码	目的地址	源地址	长度	数据	校验码

图 5-1-4 数据链路层帧结构

数据链路层主要设备有二层交换机、网桥、网卡等，数据链路层交换机设备如图 5-1-5 所示，目前已经被局域网大规模使用。

图 5-1-5 数据链路层设备——交换机

3. 第三层：网络层（Network layer）

网络层（Network Layer）是 OSI 模型的第三层，它是 OSI 参考模型中最复杂的一层，也是通信子网的最高一层。它在下两层的基础上向资源子网提供服务。

网络层的主要任务是：通过路由选择算法，为报文或分组通过通信子网，选择最适当的路径。该层控制数据链路层与传输层之间的信息转发，建立、维持和终止网络的连接。具体地说，数据链路层的数据在这一层被转换为数据包，然后通过路径选择、分段组合、顺序、进/出路由等控制，将信息从一个网络设备传送到另一个网络设备，如图 5-1-6 所示。

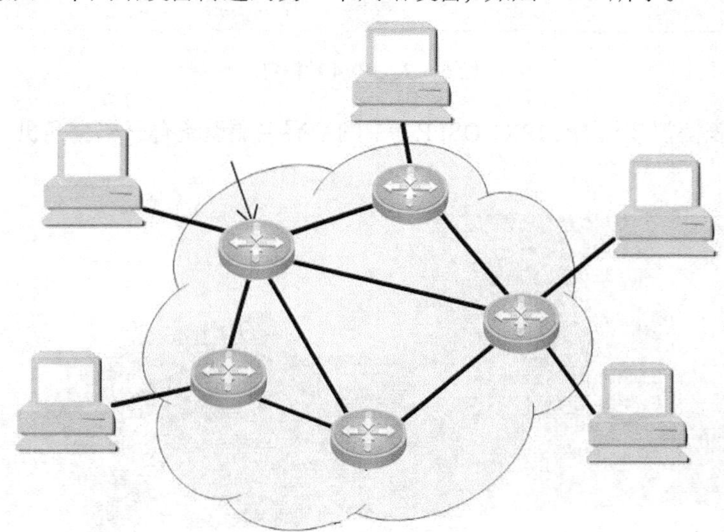

图 5-1-6 网络层的路由过程

一般地，数据链路层解决同一网络内节点之间的通信，而网络层主要解决不同子网间的通信。例如，在广域网之间通信时，必然会遇到路由（两节点间可能有多条路径）选择问题。

在实现网络层功能时，需要解决的主要问题如下。

- 寻址：数据链路层中使用的物理地址（如 MAC 地址）仅解决网络内部的寻址问题。在不同子网之间通信时，为了识别和找到网络中的设备，每一子网中的设备都会被分配一个唯一的地址。各子网使用的物理技术可能不同，因此这个地址应当是逻辑地址，如 IP 地址。

- 交换：规定不同的信息交换方式。常见的交换技术有线路交换技术和存储转发技术，后者又包括报文交换技术和分组交换技术。
- 路由算法：当源节点和目的节点之间存在多条路径时，本层可以根据路由算法，通过网络为数据分组选择最佳路径，并将信息从最合适的路径由发送端传送到接收端。
- 连接服务：与数据链路层流量控制不同的是，前者控制的是网络相邻节点间的流量，后者控制的是从源节点到目的节点间的流量。其目的在于防止阻塞，并进行差错检测。

在这一层，数据的单位称为数据包（packet），按照提取的 IP 地址进行路由选择，如图 5-1-7 所示的 IPV4 数据包结构。

版本号	首部长度	服务类型	数据报长度	
16比特标示			标志	13比特片偏移
寿命		上层协议	首部校验和	
32比特源IP地址				
32比特目的IP地址				
选项（如果有的话）				
数据				

图 5-1-7　IPV4 数据包

网络层的代表协议包括 IP、IPX、OSPF 等，网络层主要设备有三层交换机、路由器设备等，如图 5-1-8 所示。

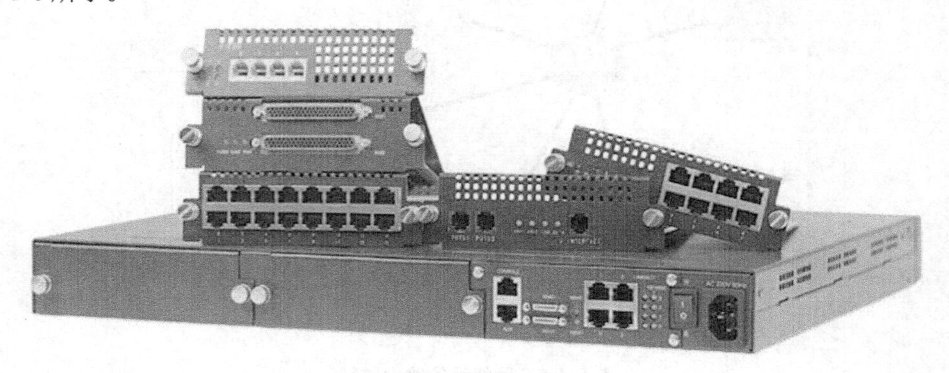

图 5-1-8　网络层设备——路由器

4. 第四层：传输层（Transport layer）

OSI 下 3 层的主要任务是数据通信，上 3 层的任务是数据处理。而传输层（Transport Layer）是 OSI 模型的第 4 层。该层是通信子网和资源子网的接口和桥梁，起到承上启下作用。

该层的主要任务是：向用户提供可靠的端到端的差错和流量控制，保证报文的正确传输。传输层的作用是向高层屏蔽下层数据通信的细节，即向用户透明地传送报文。该层常见的协议有 TCP/IP 中的 TCP 协议、Novell 网络中的 SPX 协议和微软的 NetBIOS/NetBEUI 协议。

传输层提供会话层和网络层之间的传输服务，这种服务从会话层获得数据，并在必要时，对数据进行分割。然后，传输层将数据传送到网络层，并确保数据能正确无误地传送到网络层。因此，传输层负责提供两节点之间数据的可靠传送，当两节点的联系确定之后，传输层则负责监督工作。

传输层还要对收到的报文进行差错检测，传输层需要有两种不同的运输协议，即面向连接的 TCP 和无连接的 UDP，传输层的数据单元也称作数据报（datagrams），如图 5-1-9 所示。

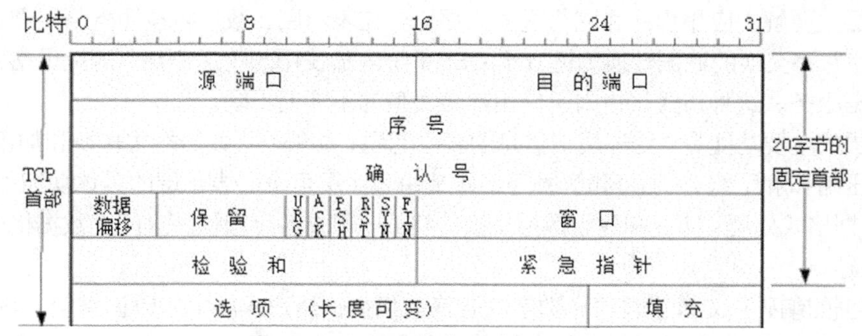

图 5-1-9　数据报（datagrams）

但在谈论 TCP 等具体的协议时又有特殊的叫法，TCP 的数据单元称为段（segments），而 UDP 协议的数据单元称为“数据报（datagrams）”。传输层协议的代表包括 TCP、UDP、SPX 等。工作在传输层的主要设备是防火墙，如图 5-1-10 所示。

图 5-1-10　传输层设备——防火墙

5. 第五层：会话层（Session layer）

会话层主要负责在网络中的两节点之间建立、维持和终止通信。 会话层的功能包括：建立通信链接，保持会话过程通信链接的畅通，同步两个节点之间的对话，决定通信是否被中断以及通信中断时决定从何处重新发送。

常常有人把会话层称作网络通信“交通警察”。当通过拨号向 ISP（因特网服务提供商）请求连接到因特网时，ISP 服务器上的会话层与用户 PC 客户机上的会话层进行协商连接。若用户电话线偶然从墙上的插孔中脱落，终端机上的会话层将检测到连接中断，并重新发起连接。会话层通过决定节点通信优先级，通信时间长短，来设置通信期限。

会话层提供的服务可建立和维持会话，并使会话获得同步。会话层使用校验点技术，使通信会话在通信失效时，从校验点恢复通信，这种能力对于传送大文件极为重要。

会话层、表示层、应用层构成系统高 3 层，面对应用进程提供分布处理、对话管理、信息表示、恢复最后的差错等功能。

在会话层及以上高层中，数据传送单位不再另外命名，统称为报文。会话层不参与具体的传输，它提供包括访问验证和会话管理在内的通信的建立和维护机制。

6. 第六层：表示层（Presentation layer）

这一层主要解决应用程序和网络之间的翻译。在表示层，数据将按照网络能理解的方式进行格式化。它将交换的数据转换为适合于 OSI 系统内部使用的传送语法，即提供格式化的表示和转换数据服务。这种格式化也因所使用网络类型的不同而不同。

表示层的主要功能是"处理用户信息的表示问题，如编码、数据格式转换和加密解密"等。如数据的压缩和解压缩、 加密和解密等工作都由表示层负责。表示层的具体功能如下。

- 数据格式处理：协商和建立数据交换的格式，解决各应用程序之间在数据格式表示上的差异。
- 数据的编码：处理字符集和数字的转换。例如，用户程序中的数据类型（整型或实型，有符号或无符号等）、用户标识等都可以有不同的表示方式，因此，在设备之间需要具有在不同字符集或格式之间转换的功能。
- 压缩和解压缩：为了减少数据的传输量，这一层还负责数据的压缩与恢复。
- 数据的加密和解密：可以提高网络的安全性。

图 5-1-11 所示的是为方便互联网传输，信息通过压缩文件的方式传输的表示的方法。

图 5-1-11 信息表示的方式——压缩文件

7. 第七层：应用层（Application layer）

应用层（Application Layer）是 OSI 参考模型的最高层，它是计算机用户以及各种应用程序和网络之间的接口，其功能是直接向用户提供服务，完成用户希望在网络上完成的各种工作。

它在其他 6 层工作的基础上，完成网络中应用程序与网络操作系统之间的联系，为操作系统或网络应用程序提供访问网络服务的接口。此外，该层还负责协调各个应用程序间的工作。

应用层提供服务有：文件服务、目录服务、文件传输服务（FTP）、远程登录服务（Telnet）、电子邮件服务（E-mail）、打印服务、网络管理服务等。

相关的对应的应用程序的软件服务程序有：QQ、IE 浏览器、迅雷等应用程序，图 5-1-12 所示的是提供上传和下载服务的迅雷应用程序。

图 5-1-12　应用程序一迅雷

5.1.5　OSI 通信过程

通过 OSI，信息可以从一台计算机的应用程序传输到另一台的应用程序上。图 5-1-13 所示的场景是信息在 OSI 模型中通过 7 个环节的传输过程。

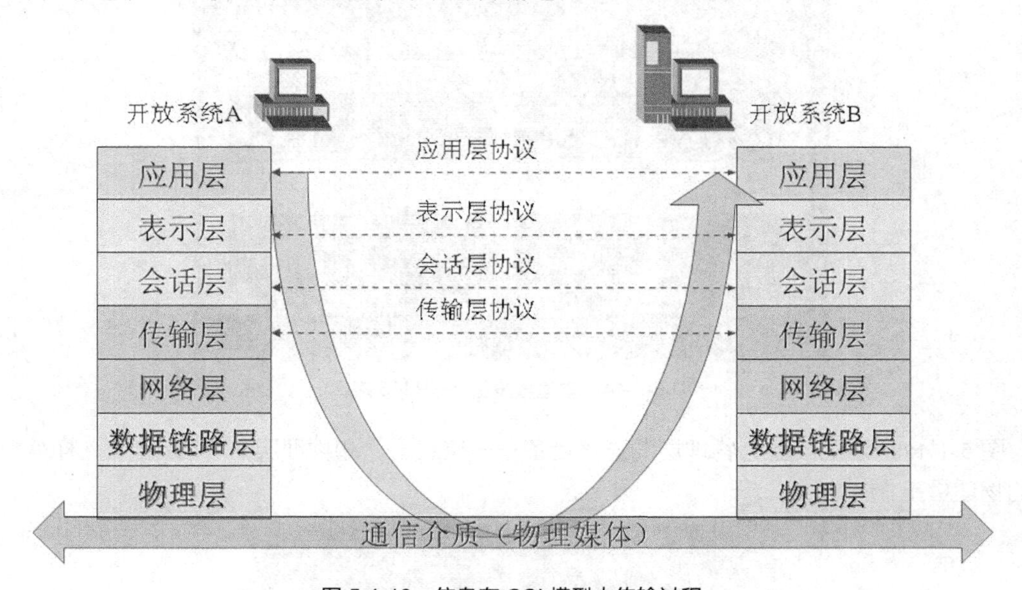

图 5-1-13　信息在 OSI 模型中传输过程

例如，计算机 A 上的应用程序要将信息发送到计算机 B 的应用程序，则计算机 A 中的应用程序需要将信息先发送到其应用层（第七层），然后此层将信息发送到表示层（第六层）。

表示层将数据转送到会话层（第五层），如此继续，直至物理层（第一层）。

在物理层，数据被放置在物理网络媒介中，并被发送至计算机 B。

计算机B的物理层接收来自物理媒介的数据，然后将信息向上发送至数据链路层（第二层），数据链路层再转送给网络层，依次继续直到信息到达计算机 B 的应用层。

最后，计算机 B 的应用层再将信息传送给应用程序接收端，从而完成通信。

【任务实施】认识 OSI 通信模型软硬件

【任务描述】

小明在网络中心工程师建议下，系统学习了计算机网络协议知识。在网络中心兼职工作和学习期间，小明已经学习认识了很多硬件，掌握了很多软件，现在，小明在学习计算机网络协议过程中，想把这些硬件和软件分别和 OSI 七层协议模型各层的应用对应起来，更好地掌握计算机网络协议。

【工作过程】

1．认识物理层设备

物理层位于 OSI 参考模型的最底层，它直接面向实际承担数据传输的物理媒体，即信道。物理层的传输单位为比特。物理层的作用是确保比特流能在物理信道上传输。

该层包括物理连网媒介，如电缆连线连接器、集线器和中继器，图 5-1-14 所示的是物理层接口 RJ45 接口。

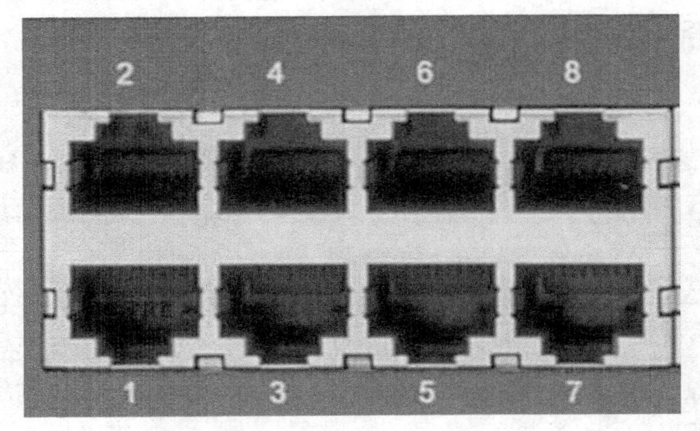

图 5-1-14　物理层设备——RJ45 接口

图 5-1-15 所示的设备为物理层的连接设备——集线器，和物理层的 RJ45 接口一样承担网络的物理层工作。

图 5-1-15　物理层设备——集线器

无线接入点设备 AP 也是组建小型无线局域网时最常用的设备。AP 相当于一个连接有线网和无线网的桥梁，其主要作用是将各个无线网络客户端连接到一起，然后将无线局域网络接入到有线的网络中，如图 5-1-16 所示。

图 5-1-16　物理层设备——无线接入点 AP

2. 认识链路层设备

工作在数据链路层的主要设备包括网卡、网桥和二层交换机。

网卡是工作在链路层的网络组件，是局域网中连接计算机和传输介质的接口，不仅能实现与局域网传输介质之间的物理连接和电信号匹配，还涉及帧的发送与接收、帧的封装与拆封、介质访问控制、数据的编码与解码以及数据缓存等功能。图 5-1-17 所示为网卡连接设备。

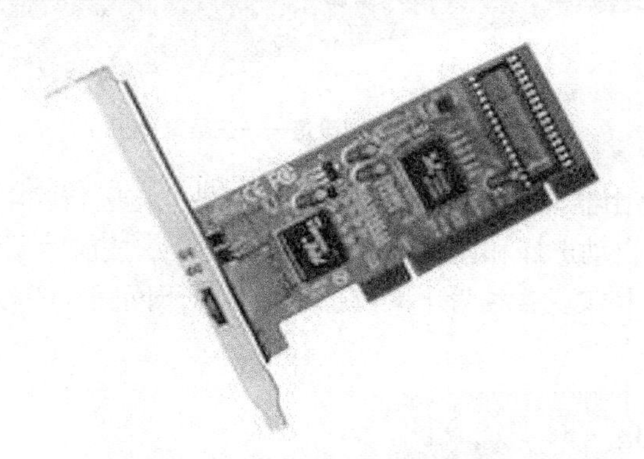

图 5-1-17　链路层设备——网卡

网桥（Bridge）设备如图 5-1-18 所示，网桥是一个局域网与另一个局域网之间建立连接的桥梁。网桥也是数据链路层设备，它的作用是扩展网络和通信手段，在各种传输介质中转发数据信号，延伸网络距离，有选择地将信号从一个传输介质发送到另一个传输介质。

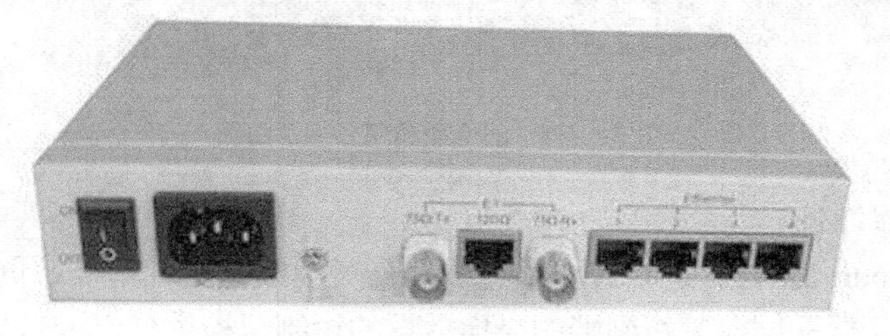

图 5-1-18　链路层设备——网桥

二层交换机设备如图 5-1-19 所示，交换机也是工作在数据链路层的重要设备。它可以为接入局域网中的任意两个网络节点提供独享带宽，优化网络传输。

图 5-1-19　链路层设备——交换机

3．认识网络层设备

图 5-1-20 所示设备是三层交换机，三层交换机是加快大型局域网内部数据交换的设备，具有 3 层的路由转发功能，能够做到一次路由，多次转发。三层交换技术在网络中的第三层实现了数据包的高速转发，既可实现网络路由功能，又可根据不同网络状况做到最优网络性能。

图 5-1-20　网络层设备——三层交换机

图 5-1-21 所示的是路由器设备，路由器（Router）是连接因特网中各局域网、广域网的设备，它会根据信道的情况自动选择和设定路由，以最佳路径，按前后顺序发送信号的设备。 路由器是互联网络的枢纽，是实现各种骨干网内部连接、骨干网间互联和骨干网与互联网互联互通业务的主力军。

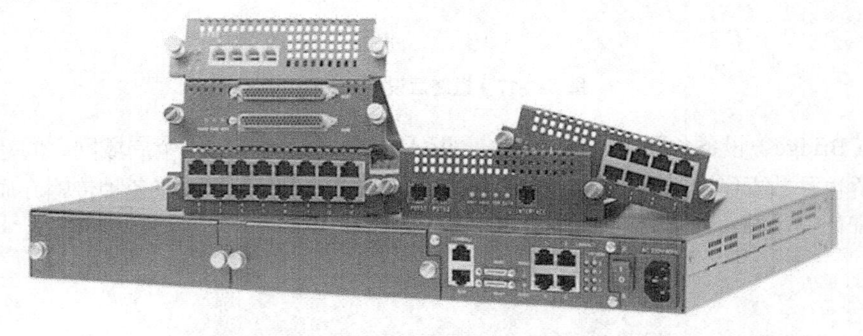

图 5-1-21　网络层设备——路由器

4．认识传输层设备

传输层（Transport Layer）是 OSI 中最重要、最关键的一层，是唯一负责总体的数据传输和数据控制的一层。传输层提供端到端的交换数据的机制，检查分组编号与次序。

图 5-1-22 所示设备是工作在传输层的防火墙设备。防火墙是一个位于内部网络与 Internet 网络之间的网络安全系统，按照一定的安全策略建立起来的硬件或软件有机组成体，防止黑客的攻击，保护内部网络的安全运行。

图 5-1-22 传输层设备——防火墙

5．认识表示层程序

表示层位于 OSI 分层结构的第六层，表示层多为传输信息表示方法，如表示文字、图形等，图 5-1-23 所示是网络中表示图片文件的 GIF 动画文件。

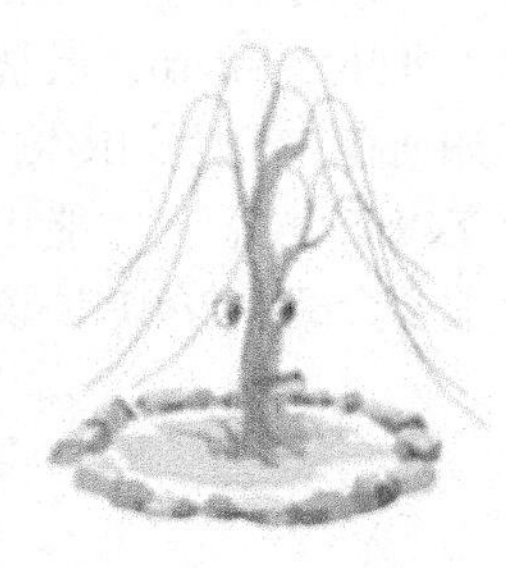

图 5-1-23 表示层程序——GIF 动画图片

WinRAR 压缩文件如图 5-1-24 所示。把文件二进制代码压缩，相邻 0、1 代码减少，比如 000000 可以变成 6 个 0 的写法 60，减少该文件空间。

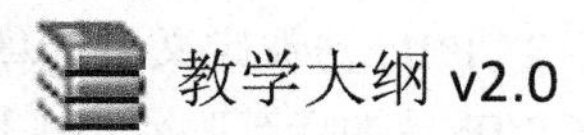

图 5-1-24 表示层程序——压缩文件

6．认识应用层程序

应用层（Application layer）是七层 OSI 模型的第七层。应用层直接和应用程序接口并提供常见的网络应用服务。图 5-1-25 所示的就是工作在应用层的在线通信软件 QQ。

图 5-1-25 应用层程序——QQ 文件

任务二：了解 TCP/IP 通信协议

【任务描述】

小明在网络中心工程师帮助下，初步完成了计算机网络协议基础知识学习，熟悉了 OSI 七层通信模型，初步了解了 OSI 七层各层的基本功能，认识了每层相关的设备和程序，做好了日常网络管理和维护工作。

但在学习期间，网络中心的工程师要求小明要把更多的精力放到互联网 TCP/IP 协议的学习上，要求小明了解在校园网中，哪些地方有 TCP/IP 协议，有什么用？如何用？

【任务分析】

传输控制协议/因特网互联 TCP/IP 协议是 Internet 最基本的协议，TCP/IP 协议定义了网络中的设备如何连入因特网，以及数据如何在它们之间传输的标准。

日常生活的网络设备上必须具有 TCP/IP 协议，才能正常接入到 Internet 互联网络中，否则会造成网络不通现象的发生，本项目主要介绍 TCP/IP 协议基础知识，以掌握 TCP/IP 协议中的基础协议内容。

【知识介绍】

5.2.1 什么是 TCP/IP 协议

TCP/IP 传输控制协议/因特网互联协议，又叫网络通信协议，这个协议是 Internet 最基本的协议，Internet 国际互联网络的基础。TCP/IP 协议定义了计算机设备如何连入因特网，以及网络中的数据如何在它们之间传输。TCP/IP 是国际互联网络中使用的基本的通信协议。

虽然从名字上看，TCP/IP 包括两个协议：传输控制协议（TCP）和网际协议（IP），但 TCP/IP 实际上是一组协议，它包括上百个各种功能的协议，如远程登录、文件传输和电子邮件等，而 TCP 协议和 IP 协议是保证数据完整传输的两个基本的重要协议。

TCP/IP 是用于计算机通信的一组协议，通常称它为 TCP/IP 协议族。它是 20 世纪 70 年代中期美国国防部为 ARPANET 网开发的网络体系结构和协议标准，以它为基础组建的 Internet 是目前国际上规模最大的计算机网络，Internet 的广泛使用使得 TCP/IP 成为广泛应用的标准。

之所以说 TCP/IP 是一个协议族，是因为 TCP/IP 协议包括很多子协议，这些协议一起称为 TCP/IP 协议。具体包括：

- TCP（Transport Control Protocol）传输控制协议。
- IP（Internetworking Protocol）因特网互联协议。
- UDP（User Datagram Protocol）用户数据报协议。
- ICMP（Internet Control Message Protocol）互联网控制信息协议。
- SMTP（Simple Mail Transfer Protocol）简单邮件传输协议。
- SNMP（Simple Network manage Protocol）简单网络管理协议。
- FTP（File Transfer Protocol）文件传输协议。

● ARP（Address Resolation Protocol）地址解析协议。

图 5-2-1 所示的对话框是本机上选择“本地连接”→“属性”→“Internet 协议（TCP/IP)”，就是每一台计算机操作系统内嵌的 Internet 协议（TCP/IP）。

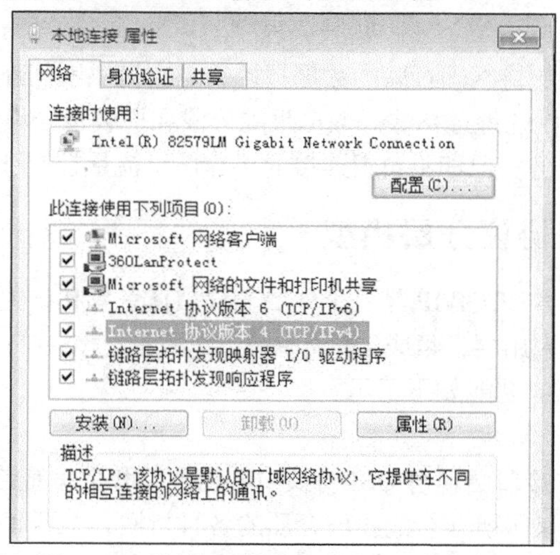

图 5-2-1 计算机内的 Internet 协议（TCP/IP）

5.2.2 TCP/IP 协议特征

TCP/IP 协议（Transmission Control Protocol /Internet Protocol）是为美国 APPA 网设计的，目的是使不同厂家生产的计算机能在共同网络环境下运行。Internet 上的计算机均要求采用 TCP/IP 协议。TCP/IP 协议具有以下几个特点。

● 支持不同操作系统的网上工作站和主机。
● 支持异种机互联，如 IBM、CDC 等主机，CONVEX、DEC、HP、MIPS 等小型机，SUN、GI、HP 等工作站及各种微型计算机。
● 适用于 X.25 分组交换网、各种类型局域网、广播式卫星网、无线分组交换网等。
● 有很强的支持不同网互联的能力。
● 能支持网上运行的 ORACLE、INGRES 等数据库管理系统。

TCP/IP 协议在网络体系结构上不同于 OSI 参考模型，如图 5-2-2 所示。

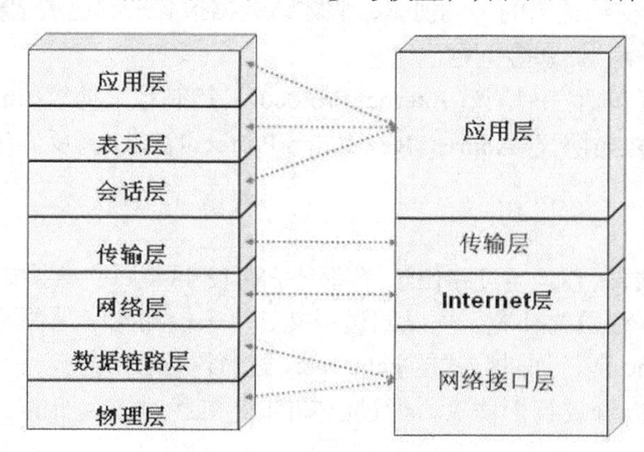

图 5-2-2 TCP/IP 协议和 OSI 协议分层对比

其中：

TCP 是传输控制协议。它是 TCP/IP 中的核心部分，相当于 OSI 中的传输层。它规定了一种可靠的数据信息流传递服务，网上两个节点间采用全双工通信，允许机器高效率地交换大量数据。TCP/IP 支持高层（应用层）的一些服务程序。

IP 是互联网协议，是支持网间互联的数据报协议。它提供网间连接的完善功能，包括 IP 数据包规定互联网络范围内的地址格式。数据报的分段和拼装及允许为不同的传输层协议（如 TCP 或 OSI 的传输层）服务，但却不负责连接的可靠性、流量控制和差错控制。

5.2.3 TCP/IP 协议分层模型

从协议分层模型方面看，TCP/IP 是一个 4 层的分层体系结构，主要由 4 层组成：网络接口层、互联网层、传输层、应用层，组成结构如图 5-2-2 所示。

TCP/IP 协议的每一层的功能如下所示。

1．网络接口层

TCP/IP 协议中的网络接口层包含 OSI 协议中的物理层和数据链路层。

网络接口层一方面定义了所连接的物理介质的各种特性，主要表现为：机械特性、电子特性、功能特性和规程特性。

另一方面，网络接口层还负责接收和发送数据帧，并通过网络发送，或者从网络上接收物理帧，提取 IP 数据包，交给 IP 层处理。

TCP/IP 协议在开发的过程中，主要的研究内容与低层的数据链路层和物理层无关，这也是 TCP/IP 的重要特点。常见的接口层协议有：Ethernet 802.3、Token Ring 802.5、X.25、Frame relay、HDLC、PPP ATM 等。

2．互联网层

TCP/IP 协议中的互联网层和 OSI 协议中的网络层功能基本相同，主要功能是负责相邻计算机之间的通信。

其功能主要包括以下 3 方面内容。

① 处理来自传输层的分组发送请求，收到请求后，将分组装入 IP 数据包，填充报头，选择去往信宿机的路径，然后将数据报发往适当的网络接口。

② 处理输入数据报。首先检查其合法性，然后进行寻径，假如该数据报已到达信宿机，则去掉报头，将剩下部分交给适当的传输协议，假如该数据报尚未到达信宿机，则转发该数据报。

③ 处理路径、流控、拥塞等问题。

网络层常见的协议包括：IP 协议（Internet Protocol）、控制报文协议（Internet Control Message Protocol，ICMP）、地址转换协议（Address Resolution Protocol，ARP）、反向地址转换协议（Reverse ARP，RARP）。

其中：

- IP 协议是网络层核心，通过路由选择将下一跳 IP 封装后交给接口层。
- ICMP 协议是网络层的补充，可以回送报文，用来检测网络是否通畅。Ping 命令就是发送 ICMP 的 echo 包，通过回送的 echo relay 进行网络测试。
- ARP 协议是正向地址解析协议，通过已知的 IP 寻找对应主机的 MAC 地址。

3. 传输层

TCP/IP 协议中的传输层和 OSI 协议中的传输层功能基本相同，主要提供应用程序之间的端对端的通信。其主要功能包括：

① 格式化信息流。

② 提供可靠的信息传输。为实现信息的正确传输，传输层协议规定接收端必须发回确认，并且假如分组丢失，必须重新发送。

传输层协议主要是：传输控制协议（Transmission Control Protocol，TCP）和用户数据报协议（User Datagram protocol，UDP）。

4. 应用层

TCP/IP 协议中的应用层包括了 OSI 协议中传输层以上的高层内容，主要向用户提供一组常用的应用程序，如电子邮件、文件传输访问、远程登录等。

应用层一般是面向用户的服务，如 FTP、TELNET、DNS、SMTP、POP3。

- FTP（File Transmision Protocol）是文件传输协议，一般上传下载用 FTP 服务，数据端口使用 20 口传输，控制端口使用 21 口传输。
- Telnet 服务是用户远程登录服务，使用明码传送，保密性差，但简单方便。
- DNS（Domain Name Service）是域名解析服务，提供域名到 IP 地址之间的转换。
- SMTP（Simple Mail Transfer Protocol）是简单邮件传输协议，用来控制信件的发送和接收。
- POP3（Post Office Protocol 3）是邮局协议第 3 版本，用于接收邮件。

5.2.4 IP 协议

1. 什么是 IP 协议

网络之间互连的 IP 协议是 Internet Protocol 的缩写，网络互连协议是为计算机网络相互连接进行通信而设计的协议。IP 协议是 Internet 上一个关键的低层协议，IP 协议利用共同遵守通信协议，使 Internet 成为一个允许连接不同类型计算机和操作系统的网络。

IP 协议实际上是一套由软件、程序组成的协议软件，它把各种不同的网络上传输来的“帧”，统一转换成“网协数据包”格式，这种转换是因特网的一个最重要的特点，使所有各种计算机都能在因特网上实现互通，即具有“开放性”的特点。

2. IP 协议特征

网际协议 IP 协议提供了能适应各种各样网络硬件的灵活性，对底层网络硬件几乎没有任何要求，任何一个网络只要可以从一个地点向另一个地点传送二进制数据，就可以使用 IP 协议加入 Internet。如果希望能在 Internet 上进行交流和通信，则每台连上 Internet 的计算机都必须遵守 IP 协议。为此使用 Internet 的每台计算机都必须运行 IP 软件，以便时刻准备发送或接收信息。

IP 协议是 TCP/IP 协议族中的核心协议，也是 TCP/IP 协议数据的载体。所有的 TCP、UDP、ICMP 及 IGMP 数据都以 IP 数据包格式传输，图 5-2-3 所示的就是 IP 数据包格式。

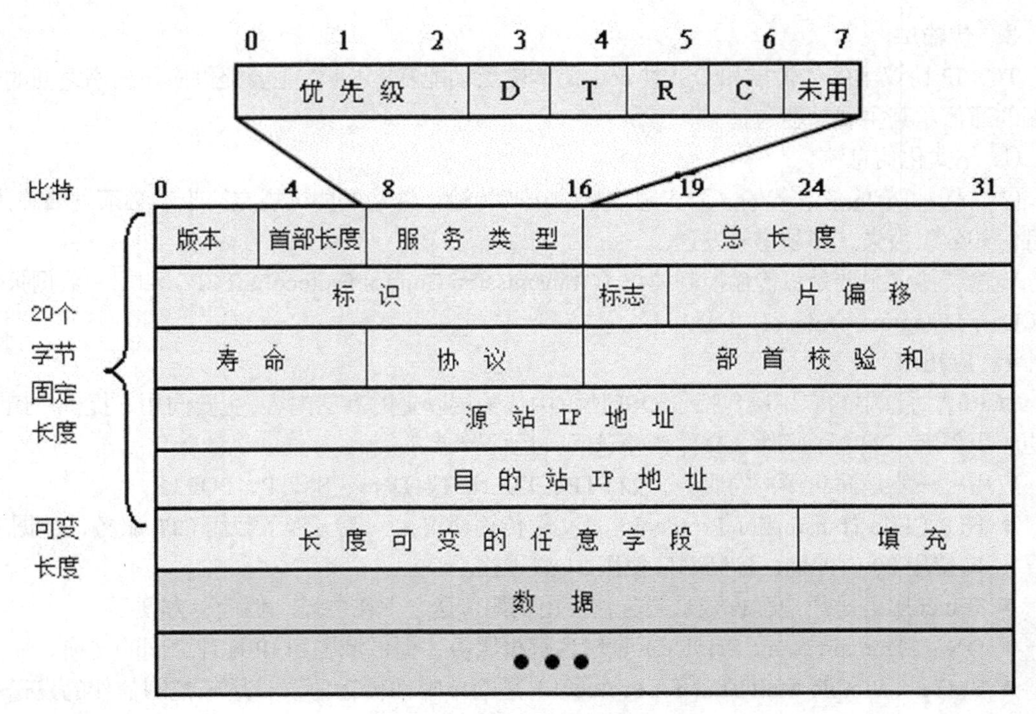

图 5-2-3　IP 数据包格式

在 IP 协议封装完数据包之后，IP 数据包是不可靠的，没有传输质量保障机制。IP 协议在网络上提供不可靠的、无连接的数据传送服务。其中：

- **不可靠**：指它不能保证 IP 数据包能成功到达目的地。IP 仅提供最好的传输服务，当发生某种错误时，如某台路由器暂时不工作，就会丢弃该 IP 数据包，然后发送 ICMP 消息给信源。任何要求的 IP 传输的可靠性，必须由上层协议来提供。
- **无连接**：指 IP 协议并不维护任何关于后续数据报的状态信息。每个数据报的处理是相互独立的。IP 数据包可以不按发送顺序接收。如果发送计算机向目标计算机发送两个连续的数据包（先是 A，然后是 B），每个数据包都是独立地进行路由选择，可能选择不同的路线，因此 B 可能在 A 到达之前先到达。

3. IP 协议工作过程

IP 网际互联协议是 TCP/IP 的核心协议，也是网络层中最重要的协议之一。

网络层的 IP 协议接收由更低层（网络接口层）发来的数据包，数据包中含有发送主机的源地址和目的地址，并把该数据包发送到更高层：TCP 或 UDP 层，相反，IP 层也把从 TCP 或 UDP 层接收来的数据包传送到更低层。

如果目的主机与源主机直接相连（点对点），或都在一个共享网络上（以太网），那么 IP 数据包就能通过广播方式，直接送达到目的主机上。否则，主机把 IP 数据包发到网关（路由器），由路由器来转发该 IP 数据包。图 5-2-4 所示的是一个 IP 数据包依靠路由器转发的过程。

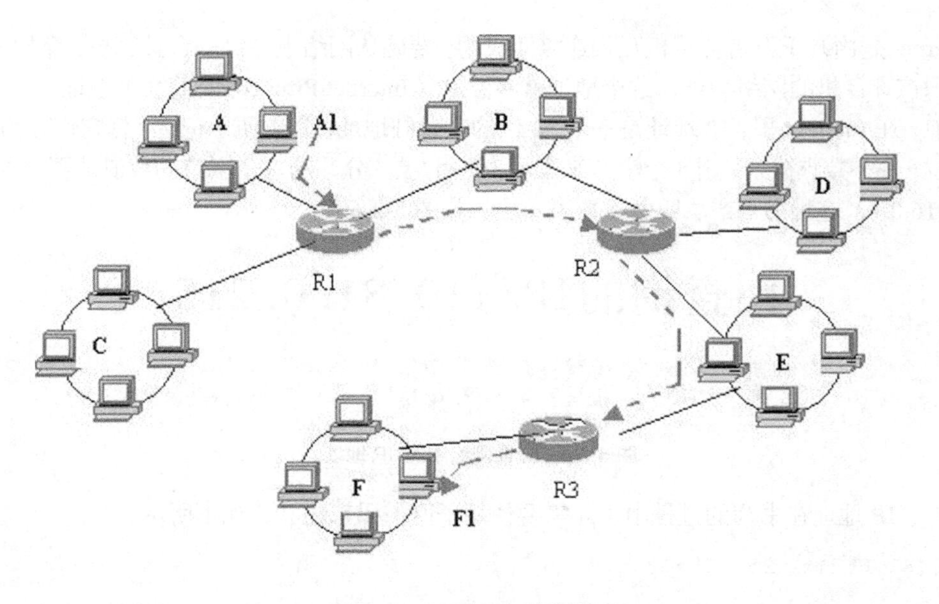

图 5-2-4 IP 数据包转发的过程

在互联网中，路由器工作的核心机制是依靠路由表来转发收到的数据包信息。

路由表是互联网中数据包转发的地图，每一条路由最主要的是以下两项： 目的网络地址，下一跳地址。网络中的路由表信息如图 5-2-5 所示。

于是，可根据目的网络地址来确定下一跳路由器，这样做得出了以下结果。

- IP 数据包首先要设法找到目的主机所在目的网络上的路由器（间接交付）。
- 只有到达最后一个路由器时，才试图向目的主机进行直接交付。

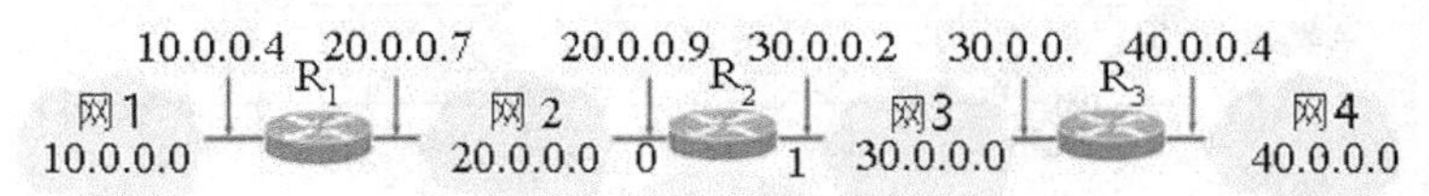

路由器 R_2的路由表

目的主机所在网络	下一跳路由器的地址
20.0.0.0	直接交付，接口0
30.0.0.0	直接交付，接口1
10.0.0.0	20.0.0.7
40.0.0.0	30.0.0.1

图 5-2-5 IP 网络中的路由表

5.2.5 IP 地址

1. 什么是 IP 地址

Internet 地址是指连入 Internet 网络上的计算机的地址编号。在 Internet 网络中，网络地址能唯一地标识连接在互联网上的每一台计算机。在 Internet 上连接的所有计算机，为了实现各主机间的通信，每台主机都必须有一个唯一的网络地址。就好像每一个住宅都有唯一的门牌一样，这样才不至于在传输资料时出现混乱。

Internet 是由几千万台计算机互相连接而成的。要确认网络上的每一台计算机，靠的就是能唯一标识该计算机的网络地址，这个地址就叫做 IP（Internet Protocol 的简写）地址。

目前，在 Internet 里，IP 地址是一个 32 位的二进制地址，为了便于记忆，将它们分为 4 组，每组 8 位，由小数点分开，用 4 个字节来表示，使用“点”分开的每个字节的数值范围是 0~255，如 202.116.0.1，这种书写方法叫做点数表示法，如图 5-2-6 所示。

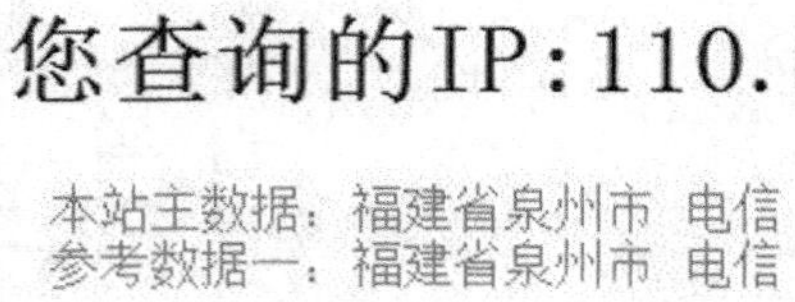

您查询的IP:110.81.0.215

本站主数据：福建省泉州市 电信
参考数据一：福建省泉州市 电信

图 5-2-6　查询网络中的 IP 地址

此外，IP 地址在书写的过程中，还需要使用子网掩码来配套，如下所示。

```
110.81.0.215  255.255.255.0
```

子网掩码（subnet mask）又叫网络掩码、地址掩码、子网络遮罩，它是用来指明一个 IP 地址的哪些位标识的是主机所在的子网，以及哪些位标识的是主机位掩码。子网掩码不能单独存在，它必须结合 IP 地址一起使用。子网掩码只有一个作用，就是将某个 IP 地址划分成网络地址和主机地址两部分。

2．地址分类

一般将 IP 地址按计算机所在网络规模的大小分为 A、B、C 3 类，如图 5-2-7 所示。默认的网络规模是根据 IP 地址中的第一个字段确定的。

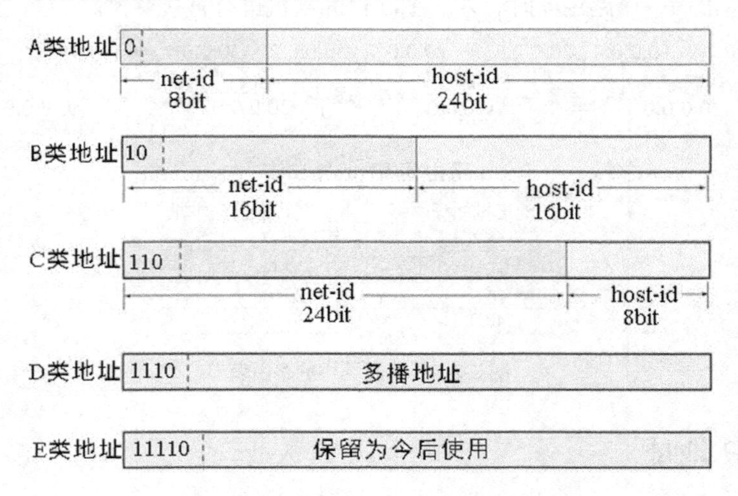

图 5-2-7　网络中的 5 类 IP 地址类型

（1）A 类地址

A 类地址的表示范围为：1.0.0.1~126.255.255.255，默认网络子网掩码为：255.0.0.0。

A 类地址分配给规模特别大的网络使用。A 类网络用第一组数字表示网络本身的地址，后面 3 组数字作为连接于网络上的主机的地址。

一个A类IP地址由1字节（每个字节是8位）的网络地址和3个字节主机地址组成，网络地址的最高位必须是“0”，即第一段数字范围为1～127。每个A类地址理论上可连接16777214台主机（256 * 256 * 256 – 2，其中“ – 2”是因为主机中要用去一个网络号和一个广播号），Internet有126个可用的A类地址。

A类地址中，以下两类地址段作为保留地址，不再分配给主机使用。

- 127.0.0.0到127.255.255.255是保留地址，用做循环测试用的。
- 0.0.0.0到0.255.255.255也是保留地址，用做表示所有的IP地址。

（2）B类地址

B类地址的表示范围为：128.0.0.1~191.255.255.255，默认网络子网掩码为：255.255.0.0，B类地址分配给一般的中型网络使用。

一个B类IP地址，由2个字节的网络地址和2个字节的主机地址组成，网络地址的最高位必须是“10”，即第一段数字范围为128～191。每个B类地址可连接65534台主机（$2^{16}-2$，因为主机号的各位不能同时为0、1）。

其中：169.254.0.0到169.254.255.255是保留地址。如果某一台计算机IP地址是自动获取IP地址，而在网络上又没有找到可用的DHCP服务器，这时将会从169.254.0.0到169.254.255.255中，临时获得一个IP地址。

（3）C类地址

C类地址的表示范围为：192.0.0.1~223.255.255.255，默认网络子网掩码为：255.255.255.0。C类地址分配给小型网络，如一般的局域网，它可连接的主机数量最少，把所属的用户分为若干的网段进行管理。

一个C类地址由3个字节的网络地址和1个字节的主机地址组成，网络地址的最高位必须是“110”，即第一段数字范围为192～223。每个C类地址可连接254台主机，Internet有2097152个C类地址段（32*256*256）。

实际上，还存在着D类地址和E类地址。但这两类地址用途比较特殊，在这里只是简单介绍一下。

D类地址不分网络地址和主机地址，它的第1个字节的前4位固定为1110。

D类地址范围是：224.0.0.1到239.255.255.254，D类地址用于多点播送。D类地址称为广播地址，供特殊协议向选定的节点发送信息时用。

E类地址保留给将来使用。

3．私有地址

随着互联网的广泛使用，IP地址面临越来越接近枯竭的现象，为了有效使用互联网的地址，国际互联网组织委员会专门从公共的IP地址中划分出了3块IP地址空间（1个A类地址段，16个B类地址段，256个C类地址段）作为私有网络的内部使用的IP地址。

在这个范围内的IP地址可以被配置在计算机上，但配置有该私有地址的计算机不能被路由到Internet骨干网上，Internet路由器收到私有地址的IP包，将丢弃该私有地址。

RFC 1918规划的私有IP地址类别内部地址范围为：

- A类　10.0.0.0到10.255.255.255。
- B类　172.16.0.0到172.31.255.255。
- C类　192.168.0.0到192.168.255.255。

如果使用私有地址的计算机，将计算机接入 Internet 中，需要将私有地址转换为公有地址。这个转换过程称为网络地址转换（Network Address Translation，NAT），通常使用路由器来执行 NAT 转换。

在 Internet 中，一台计算机可以有一个或多个 IP 地址，就像一个人可以有多个通信地址一样，但两台或多台计算机却不能共享一个 IP 地址。如果有两台计算机的 IP 地址相同，则会引起异常现象，无论哪台计算机都将无法正常工作。

顺便提一下几类特殊的 IP 地址。

① 广播地址目的端为给定网络上的所有主机，一般主机段为全 1。

② 单播地址目的端为指定网络上的单个主机地址。

③ 组播地址目的端为同一组内的所有主机地址。

④ 环回地址 127.0.0.1 在环回测试和广播测试时会使用。

4. 网关地址

若要使两个完全不同的网络（异构网）连接在一起，一般都需要通过网关设备传输。

在 Internet 中，两个网络也要通过一台称为网关的设备（通常为路由器）实现互联。

网关设备能根据用户通信目标计算机的 IP 地址，决定是否将用户发出的信息送出本地网络，同时，它还将外界发送给属于本地网络计算机的信息接收过来，它是一个网络与另一个网络相连的通道。

为了使 TCP/IP 协议能够寻址，该通道被赋予一个 IP 地址，这个 IP 地址称为网关地址。

5. 子网划分以及子网掩码

IP 地址构成分为两个部分：网络号、主机号。

这样的两级结构有两个主要的优点。

- 路由表只需要记录到每个网络的路由，而不需要到每台主机。
- 主机地址可以由本地的网络管理者分配，而不是必须由中心机构分配。

（1）子网结构划分

随着 Internet 的增长和 TCP/IP 协议的广泛应用，原来 IP 的两级结构不能满足了。当建立一个新的网络的时候，本地的网络管理者不得不向 Internet 请求一个新的网络号，迅速增长的 Internet 使 IP 路由表的长度极度增长。

解决问题的方法是：在 IP 的两级结构上，再加一级，即 3 级结构（网络、子网、主机）。每个组织从 Internet 上分配到一个或几个网络号，然后，可为各个网络自由地分配子网号。

（2）子网掩码

子网掩码将 IP 地址分为两部分：第一部分标识子网号，第二部分标识子网内的主机号。

具体细则如下。

子网掩码标识主机比特全部置 0，主机号总在主机部分低位，标识子网号比特全部置 1，包括 IP 地址网络部分和子网部分，如 11111111.11111111.11100000.00000000。

网络设备通过 IP 地址的最高几位，可以知道该地址的 IP 地址类型，是 A 类、B 类，还是 C 类。然后将子网掩码与 IP 地址相“与”，除去主机部分，剩下的地址中除去网络号就是子网号。

例如，一个 B 类 IP 地址为 129.3.96.3，子网掩码为 255.255.224.0，其计算结果是：

```
10000001.00000011.01100000.00000011
11111111. 11111111. 11100000. 00000000
```

IP 地址和子网掩码部分相“与”，计算出的结果是：

10000001.00000011.01100000.00000000

由于该 IP 地址属于 B 类地址，故除去前两个字节，子网号为 011，即 3。

（3）子网的设计

可以根据所需要的子网数，以及每个子网内的主机数，很容易地设计出该网络的子网掩码。

子网数或主机数 $= 2^n - 2$

其中：n 为子网号或主机号所占的比特数。

分配子网号和主机号时，一般有几个遵循的原则。

- 子网的主机号都不能为全 1 或全 0。子网号不建议用全 1 或全 0。
- 尽可能按字节划分子网和主机，这样用圆点分隔的 4 个字节的形式表达可简洁地看出子网号和主机号。
- 在分配子网和主机时，按这样的顺序进行。首先，主机号从 1 开始按顺序递增。然后，子网号先使用最高比特。

例如，一个 B 类网络 IP 地址为 10000101.00000110.00000000.00000000，如果子网占 4 比特，则按下面方式依次分配子网。

第一个子网：10000101.00000110.10000000.00000000

第二个子网：10000101.00000110.01000000.00000000

第三个子网：10000101.00000110.11000000.00000000

第四个子网：10000101.00000110.00100000.00000000

……

其他子网依次类推。

这样的好处是：当子网总数或子网内的主机数增长超过原先的划分时，不需要重新分配子网和主机，因为子网号和主机号相接的地方未用，只需改变子网掩码即可。

5.2.5 TCP 协议

TCP（Transmission Control Protocol）传输控制协议是一种面向连接的、可靠的、基于字节流的传输层（Transport layer）通信协议。在简化的计算机网络 OSI 模型中，它完成第四层传输层所指定的功能，其中 UDP 是传输层另一个重要的传输协议。

1．TCP 协议特征

尽管计算机通过安装 IP 软件保证了计算机之间可以发送和接收数据，但 IP 协议还不能解决数据分组在传输过程中可能出现的问题。因此，若要解决可能出现的问题，连上 Internet 的计算机都需要安装 TCP 协议，来提供可靠的并且无差错的通信服务。

TCP 协议被称作一种端对端协议。这是因为它为两台计算机之间的连接起了重要作用，当一台计算机需要与另一台远程计算机连接时，TCP 协议会让它们建立一个连接、发送和接收数据以及终止的连接。

此外，传输控制协议 TCP 协议还利用重发技术和拥塞控制机制向应用程序提供可靠的通信连接，使它能够自动适应网上的各种变化。即使在 Internet 暂时出现堵塞的情况下，TCP 也能够保证通信的可靠。

众所周知，Internet 是一个庞大的国际性网络，网络上的拥挤和空闲时间总是交替不定的，加上传送的距离也远近不同，所以传输数据所用时间也会变化不定。TCP 协议具有自动调整“超时值”的功能，能很好地适应 Internet 上各种各样的变化，确保传输数值的正确。

因此，IP 协议只保证计算机能发送和接收分组数据，而 TCP 协议则可提供一个可靠的、可流控的、全双工的信息流传输服务。

2. TCP 协议 3 次握手工作机制

在因特网协议族中，TCP 层是位于 IP 层之上、应用层之下的传输层。不同主机应用层之间需要可靠通信连接，但是 IP 层提供的是不可靠的包交换，因此，需要处于中间的传输层 TCP 协议保证通信质量，建立连接时通过 3 次握手技术保障网络连接的可靠性，TCP 建立连接时的 3 次握手如图 5-2-8 所示。

TCP 为了保证在传输过程中不发生丢包现象，就给每个字节一个序号，保证了传送到接收端的包能按序接收。然后，接收端对已成功收到的字节发回一个相应的确认（ACK），如果发送端在合理的往返时延（RTT）内未收到确认，那么对应的数据（假设丢失了）将会被重传。TCP 用一个校验和函数来检验数据是否有错误，在发送和接收时都要计算和校验。

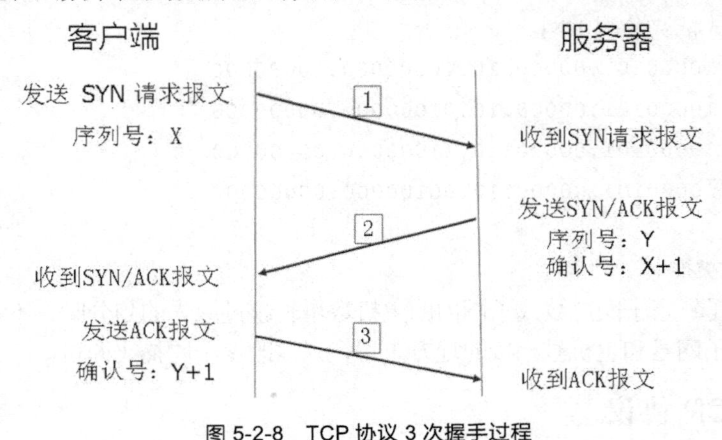

图 5-2-8 TCP 协议 3 次握手过程

首先，TCP 建立连接之后，通信双方都同时可以进行数据的传输；其次，它是全双工的，在保证可靠性上，采用超时重传和捎带确认机制。

在流量控制上，采用滑动窗口协议，协议中规定，对于窗口内未经确认的分组需要重传。

在拥塞控制上，采用广受好评的 TCP 拥塞控制算法（也称 AIMD 算法），该算法主要包括 3 个主要部分：加性增、乘性减，慢启动，对超时事件做出反应。

3. TCP 连接可靠性

面向连接的传输意味着两个使用 TCP 的应用之间（通常是一个客户和一个服务器），在彼此交换数据之前，必须先建立一个 TCP 连接。这一过程与打电话很相似，先拨号振铃，等待对方摘机说“喂”，然后才说明是谁。

在一个 TCP 连接中，双方进行通信时，TCP 通过下列方式来提供可靠性。

① 应用数据被分割成 TCP 认为最适合发送的数据块。由 TCP 传递给 IP 的信息单位称为报文段或段（segment），TCP 确定数据报文段的长度。

② 当 TCP 发出一个数据报文段后，它启动一个定时器，等待目的端确认收到这个报文段。如果不能及时收到一个确认，将重发这个报文段。当 TCP 收到发自 TCP 连接另一端的数据，

它将发送一个确认。这个确认不是立即发送的，通常推迟几分之一秒。

③ TCP 将保持它首部和数据的检验和。这是一个端到端的检验和，目的是检测数据在传输过程中的任何变化。如果收到段的检验和有差错，TCP 将丢弃这个报文段和不确认收到此报文段（希望发端超时并重发）。

④ 既然 TCP 数据报文段作为 IP 数据包来传输，而 IP 数据包的到达可能会失序，那么 TCP 数据报文报文段的到达也可能会失序。如果必要，TCP 将对收到的数据报文重新进行排序，将收到的数据报文以正确的顺序交给应用层。

⑤ 既然 IP 数据包会发生重复，那么 TCP 的接收端必须丢弃重复的数据。

⑥ TCP 还能提供流量控制。TCP 连接每一方都有固定大小缓冲空间。TCP 接收端只允许另一端发送接收端缓冲区所能接纳的数据。

4．面向连接服务与无连接服务

TCP/IP 协议各层所提供的服务可分为两大类，即面向连接的（connection-oriented）与无连接的（connectionless）服务。

（1）面向连接服务

所谓连接，就是两个对等实体为进行数据通信而进行的一种结合。

面向连接服务要求在数据交换之前，必须先建立连接。当数据交换结束后，则应终止这个连接。面向连接服务具有连接建立、数据传输和连接释放这 3 个阶段。

面向连接服务比较适合在一定期间内，要向同一目的地发达许多报文的情况。对于发送很短的零星报文，面向连接服务的开销就显得过大。

若两个用户需要经常进行频繁的通信，则可建立永久虚电路。这样就能免除每次通信时连接建立和连接释放这两个过程。这点和电话网中的专用电路通信十分相似。

（2）无连接服务

在无连接服务的情况下，两个实体之间的通信不需要先建立好一个连接。

无连接服务的另一特征就是：它不需要通信的两个实体同时活跃，即处于激活态。当发送端的实体正在进行发送时，它才必须是活跃的。这时接收端的实体并不一定必须是活跃的。只有当接收端的实体正在进行接收时，它才必须是活跃的。

无连接服务的优点是灵活方便和比较迅速，但无连接服务不能防止报文的丢失、重复或失序。无连接服务特别适合于传送少量零星的报文。

【任务实施】查看 IP 数据包

【任务描述】

小明在网络中心工程师的帮助下，完成了 OSI/RM 和 TCP/IP 协议的学习，对计算机网络的协议知识有了系统的了解，但小明对 TCP/IP 协议中说到的 IP 数据包的概念理解很抽象，希望看看真实的 IP 数据包的形态。

网络中心的工程师了解了小明的困惑后，通过数据包分析软件 Wireshark 工具，捕获到网络中传输的数据包，加深了小明对 IP 数据包概念的深入理解。

【网络拓扑】

图 5-2-9 所示的场景为办公网组建的网络拓扑，实现网络连接，组建办公网，需要在终端计算机上安装 Wireshark 工具，捕获网络中传输 IP 数据包。

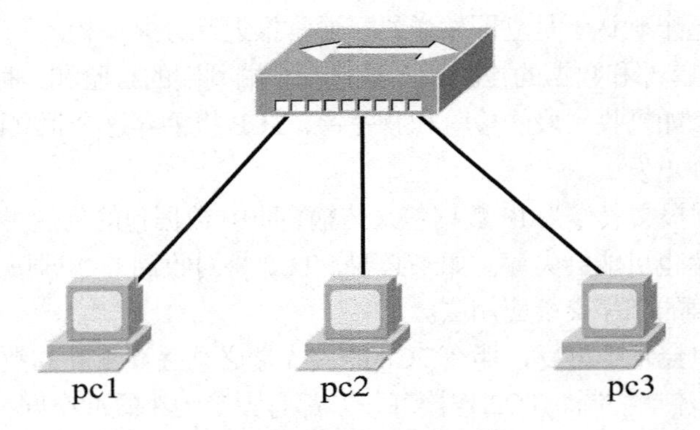

图 5-2-9　办公网组网连接

【设备清单】

集线器（1 台）、 计算机（>=2 台）、 双绞线（若干根）。

【工作过程 1】

图 5-2-9 所示的网络场景，组建网络，配置计算机设备的 IP 地址，测试网络连通。

【工作过程 2】

1. 在网络上下载 Wireshark 软件

在百度网搜索栏中输入“Wireshark 软件包下载”关键字，下载绿色共享版本的 Wireshark 软件包。

Wireshark（前称 Ethereal）是一个网络数据包分析软件，该软件的主要功能是抓取网络传输的数据包，并尽可能详细地显示出捕获到的数据包的信息，如使用的协议，IP 地址，物理地址，数据包的内容，如图 5-2-10 所示。

Wireshark 是网络管理、维护以及开发人员经常使用的网络安全分析工具软件，使用 Wireshark 的主要目的有：网络管理员使用 Wireshark 来检测网络问题，网络安全工程师使用 Wireshark 来检查资讯安全相关问题，开发者使用 Wireshark 来为新的通信协定除错，普通使用者使用 Wireshark 来学习网络协定的相关知识，当然，黑客也会“居心叵测”地用它来寻找一些敏感信息……

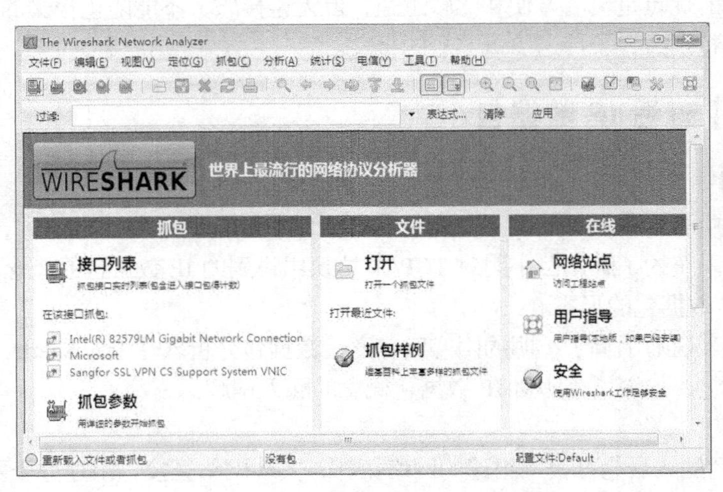

图 5-2-10　Wireshark 工具软件界面

Wireshark 不是入侵侦测系统，对于网络上产生的异常流量行为，Wireshark 不会产生警示或是任何提示。然而，仔细分析 Wireshark 捕获的数据包信息，能够帮助网络管理和维护人员对网络行为有更清楚的了解。

Wireshark 不会对网络封包产生内容的修改，它只会反映出目前流通的封包资讯。Wireshark 本身也不会送出封包至网络上。

2．安装 Wireshark 包捕获软件

从网络上下载免费共享版本 Wireshark 包捕获软件，下载到本地后，双击安装文件，通过安装向导引导，直接安装。

安装完成的 Wireshark 包捕获软件界面，如图 5-2-10 所示。

3．测试网络连通状况

首先，在本机上使用“Ping”命令，先测试连接在同一局域网设备的连通状态。

单击“开始”→“运行”，在“运行”对话框中输入“CMD”命令，转到系统的 DOS 工作状态。然后再使用 Ping 命令打开网络连通测试：ping 192.168.0.2。

4．使用 Wireshark 包捕获软件捕获被攻击方数据包

启动 Wireshark 软件程序，选择菜单“抓包”→“网络接口”，打开 Wireshark 工具监控的网络接口对话框，详细信息栏显示本机网卡信息。单击“开始”按钮，即可捕获本机网卡数据包信息，如图 5-2-11 所示。

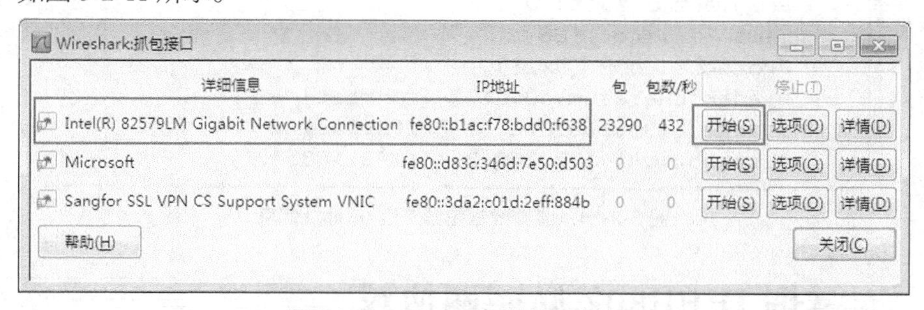

图 5-2-11　Wireshark 监控网络接口

单击“开始”按钮，即可开始嗅探（捕获）计算机在网络上的通信数据包，单击“关闭”按钮，结束捕获。捕获到的数据包信息如图 5-2-12 所示。

test.pcap - Wireshark

File　Edit　View　Go　Capture　Analyze　Statistics　Help

Filter:　Expression...　Clear　Apply

No.	Time	Source	Destination	Protocol	Info
1	0.000000	192.168.0.2	Broadcast	ARP	Who has 192.168.0.2? Gratuitous
2	0.299139	192.168.0.1	192.168.0.2	NBNS	Name query NBSTAT *<00><00><00><0
3	0.299214	192.168.0.2	192.168.0.1	ICMP	Destination unreachable (Port unr
4	1.025659	192.168.0.2	224.0.0.22	IGMP	V3 Membership Report
5	1.044366	192.168.0.2	192.168.0.1	DNS	Standard query SRV _ldap._tcp.nbg
6	1.048652	192.168.0.2	239.255.255.250	UDP	Source port: 3193 Destination po
7	1.050784	192.168.0.2	192.168.0.1	DNS	Standard query SOA nb10061d.ww004.
8	1.055053	192.168.0.1	192.168.0.2	UDP	Source port: 1900 Destination po
9	1.082038	192.168.0.2	192.168.0.255	NBNS	Registration NB NB10061D<00>
10	1.111945	192.168.0.2	192.168.0.1	DNS	Standard query A proxyconf.ww004.
11	1.226156	192.168.0.2	192.168.0.1	TCP	3196 > http [SYN] Seq=0 Len=0 MSS
12	1.227282	192.168.0.1	192.168.0.2	TCP	http > 3196 [SYN, ACK] Seq=0 Ack=

图 5-2-12　捕获到的数据包信息

选择其中一个数据包，下面对应的详细信息栏中显示该捕获到的数据包的第二层到第四层的数据帧、数据包、数据报信息。图 5-2-13 所示的是打开第四层的折叠，显示选择的数据的第四层端口信息，源端口（Source port）为：3196，目标端口（Destination port）为：http(80)……

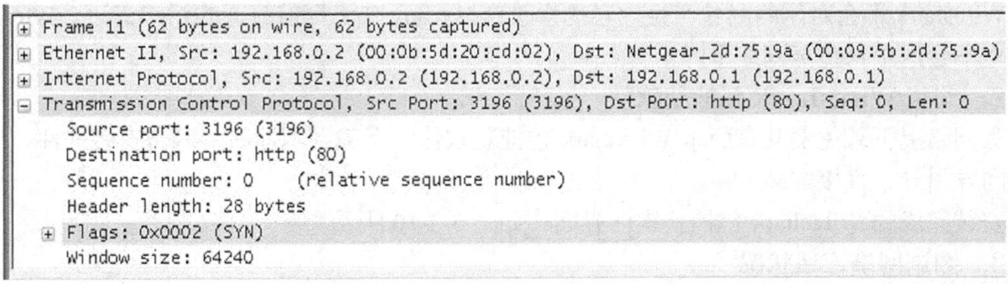

```
⊞ Frame 11 (62 bytes on wire, 62 bytes captured)
⊞ Ethernet II, Src: 192.168.0.2 (00:0b:5d:20:cd:02), Dst: Netgear_2d:75:9a (00:09:5b:2d:75:9a)
⊞ Internet Protocol, Src: 192.168.0.2 (192.168.0.2), Dst: 192.168.0.1 (192.168.0.1)
⊟ Transmission Control Protocol, Src Port: 3196 (3196), Dst Port: http (80), Seq: 0, Len: 0
    Source port: 3196 (3196)
    Destination port: http (80)
    Sequence number: 0    (relative sequence number)
    Header length: 28 bytes
  ⊞ Flags: 0x0002 (SYN)
    Window size: 64240
```

图 5-2-13　查看数据包第四层端口信息

图 5-2-14 所示信息是打开选中数据包的详细信息栏第三层的数据包的折叠信息。显示选择的数据包的第三层的 IP 地址信息，源 IP（Source）为：192.168.0.2，目标 IP（Destination）为：192.168.0.1。

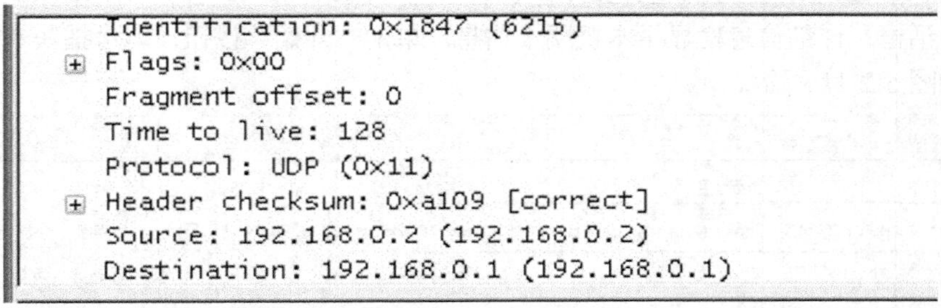

```
    Identification: 0x1847 (6215)
  ⊞ Flags: 0x00
    Fragment offset: 0
    Time to live: 128
    Protocol: UDP (0x11)
  ⊞ Header checksum: 0xa109 [correct]
    Source: 192.168.0.2 (192.168.0.2)
    Destination: 192.168.0.1 (192.168.0.1)
```

图 5-2-14　查看数据包第三层 IP 地址信息

任务三：掌握 IEEE802 局域网协议

【任务描述】

小明为了系统地学习网络技术，打下扎实专业基础，在网络中心工程师的帮助下，全面完成了 TCP/IP 互联网通信协议的学习，对网络技术的理解也更提升了一步。

小明在网络中心做兼职网络管理员期间，了解到局域网通信使用的是 IEEE802 协议，和之前学习的 TCP/IP 有很多不同。

因此，小明希望继续学习计算机网络的通信协议，特别是想了解局域网的经典模型以太网络 IEEE802.3 的协议标准内容。

【任务分析】

局域网协议 IEEE802 协议族和 TCP/IP 协议一样是一组协议族的总称。局域网采用和互联网不一样的通信机制，因此其网络中的传输机制也与互联网有很多差别，这也决定了其协议体系内容不同。IEEE802 协议主要描述物理层和数据链路层的 MAC 子层的实现方法，在多种物理媒体上，以多种速率，采用 CSMA/CD 访问方式。

IEEE 802.3 以太网网络协议是目前组建办公网、校园网以及企业网络的主流通信标准。通过该协议能有效实现组建完成的办公网、校园网以及企业网络中设备之间的互相通信。

【知识介绍】

5.3.1 局域网体系结构

局域网是一种在有限的地理范围内，将大量 PC 机及各种设备连在一起，实现数据传输和资源共享的计算机网络。决定局域网特性的主要技术有 3 个方面。

① 局域网的拓扑结构。

② 用以共享媒体的介质访问控制方法。

③ 用以传输数据的介质。

国际电子电器工程师协议 IEEE 组织在 1980 年 2 月成立了局域网标准化委员会（简称 IEEE 802 委员会），专门从事局域网协议制订，形成了一系列局域网通信标准，被称为 IEEE 802 标准。

IEEE 组织规范的 IEEE 802 标准的主要协议内容包括：

- IEEE802.1：概述、体系结构和网络互连，以及网络管理和性能测试。
- IEEE802.2：逻辑链路扩展协议，定义 LLC 功能和服务。
- IEEE802.3：载波监听多路访问/冲突检测（CSMA/CD）控制方法， MAC 子层规范。
- IEEE802.4：令牌总线网的访问控制方法，以及 MAC 子层和物理层的规范。
- IEEE802.5：令牌网的访问控制方法，以及 MAC 子层和物理层的规范。
- IEEE802.6：城域网。
- IEEE802.7：宽带技术。
- IEEE802.8：光纤技术。
- IEEE802.9：综合语音与数据局域网 IVD LAN 技术。
- IEEE802.10：可互操作的局域网安全性规范 SILS。
- IEEE802.11：无线局域网技术。
- IEEE802.12：优先级高速局域网（100Mbit/s）。
- IEEE802.14：电缆电视（Cable-TV）。

5.3.2 IEEE802 标准分层结构

IEEE802 是局域网协议的标准，IEEE 802 协议规范定义了网卡如何访问传输介质，如光缆、双绞线、无线等，以及如何在传输介质上传输数据的方法，还定义了网络设备之间连接建立、维护和拆除途径。

IEEE802 标准比较简单，只覆盖 OSI 模型的最低两层，它是基于局域网的体系结构特点而制定的。局域网结构简单，几何形状规整，在网络中两节点之间通信，都是直接的相邻节点之间的通信，不经过中间节点，因此不存在路由选择及拥塞问题。

局域网常以多点方式工作，在网络上势必会存在多点同时访问的问题，因此，必然会遇到多点访问控制问题和解决多点同时访问所引起的碰撞问题。

IEEE802 标准，主要定义了 ISO/OSI 的物理层和数据链路层。

1．物理层

物理层包括物理介质、物理介质连接设备（PMA）、连接单元（AUI）和物理收发信号格式（PS）。

物理层主要功能有：实现比特流的传输和接收，为进行同步用的前同步码的产生和删除，信号的编码与译码，规定了拓扑结构和传输速率。

2．数据链路层

为了使数据链路层能更好地适应多种局域网标准，IEEE802 组织委员会将局域网的数据链路层拆成两个子层。

- 逻辑链路控制 LLC（Logical Link Control）子层。
- 媒体接入控制 MAC（Medium Access Control）子层。

其中：与接入到传输媒体有关的内容都放在 MAC 子层，而 LLC 子层则与传输媒体无关，不管采用何种协议的局域网对 LLC 子层来说都是透明的。每层承担的作用描述如下所示。

（1）逻辑链路控制 LLC 子层

该层集中了与媒体接入无关的功能。具体讲，LLC 子层的主要功能是：建立和释放数据链路层的逻辑连接，提供与上层的接口（服务访问点），给 LLC 帧加上序号，差错控制。

（2）媒体接入控制 MAC 子层

该层负责解决与媒体接入有关的问题，以及实现在物理层的基础上进行无差错的通信。MAC 子层的主要功能是：发送时将上层交下来的数据封装成帧进行发送，接收时对帧进行拆卸，将数据交给上层；实现和维护 MAC 协议；进行比特差错检查与寻址。

IEEE 802 标准局域网参考模型与 OSI/RM 的对应关系如图 5-3-1 所示。该模型包括了 OSI/RM 最低两层（物理层和链路层）的功能，也包括网际互连的高层功能和管理功能。

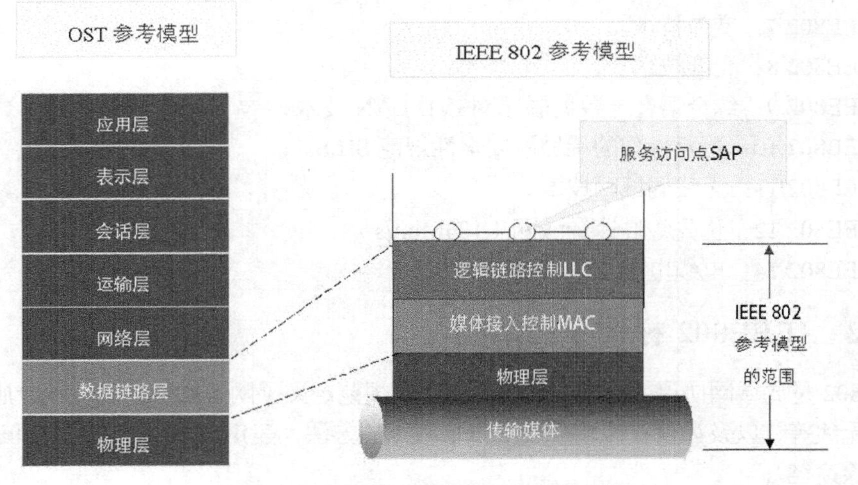

图 5-3-1　IEEE 802 模型与 OSI/RM 关系

5.3.3　IEEE 802.3 协议简介

IEEE 802.3 协议是 IEEE 802 协议族中最为重要的网络通信协议。

IEEE 802.3 协议是工作在以太网中的网络通信协议，该协议主要描述物理层和数据链路层的 MAC 子层的实现方法，以及在多种物理媒体上以多种速率采用 CSMA/CD 访问方式。

IEEE 802.3 协议系统由 3 个基本单元组成。

- 物理介质，用于传输计算机之间的以太网信号。
- 介质访问控制规则，嵌入在每个以太网接口处，从而使得计算机可以公平地使用共享以太网信道。
- 以太帧，由一组标准比特位构成，用于传输数据。

5.3.4 以太网技术简介

局域网自从 20 世纪 60 年代发展以来，经过多年的技术革新，出现过多种类型的局域网网络模型。其中以太网（Ethernet）作为其中之一，得到了最为广泛的发展。今天，以太网已经占据了世界范围内局域网市场 90%以上的份额，到处都可以见到多种形式的以太网。

以太网最早由 Xerox（施乐）公司创建，1980 年 DEC、lntel 和 Xerox 3 家公司联合开发成为一个业内标准，使用 IEEE802.3 协议传输，也因此成为应用最为广泛的局域网。

以太网的传输速度最初仅为 3Mbit/s（兆比特每秒），后来立即就变成了 10Mbit/s。到 1998 年，它的传输速度提高到 1Gbit/s，2005 年，速度提高到 10Gbit/s。现在，以太网已经超过了它所有的竞争对手，并在光纤上实现了 100Gbit/s 的速度。

随着市场的推动，以太网的发展越来越迅速，应用也越来越广泛。其简单的发展历程如下。

- 20 世纪 70 年代初，以太网产生。
- 1929 年，DEC、Intel、Xerox 成立联盟，推出 DIX 以太网规范。
- 1980 年，IEEE 成立了 802.3 工作组。
- 1983 年，第一个 IEEE802.3 标准通过并正式发布。
- 通过 20 世纪 80 年代的应用，10Mbit/s 以太网基本发展成熟。
- 1990 年，基于双绞线介质的 10BASE-T 标准和 IEEE 802.1D 网桥标准发布。
- 20 世纪 90 年代，LAN 交换机出现，逐步淘汰共享式网桥。
- 1992 年，出现了 100Mbit/s 快速以太网。
- 通过 100BASE-T 标准（IEEE802.3u）。
- 出现全双工以太网（IEEE97）。
- 千兆以太网开始迅速发展（96）。
- 1000Mbit/s 以太网标准问世（IEEE802.3z/ab）。
- IEEE 802.1Q 和 802.1P 标准出现（98）。
- 10GE 以太网工作组成立（IEEE802.3ae）。
- 100GE 以太网工作组成立。

5.3.5 以太网基础知识

1．以太网帧

以太网帧是一种能够使计算机相互传递的数据信息，它利用二进制位形成一个个的字节，然后，这些字节组合成一帧帧的数据，称为帧。主要的内容包括：前导码（7 字节）、帧起始定界符（1 字节）、目的 MAC 地址（6 字节）、源 MAC 地址（6 字节）、类型/长度（2 字节）、数据（46~1500 字节）、帧校验序列（4 字节），如图 5-3-2 所示。

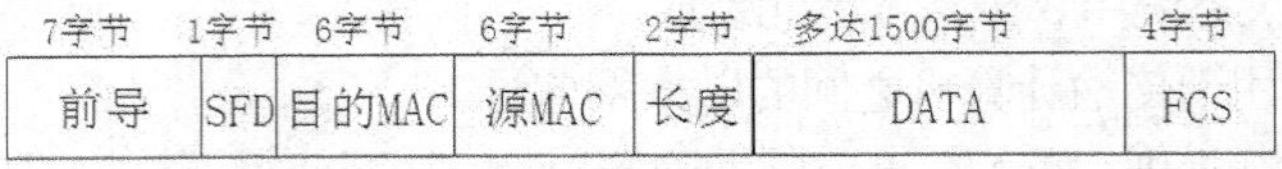

图 5-3-2　以太网帧

在以太网的帧头和帧尾中，有几个用于实现以太网功能的域，每个域也称为字段，有其特定的名称和目的，相关功能特征描述见表 5-3-1。

表 5-3-1　以太网帧域功能

字段	字段长度（字节）	目的
前导码（Preamble）	7	同步
帧开始符（SFD）	1	标明下一个字节为目的 MAC 字段
目的 MAC 地址	6	指明帧的接收者
源 MAC 地址	6	指明帧的发送者
长度（Length）	2	帧的数据字段的长度（长度或类型）
类型（Type）	2	帧中数据的协议类型（长度或类型）
数据和填充	46~1500	高层的数据，通常为 3 层协议数据单元。对于 TCP/IP 来说是 IP 数据包
帧校验序列（FCS）	4	对接收网卡提供判断是否传输错误的一种方法，如果发现错误，丢弃此帧

在每个帧报头中都包含有一个目地访问控制地址（MAC）和一个源 MAC 地址，目的 MAC 地址可以告诉网络设备帧是否是对它进行直接访问。如果接收到数字帧的设备发现帧的目的 MAC 地址与自己的 MAC 不匹配，该设备将不对该帧进行处理。

2. MAC 地址

为了标识以太网上的每台主机，需要给每台主机上的网络适配器（网络接口卡）分配一个唯一的通信地址，即 Ethernet 地址，或称为网卡的物理地址、MAC 地址。

为了确保 MAC 地址的唯一性，IEEE 组织对这些地址进行授权管理，负责为网络适配器制造厂商分配 Ethernet 地址块，各厂商为自己生产的每块网络适配器分配一个唯一的 Ethernet 地址。因为在每块网络适配器出厂时，其 Ethernet 地址就已被烧录到网络适配器中，所以，有时也将此地址称为烧录地址（Burned-In-Address，BIA）。

每个 Ethernet 地址长度为 48 比特，共 6 个字节，如图 5-3-3 所示。每个地址由两部分组成，其中，前 3 个字节为 IEEE 分配给厂商的厂商代码，后 3 个字节为网络适配器编号。供应商代码代表 NIC（网络接口卡）制造商的名称，它占用 MAC 的前 6 位 12 进制数字，即 24 位二进制数字。序列号由供应商管理，它占用剩余的 6 位地址，或最后的 24 位二进制数字。这个数分成 3 组，每组有 4 个数字，中间以点分开，因此 MAC 地址有时也称为点分十六进制数。

```
C:\WINDOWS\system32\cmd.exe
Ethernet adapter 本地连接 2:

        Connection-specific DNS Suffix  . :
        Description . . . . . . . . . . . : Marvell Yukon 88E8057 PCI-E Gigabit
Ethernet Controller
        Physical Address. . . . . . . . . : 00-01-6C-5D-46-93
        Dhcp Enabled. . . . . . . . . . . : No
        IP Address. . . . . . . . . . . . : 10.61.54.115
        Subnet Mask . . . . . . . . . . . : 255.255.255.0
        Default Gateway . . . . . . . . . : 10.61.54.251
        DNS Servers . . . . . . . . . . . : 10.61.46.50

C:\Documents and Settings\Administrator>
```

图 5-3-3　MAC 地址

5.3.6　以太网通信过程

以太网组织委员会规划了 IEEE802.3 协议，使用一种叫“冲突检测的载波监听多路访问”传输的方法。CSMA/CD 媒体访问控制方法是一种分布式介质访问控制协议，网络中的各台计算机（节点）都能独立地决定数据帧的发送与接收。

每个节点在发送数据帧之前，首先要进行载波监听传输介质，只有等待传输介质空闲时，才允许发送数据帧，如图 5-3-4 所示。

图 5-3-4　CSMA/CD 广播传输及冲突检测机制

如果连接在一起的网络中两台以上的计算机站点同时监听到介质空闲，并发送数据帧，则会产生冲突现象，这时发送的数据帧都成为无效帧，发送随即宣告失败。每台计算机节点必须有能力随时检测冲突是否发生，一旦发生冲突，则应停止发送，以免介质带宽因传送无效帧而被白白浪费，然后随机延时一段时间后，再重新争用介质，重发送帧。

CSMA/CD 协议因为简单、可靠，在 Ethernet 网络系统中被广泛使用，成为最广泛的局域网内信息传输规则。

- 载波侦听（Carrier Sense）：能够分辨出是否有人正在讲话。
- 多路访问（Multiple Access）：每个人都能够讲话。
- 冲突检测（Collision Detection）：您知道您在什么时候打断了别人的讲话。

当以太网发生冲突的时候，网络要进行恢复，即处于回退阶段，此时网络上将不能传送任何数据。因此，冲突的产生降低了以太网导线的带宽，而且这种情况是不可避免的。所以，当导线上的节点越来越多后，冲突的数量将会增加。在以太网网段上放置的最大的节点数将取决于传输在导线上的信息类型。

显而易见的解决方法是限制以太网导线上的节点。这个过程通常称为物理分段。物理网段

实际上是连接在同一导线上的所有工作站的集合，也就是说，和另一个节点有可能产生冲突的所有工作站都被看作是同一个物理网段。经常描述物理网段的另一个词是冲突域，这两种说法指的是同一个意思。

【任务实施】实现不同子（局域）网连通

【任务描述】

小明在学校网络中心承担兼职的网络管理员工作，听从网络中心的工程师安排，主要辅助网络中心的工程师做好学生宿舍区域网络的维护和管理工作。

最近，有学生反应学生宿舍区域的局域网网络传输速度很慢，在网络中心工程师的帮助下，小明对学生宿舍区域组网的交换机设备进行优化，通过对宿舍区域划子网，使用三层交换设备，连接多个分散的子网络，实现分散的不同子网间互连互通，以满足网络传输效率。

【网络拓扑】

如图 5-3-5 所示，学校在学生宿舍网络中使用三层交换机设备，实现分散的不同子网络连通，优化宿舍网络传输效率。

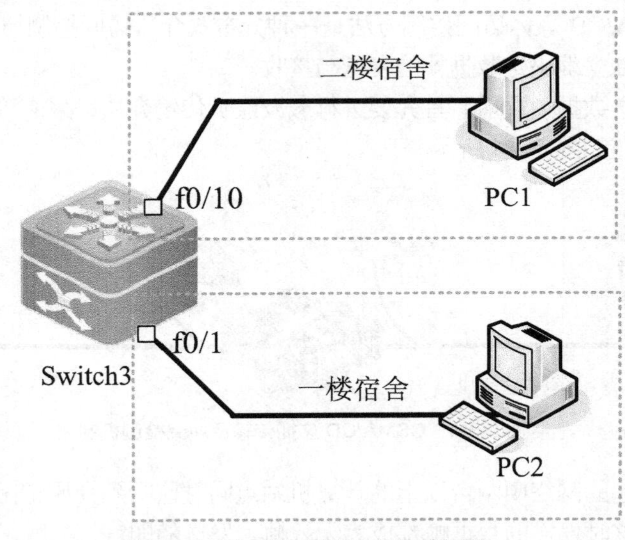

图 5-3-5　宿舍不同楼层子网连接场景

【任务目标】

掌握三层交换技术，实现不同楼层子网络连通，学习三层交换机路由配置技术。

【设备清单】

三层交换机（1 台）、网络连线（若干根）、测试 PC（2 台）。

【工作过程】

1．连接设备

① 使用网线，组建如图 5-3-5 所示网络拓扑，在工作现场连接好设备，注意接口信息。

② 使用配置线缆连接仿真终端到路由器配置端口，进行三层交换机基本配置操作。

2．配置三层交换机接口地址信息

图 5-3-5 所示的是校园网络不同楼层子网络连接的网络场景，三层交换机的每个接口都必须单独占用一个网段。

三层交换机配置表 5-3-2 所示地址后，即可实现直连子网段之间的通信。

表 5-3-2　三层交换机接口所连接网络地址

接口	IP 地址	目标网段
Fastethernet 0/1	172.16.1.1	172.16.1.0
Fastethernet 0/10	172.16.2.1	172.16.2.0
PC1	172.16.1.2/24	172.16.1.1（网关）
PC2	172.16.2.2/24	172.16.2.1（网关）

三层交换机设备加电激活后，自动连接生成一个交换网络，但需要配置其连接不同子网接口的路由功能，需要开启交换机接口的路由功能，为所有接口配置所在网络的接口地址。

```
Switch#
Switch#configure terminal                              ! 进入全局配置模式
Switch(config)#hostname Switch

Switch (config)#interface fastethernet 0/1                   ! 进入 F0/1 接口模式
Switch (config-if) #no switching                  ! 开启三层交换机接口的路由功能
Switch (config-if) #ip address 172.16.1.1 255.255.255.0    ! 配置三层交换机接口
地址
Switch (config-if) #no shutdown

Switch (config)#interface fastethernet 0/10             ! 进入 F0/10 接口模式
Switch (config-if) #no switching                  ! 开启三层交换机接口的路由功能
Switch (config-if) #ip address 172.16.2.1 255.255.255.0       ! 配置接口地址
Switch (config-if) #no shutdown

Switch (config-if)#end                                ! 退回到特权模式
Switch #
```

3. 查看三层交换机路由表

三层交换机配置表 5-3-2 所示地址后，即可实现直连网段之间的通信。

通过以上配置操作，三层交换机将为激活的路由接口自动产生直连路由，172.16.1.0 网络被映射到接口 F1/0 上，172.16.2.0 网络被映射到接口 F1/1 上。相应的三层交换机路由表可以通过 show ip route 命令查询，如下所示。

```
    Switch# show ip route                              ! 查看三层交换机路由表信息
……
```

4. 测试网络的连通性

① 打开 PC1 测试计算机的“网络连接”，选择“常规”属性中“Internet 协议（TCP/IP）”

项，单击“属性”按钮，设置 TCP/IP 协议属性，配置见表 7-1。

② 配置所有计算机管理 IP 地址后，使用“Ping 命令”检查宿舍网的连通情况。

打开计算机，单击“开始”→“运行”，输入“cmd”命令，转到命令操作状态，如图 5-3-6 所示。

图 5-3-6　进入命令管理状态

在计算机操作系统命令操作状态，输入 Ping IP 命令，测试网络连通性。

```
Ping 172.16.1.1    !测试本地机和网关的连通
……(OK!)
Ping 172.16.2.2    !测试本地机和远程机器的连通
……(OK!)
```

测试结果表明，通过三层交换机直接连接两个网络，实现连通。

测试结果若出现不能连通的测试信息，则表述组建的网络未通，有故障，需检查网卡、网线和 IP 地址，看问题出在哪里。

【小知识】

三层交换机就是具有部分路由功能的交换机，三层交换机的最重要目的是加快大型局域网内部的数据交换，所具有的路由功能也是为这目的服务的，能够做到一次路由，多次转发。数据包转发等规律性的过程由硬件高速实现，路由信息更新、路由表维护、路由计算、路由确定等功能由软件实现。

三层网络设备接口默认是交换口，但可以转换为路由口，转换为路由口后，具有和路由器一样的功能。所连接的子网的路由方式称为直连路由，直连路由在配置完三层网络设备接口的 IP 地址后自动生成。在不同子网通信中，直连路由是由链路层协议发现的，一般指去往三层设备的接口地址所在网段的路径，该路径信息不需要网络管理员维护，也不需要三层网络设备通过某种算法进行计算获得，只要该接口处于活动状态（Active），三层网络设备就会把通向该网段的路由信息填写到路由表中去，直连路由无法使三层网络设备获取与其不直接相连的路由信息。

认证试题

1. 网络协议主要要素为（　　）。

A. 数据格式、编码、信号电平　　B. 数据格式、控制信息、速度匹配

C. 语法、语义、同步　　D. 编码、控制信息、同步

2. 网络层中传输的数据单元称为（　　）。

A. 比特流　　B. 信息　　C. 帧　　D. 分组

3. 完成路径选择功能是在（　　）。
A. 物理层　B. 数据链路层　C. 网络层　D. 运输层
4. 在 TCP/IP 中，实现计算机间的可靠通信是（　　）。
A. 网络接口层　B. 网际层　C. 传输层　D. 应用层
5. 在 OSI 七层结构模型中，处于应用层之下的是（　　）。
A. 物理层　B. 网络层　C. 会话层　D. 表示层
6. 在 IP 地址方案中，159.226.181.1 是一个（　　）。
A. A 类地址　B. B 类地址　C. C 类地址　D. D 类地址
7. 路由器工作在 OSI 参考模型中的层次是（　　）。
A. 物理层　B. 数据链路层　C. 网络层　D. 运输层
8. 在计算机局域网中通常不需要的设备是（　　）。
A. 网卡　B. 服务器　C. 传输介质　D. 调制解调器
9. 对等层交换的数据单元称为（　　）。
A. 协议数据单元　B. 接口数据单元　C. 服务数据单元　D. 报文分组
10. Internet 的网络层含有 4 个重要的协议，分别为（　　）。
A. IP，ICMP，ARP，UDP　B. TCP，ICMP，UDP，ARP
C. IP，ICMP，ARP，RARP　D. UDP，IP，ICMP，TCP
11. 在网络参考模型中，上下层之间通过（　　）交换信息。
A. 服务原语　B. 服务访问点　C. 服务数据单元　D. 协议数据单元
12. 局域网的体系结构一般不包括（　　）。
A. 物理层　B. 数据链路层　C. 网络层　D. 介质访问控制层
13. 在 TCP/IP 体系结构中，运输层连接的建立采用（　　）。
A. 慢启动　B. 协商　C. 滑动窗口　D. 三次握手
14. 决定使用哪条路径通过子网的是（　　）。
A. 物理层　B. 数据链路层　C. 网络层　D. 运输层
15. 在 ISO 层次体系中，完成协议数据单元（PDU）从源端传送到目的端是在（　　）。
A. 运输层　B. 应用层　C. 数据链路层　D. 网络层
16. B 类地址中用（　　）位来标识网络中的一台主机。
A. 8　B. 14　C. 16　D. 24
17. 局域网的典型特性是（　　）。
A. 高数据数率，大范围，高误码率　B. 高数据数率，小范围，低误码率
C. 低数据数率，小范围，低误码率　D. 低数据数率，小范围，高误码率
18. “将发送方数据转换成接收方的数据格式”功能由 OSI 参考模型（　　）实现。
A. 应用层　B. 表示层　C. 会话层　D. 传输层
E. 网络层
19. 请说出 OSI 七层参考模型中（　　）负责建立端到端的连接。
A. 应用层　B. 会话层　C. 传输层　D. 网络层
E. 数据链路层
20. 局域网的标准化工作主要由（　　）制定。
A. OSI　B. CCITT　C. IEEE　D. EIA

PART 6 项目六 接入互联网

项目背景

小明家一直用 Modem 拨号上网，最近要改为 ADSL 宽带接入互联网。

小明在学校的宿舍，使用校园光纤宽带接入技术，把校园网整体接入到互联网中，上网简单，访问互联网速度快。

今天，人们的生活已经步入了互联网时代，无论是家庭还是企事业单位，都需要使用不同的网络接入技术，把所在单位的局域网接入到互联网中，享受互联网服务。

本项目讲解互联网的接入技术，通过本单元的学习，学生能了解常见的互联网接入技术。

- 任务一　通过宽带（ADSL）上网
- 任务二　通过无线局域网上网

技术导读

本项目技术重点：家庭 ADSL 接入技术、局域网光纤接入技术、家庭无线局域网接入技术。

任务一：通过宽带（ADSL）上网

【任务描述】

小明家一直采用 Modem 电话拨号上网，上网速度太慢，电话费又高，而且上网时就不能接听电话，很不方便。前段时间，电信部门通告小明家所在的小区开通了 ADSL 宽带接入互联网服务，因此，小明想更换上网方式。

【任务分析】

采用ADSL虚拟拨号方式是家庭单机接入因特网的最常用的方法之一，操作方便，实现简单。首先到Internet服务供应商（ISP）那里，申请开通ADSL业务，得到ADSL宽带账户和密码；准备好ADSL Modem设备和若干附件；最后进行硬件设备的连接和软件的安装，家用计算机就能够正常接入Internet。

【知识介绍】

6.1.1 ADSL技术概述

非对称数字用户环路（Asymmetric Digital Subscriber Line，ADSL）技术，是一种互联网数据传输方式。上行和下行带宽实施不对称传输，因此称为非对称数字用户线环路。

ADSL技术在传输过程中，采用频分复用技术把普通的电话线分成了电话、上行和下行3条相对独立的信道，从而避免了相互之间的干扰。即使边打电话边上网，也不会发生上网速率和通话质量下降的情况。

通常，ADSL在不影响正常电话通信的情况下，可以提供最高3.5Mbit/s的上行速率，最高24Mbit/s的下行速率。

1. ADSL的登录标准

ADSL通常提供3种网络登录方式：桥接、基于ATM的端对端协议（PPPoverATM，PPPoA）、基于以太网的端对端协议（PPPoverEthernet，PPPoE）。

桥接直接提供静态IP，而后两种通常不提供静态IP，是动态地给用户分配网络地址。

目前，家庭用户的标准登录基本上都是第三种登录方式，即PPPoE登录。

2. ADSL接入技术的主要特点

① 一条电话线可同时接听、拨打电话并进行数据传输，两者互不影响。

② 虽然使用原来的电话线，但ADSL传输的数据并不通过电话交换机，所以ADSL上网不需要缴付额外的电话费，节省了通信费用。

③ ADSL的数据传输速率是根据线路的情况自动调整的，它以“尽力而为”的方式进行数据传输。

6.1.2 ADSL接入硬件设备

为了能够正确地连接和使用ADSL宽带上网，除了计算机之外还需要准备以下硬件设备。

1. 网卡

网卡是ADSL上网所必需的设备，在保证网卡正常的前提下，使用TCP/IP的默认配置，不需要设置固定的IP地址。

2. ADSL Modem

ADSL Modem即ADSL调制解调器，如图6-1-1所示。它是计算机与电话线之间进行信号转换的装置，能将计算机的数字信号转换成模拟信号，通过电话线传送，又能将电话线上传来的模拟信号，转换成计算机接收的数字信号，是通过ADSL方式上网的必选设备。

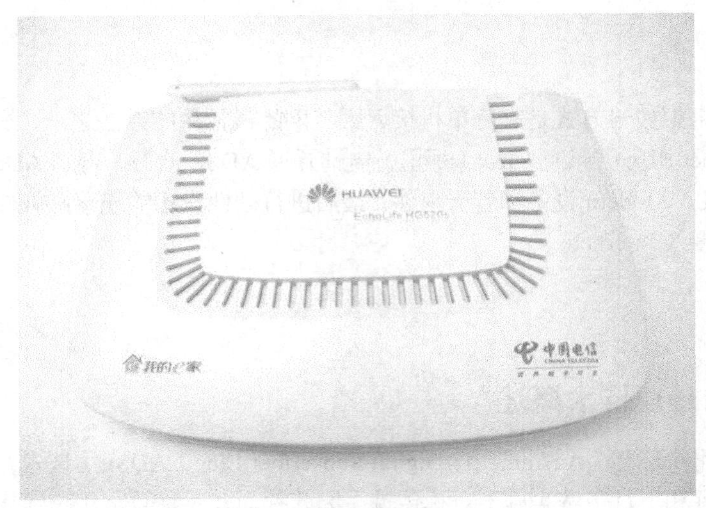

图 6-1-1　ADSL Modem

ADSL　Modem 的前面板上一般有 Power（电源指示）、ADSL（ADSL 连接状态和数据流量指示）、LAN（局域网连接状态和数据流量指示）等几个 LED 指示灯，标明设备运行的状态。后面板主要有 ADSL（接电话线）口、Ethernet（接网线）口、电源接口以及电源开关。此外，有的设备上还有一个设备复位的 Reset 按钮，如图 6-1-2 所示。

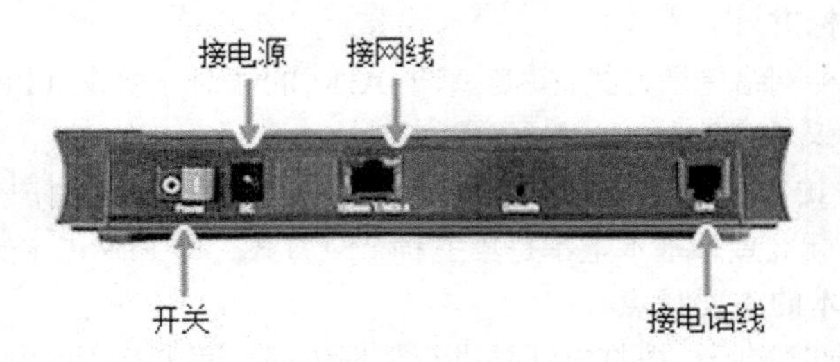

图 6-1-2　ADSL　Modem 上的接口

购买 ADSL Modem 时要注意：在产品包装中除了说明书、电源线等附件，还应该包括两根 RJ-11 接头电话线，和一根连接计算机 RJ-45 接头的网线，这几根线都是安装时必需的组件。

3．滤波器

图 6-1-3 所示为滤波器（也叫信号分离器）。滤波器的作用是分离电话线路上的高频数字信号和低频语音信号。

滤波器一共有 3 个接口，其中一个标志为 Line，用于连接入户的电话线。一个接口标示为 Phone，输出低频语音信号，用于连接电话机来传输普通的语音信息。还有一个标示为 Modem 的接口，输出高频数字信号，用于连接 Modem 来传输普通的上网数据信息。

这样就不会因为信号的干扰，而影响通话质量和上网的速度，能在上网的同时，接听和拨打电话了。现在大多数 ADSL 调制解调器都内置信号分离器，不需要另外购买这个设备。

图 6-1-3 ADSL 滤波器

6.1.3 ADSL 的硬件设备连接

在 Internet 服务供应商处办理好入网手续后，余下的工作就是用户端 ADSL 设备的安装，操作也非常简便。

只需要将滤波器、滤波器与 ADSL Modem 之间用一条两芯电话线连上，ADSL Modem 与计算机的网卡之间用网线连通，如图 6-1-4 所示，便可完成硬件安装工作。

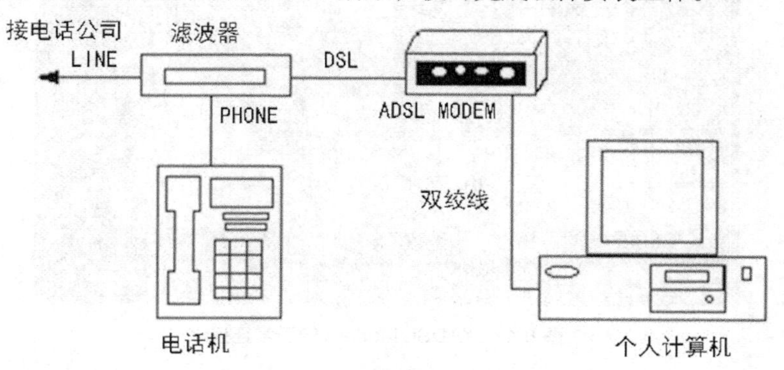

图 6-1-4 ADSL 连接示意图

当连接完成后，打开计算机和 ADSL Modem 的电源开关。

如果连通正常，网卡和 ADSL Modem 前面板上的信号灯会正常闪亮。其中：

ADSL LINK 灯亮表示外网已经连通；

ADSL ACK 灯亮表示和外网有数据交换；

LAN LINK 灯亮表示内网已经连通；

LAN ACK 灯亮表示和内网有数据交换。

【任务实施】配置宽带（ADSL）

【任务描述】

小明家一直在用电话 Modem 拨号上网，感觉上网的速度太慢，电话费又高，而且上网时就不能接听或拨出电话，很不方便。最近，小明家所在的地区也开通了 ADSL 宽带接入技术，于是，小明想用 ADSL 宽带接入互联网。

【网络拓扑】

如图 6-1-4 所示，为小明家配置 ADSL 实现家庭网络接入互联网。

【设备清单】

电脑（1台）、ADSL Modem（1台）、RJ-45网线（1根）、ADSL滤波器（1个）、RJ-11电话跳线（2根）。

【工作过程】

① 带相关证明材料到当地的ISP营业厅（如电信），填写申请表，交费，申请开通家庭宽带ADSL上网服务。完成开通，拿到相关的宽带ADSL上网设备。

稍后，电信的宽带接入工作人员会来用户家中，如图6-1-5所示，使用双绞线接好ADSL Modem和电脑后，完成ADSL Modem的安装。

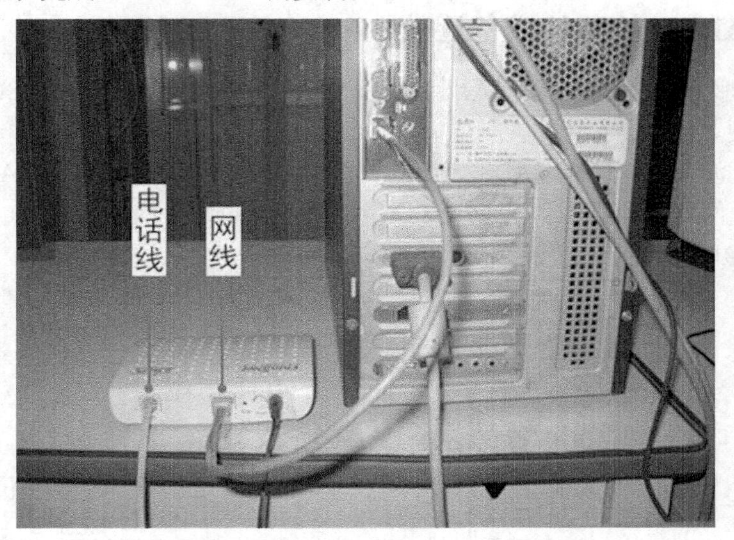

图6-1-5　ADSL Modem的正常连接

② 打开电脑和ADSL Modem的电源，在电脑桌面上右键单击“网上邻居”，选择“属性”，弹出如图6-1-6所示对话框。

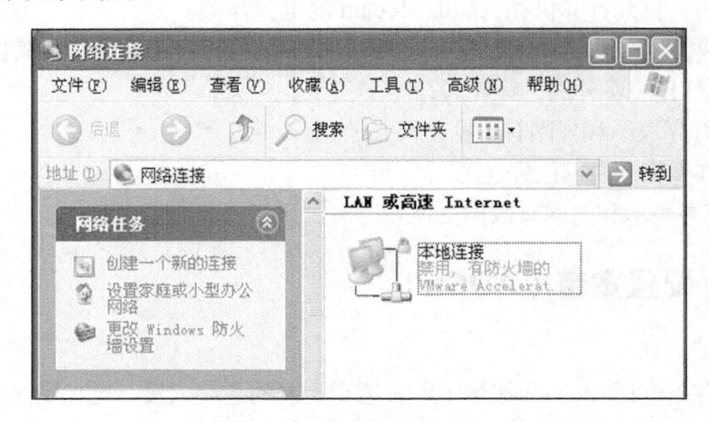

图6-1-6　网络连接对话框

③ 在左边窗口区域，单击“创建一个新的连接”，弹出如图6-1-7所示“新建连接向导”对话框。

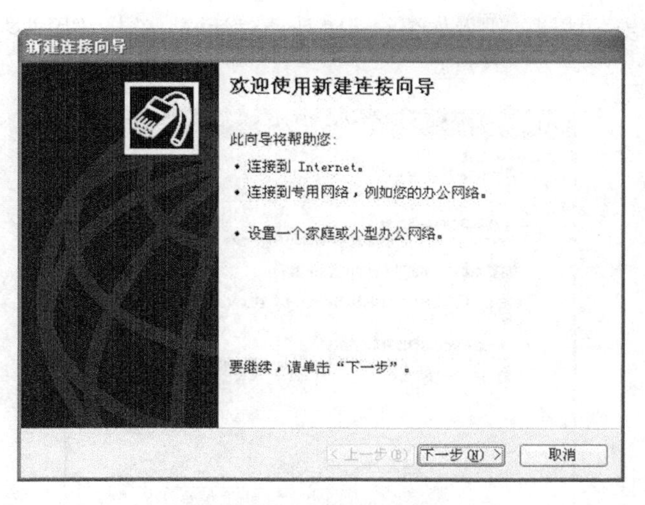

图 6-1-7　新建连接向导

④ 单击“下一步”按钮，进入如图 6-1-8 所示对话框，选择第一个选项“连接到 Internet”。

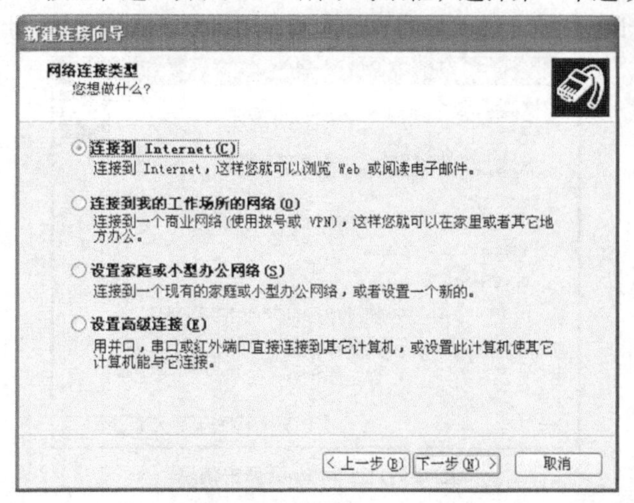

图 6-1-8　连接到 Internet

⑤ 单击“下一步”按钮，进入如图 6-1-9 所示对话框，选择“手动设置我的连接”。

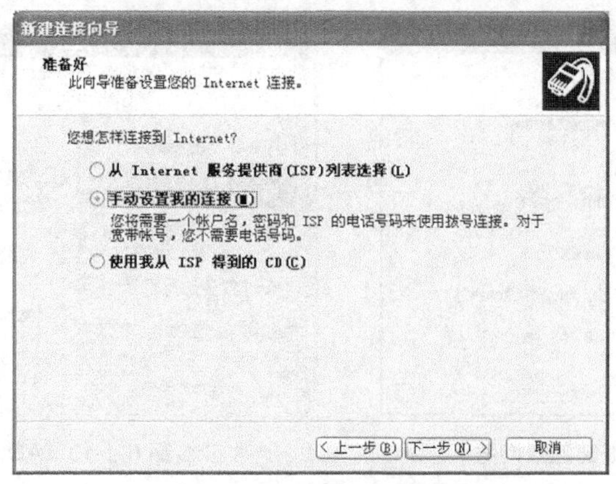

图 6-1-9　手动设置我的连接

⑥ 单击“下一步”按钮，进入如图 6-1-10 所示对话框，选择“用要求用户名和密码的宽带连接来连接”。

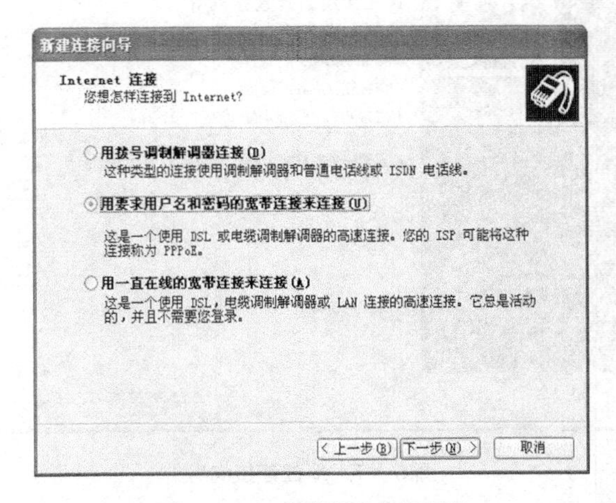

图 6-1-10　宽带用户名和密码

⑦ 单击“下一步”按钮，进入如图 6-1-11 所示对话框，在这里填写用户名和密码。

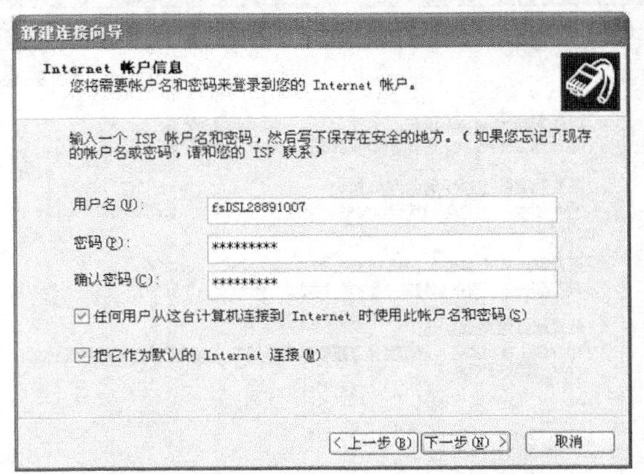

图 6-1-11　Internet 账户信息

⑧ 单击“下一步”按钮，进入如图 6-1-12 所示对话框，在窗口中单击“完成”按钮，完成连接的创建。建立好的宽带网络图标如图 6-1-13 所示。

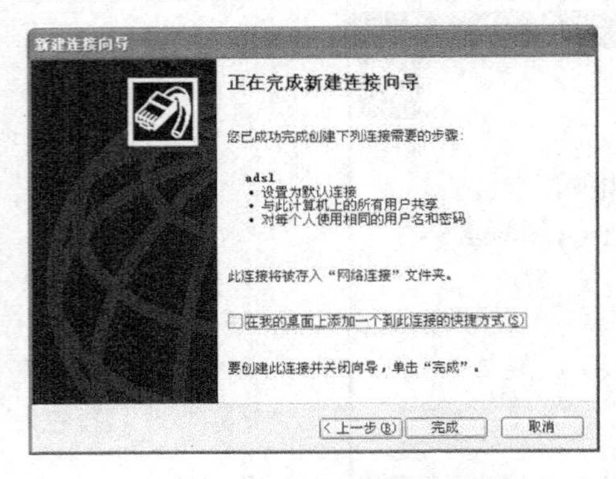

图 6-1-12　完成新建连接向导

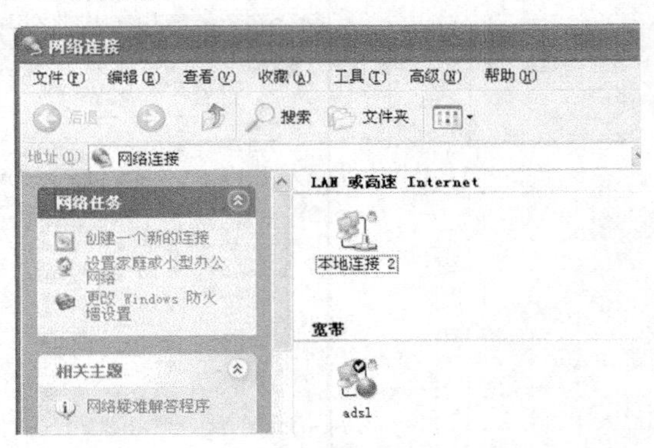

图 6-1-13　ADSL 宽带连接

⑨ 宽带网络建立好之后，双击 ADSL 图标，在弹出的对话框中确认信息无误后，单击“连接”按钮，就可以上网了，如图 6-1-14 所示。

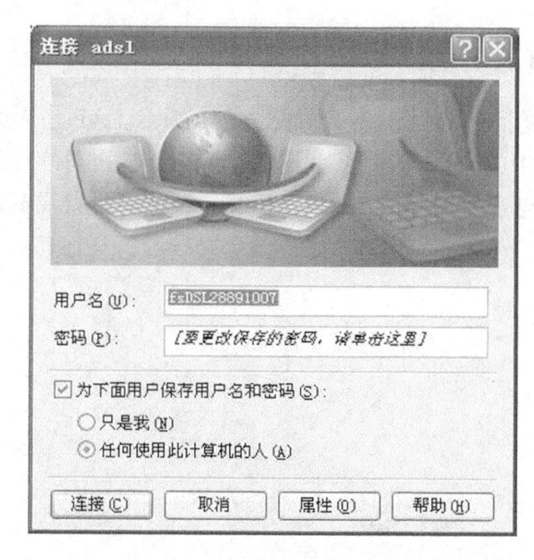

图 6-1-14 ADSL 连接程序

至此，在图 6-1-14 所示的“用户名”框中，输入 ISP 所提供的用户名，在“密码”框中，输入 ISP 所提供的密码，单击“连接”按钮，待连接成功后，就可以使用家中的 ADSL 宽带上网了。

任务二：通过无线局域网上网

【任务描述】

小明的家庭使用宽带 ADSL 技术，把家中电脑接入互联网，享受到高速接入速度。后来，家中由于小明上学的需要，又购买了一台笔记本电脑，也希望能接入互联网中。

但是家中的宽带 ADSL 接入方式，目前只能实现家庭中原有的台式机器接入互联网，也即宽带 ADSL 技术上网的方式，只能实现一台电脑上网，不能多台电脑同时上网，很不方便。因此，需要购买一台家用 SOHO 无线路由器，组建无线家庭局域网络，让多台电脑同时上网。

【任务分析】

采用 ADSL 虚拟拨号方式，可以实现单机接入因特网，现行的 ADSL Modem 也可以实现多机同时拨号上网，但需要重复计时，计费。

为了让多台电脑共享 ADSL 拨号网络，可以在原有设备的基础上，添加一台 SOHO 路由器，使用 SOHO 路由器设备搭建无线家庭局域网，可以实现多台电脑共享上网。

其余智能终端设备，如平板电脑、智能手机也接入到互联网中，又避免了多台设备同时上网造成的重复计时问题，从而降低上网费用。通过无线路由器的配置，来实现多台移动设备共享上网。

【知识介绍】

6.2.1　无线路由器介绍

无线 AP 称为“无线访问节点”设备，如图 6-2-1 所示。AP 是无线局域网中重要的接入设备，相当于一个有线网络中的集线器设备一样，负责多台电脑间信号的传递。

但无线 AP 不能直接与家庭宽带的 ADSL Modem 相连。要实现宽带 ADSL 接入互联网，则选用无线 SOHU 路由器。

图 6-2-1　无线 AP

无线路由器是带有无线覆盖功能的家庭 SOHU 路由器，应用于家庭用户使用无线上网和无线覆盖。无线路由器可以看作一个信号转发器，将家中宽带 ADSL 接入的网络信号，通过无线天线，转发给附近的无线网络终端设备（如笔记本电脑、WiFi 手机等）。

6.2.2　无线路由器主要优点

1．智能管理配备

宽带无线路由器，在 WiFi 安全保证下，随时随地享受极速网络生活，永不掉线，智能管理配备了最新的 3G，无论是在室外会议、展会、会场、工厂、家里。

2．永远在线连接

使用无线路由器，当有线网络连接失败时，通过内置的故障自动转换功能，可以快速顺畅地连接到 3G 无线网络，保证最大化的连接和最小的干扰。当有线网络恢复后，它还能够自动再次连接，减少或最小化连接费用。此功能特别适合办公环境，因为那里的网络持续连通是非常重要的。

3．多功能服务

无线路由器的 USB 接口，它可以作为多功能服务器，建立一个属于自己的网络，当外出的时候，可以使用办公室打印机，通过 Webcam 监控，与同事或者朋友共享文件，甚至可以下载 FTP 或 BT 文件。

4．可移动和安全性

通过 802.11n 无线接入点，该路由的传输速率是 802.11b/g 网络设备的 3 倍，并且支持数据速率高达 300Mbit/s，所以无线接入在房间无处不在。

5. **增益天线信号**

在无线网络中，天线可以达到增强无线信号的目的，可以把它理解为无线信号的放大器。天线对空间不同方向具有不同的辐射或接收能力，而根据方向不同，天线有全向和定向两种。

6.2.3 无线路由器安全设置

相对于有线网络来说，通过无线局域网发送和接收数据更容易被窃听。

一个完善的无线局域网系统，加密和认证是需要考虑的安全因素。无线局域网中应用加密技术的最根本目的就是：使无线业务能够达到与有线业务同样的安全等级。

针对这个目标，IEEE802.11 标准中采用了有线对等保密（Wired Equivalent Privacy，WEP）协议安全机制，进行业务流的加密和节点的认证。有线对等保密 WEP 协议主要用于无线局域网中链路层信息数据的保密。

有线对等保密 WEP 协议采用对称加密机理，数据的加密和解密采用相同的密钥和加密算法。WEP 使用加密密钥（也称 WEP 密钥），加密 802.11 网络上交换的每个数据包的数据部分。启用加密后，两台 802.11 设备要进行通信，必须启用加密并具有相同的加密密钥。WEP 加密默认是禁用的。

无线设备的安全参数是可选的设置，一般有 3 个参数，分别如下。

- WEP 密钥格式：十六进制数位，ASCII 字符。
- WEP 加密级别：禁用加密功能，64 比特加密，128 比特加密，默认值为 Disable Encryption（禁用加密功能）。
- WEP 密钥值：由用户设定。

无线路由器与支持加密功能的无线网卡相互配合，可加密传输数据。WEP 加密等级有 64 比特和 128 比特两种，使用 128 比特加密较为安全。

WEP 密钥可以是一组随机生成的十六进制数字，或是由用户自行选择的 ASCII 字符。一般情况选用后者，由人工输入。每台无线宽带路由器及无线工作站，必须使用相同的密钥才能通信。大部分无线路由器默认值为禁用加密，加密可能会带来传输效率上的影响。

6.2.4 组建无线局域网硬件

组建家庭无线局域网，首先要有一个安装完成的有线网络，如宽带 ADSL 技术，可以保证家庭设备能接入 Internet，再通过无线路由器设备和有线宽带 ADSL 技术接入网络连接，配置实现无线路由器设备，实现无线网络的覆盖。

1. **无线路由器**

家用的无线路由器如图 6-2-2 所示，是搭建家庭小型无线局域网的首选设备，它是用于连接 Internet 的外网的接入，并提供基于无线信号的内网连接访问服务。

图 6-2-2 无线路由器

2．无线网卡

家庭无线网络要求每台电脑都有用来发射和接收无线信号的装置，即无线网卡，其功能相当于普通电脑的网卡。无线网卡主要有 PCMCIA（早期笔记本电脑中使用）、USB、PCI3 种接口类型。

如图 6-2-3 所示，PCI 接口的无线网卡主要用于台式机，安装在台式电脑的主板上，需要拆开电脑机箱，并安装驱动程序才能工作。

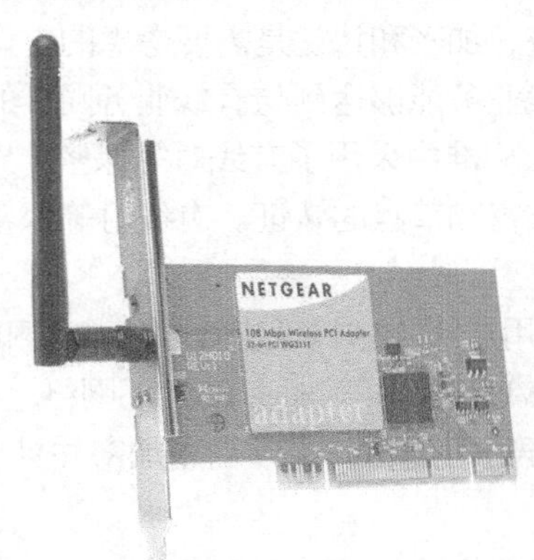

图 6-2-3　PCI 接口无线网卡

如图 6-2-4 所示，USB 接口的网卡可以用于台式机，也可用在笔记本电脑上，安装方便，直接插在电脑 USB 接口上即可。

图 6-2-4　USB 接口无线网卡

如今，笔记本电脑无线网卡基本都在笔记本电脑内部，模块化地集成在电脑主板上。

6.2.5　ADSL 与 SOHO 路由器组建局域网

家用宽带接入的 ADSL 技术，通过与 SOHO 路由器结合，组建 SOHO 家庭局域网，是家庭实现多台电脑共享上网的常用方法。

要想正确组建 SOHO 家庭小型局域网，实现家庭多台设备共享上网，应该具备如下的条件。

① 需要申请一条可以上网的 ADSL 连接。

② 购买一台 SOHO 有线路由器。

③ 多台可以上网的电脑。

④ 网线，长度按照电脑到 ADSL 路由器的距离计算。

【任务实施】配置宽带（ADSL）与无线路由器实现上网

宽带接入 ADSL 设备，通过和无线路由器连接，组建无线家庭局域网。

首先，需要将 ADSL Modem 和无线路由器的 WAN 口相连。然后，用双绞线将电脑主机和无线路由器的 LAN 口相连，即可完成硬件设备的连接，连接完成如图 6-2-5 所示。

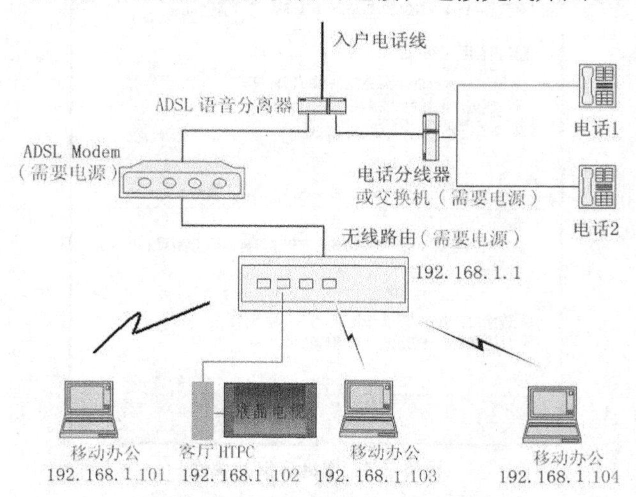

图 6-2-5　ADSL 与无线路由器连接示意图

连接完成后，打开计算机、ADSL Modem 以及无线路由器设备的电源开关。

如果安装、连通过程正常，计算机网卡和 ADSL Modem 前面板上信号灯会正常闪亮，表示硬件已经安装。使用网线把计算机和家庭无线路由器的 LAN 口相连，对路由器进行设置，开启无线网络服务，即可实现无线局域网上网。

【设备清单】

电脑（1 台）、ADSL Modem（1 台）、网络（1 根）、ADSL 滤波器（1 个）、RJ-11 电话跳线（2 根），无线路由器（1 台）。

【工作过程 1】

首先，需要完成家庭宽带 ADSL 的接入和安装，安装过程见任务一中的任务实施。

【工作过程 2】

① 从电脑城购买一台无线路由器，按图 6-2-5 所示进行硬件连接，并用一根网线和无线路由器的 LAN 口相连接。

② 在连接成功的计算机桌面上，右键单击“网上邻居”，选择“属性”，弹出如图 6-2-6 所示对话框。

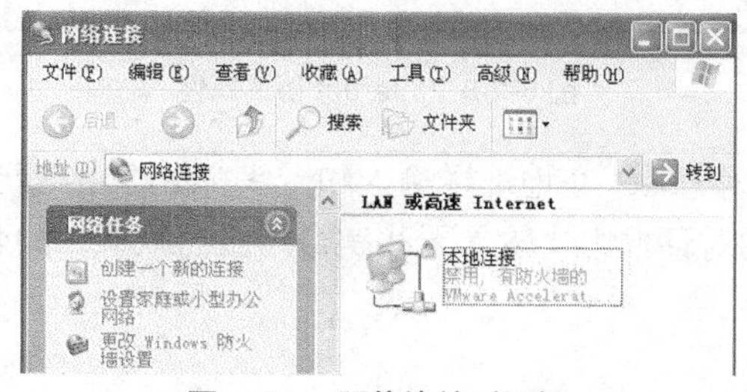

图 6-2-6　网络连接对话框

③ 右键单击“本地连接”，选择“属性”，在弹出的对话框中选择“Internet 协议(TCP/IP)”，如图 6-2-7 所示。

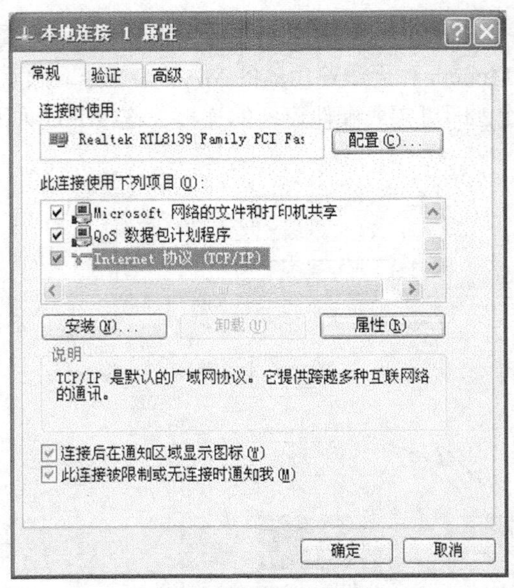

图 6-2-7　本地连接的属性

④ 单击“属性”按钮，输入 IP 地址、子网掩码和默认网关，单击“确定”按钮，完成电脑上网的初始设定，如图 6-2-8 所示。

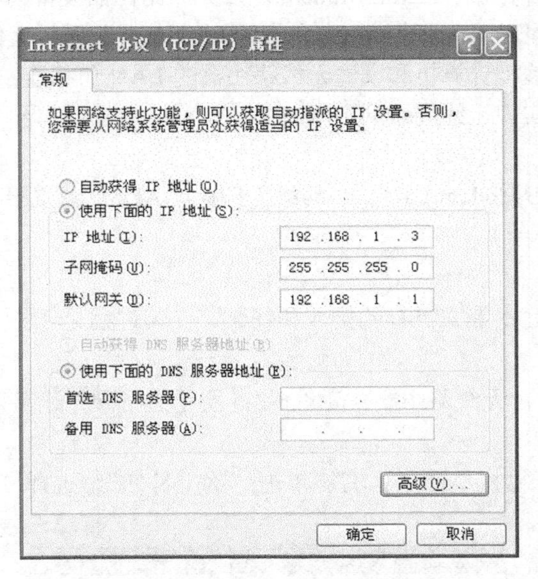

图 6-2-8　Internet 协议属性

⑤ 打开计算机的 IE 浏览器，在地址栏输入和无线宽带路由器默认地址：192.168.1.1。

⑥ 回车后，在弹出的对话框中，输入无线宽带路由器默认用户名/密码为：admin/admin，如图 6-2-9 所示。

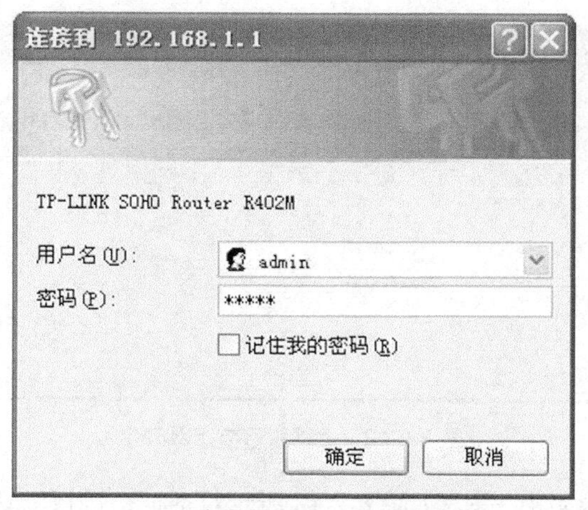

图 6-2-9　登录路由的连接界面

⑦ 单击“确定”按钮，进入 ADSL 路由器设定界面，如图 6-2-10 所示。

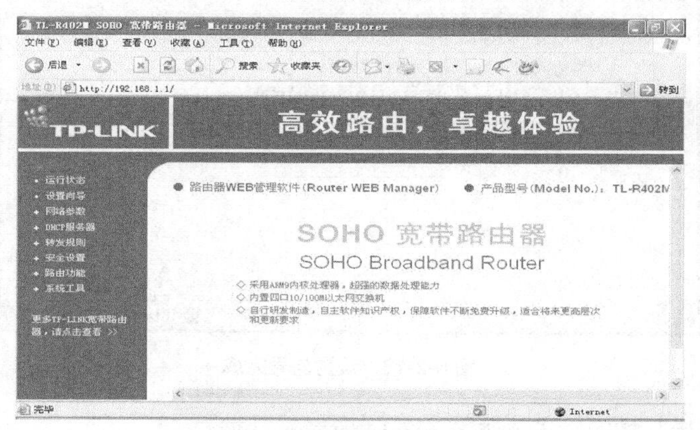

图 6-2-10　路由登录后界面

⑧ 浏览器会弹出一个“设置向导”对话框，如图 6-2-11 所示。

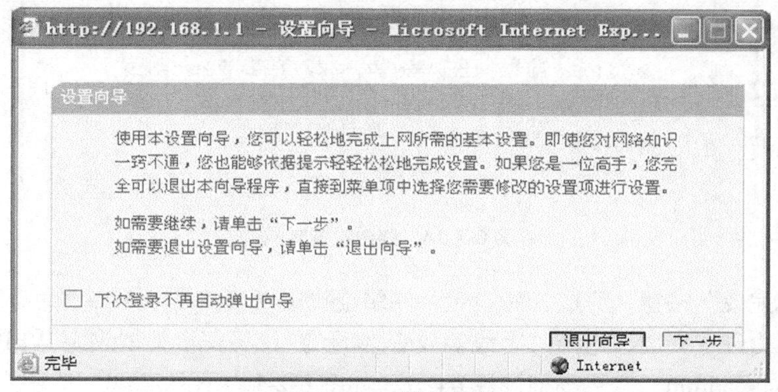

图 6-2-11　设置向导

⑨ 单击“下一步”按钮，输入上网账号和上网口令，如图 6-2-12 所示。

http://192.168.1.1 - 设置向导 - Microsoft Internet Exp...
设置向导
您申请ADSL虚拟拨号服务时，网络服务商将会给您提供上网帐号及口令，请填入相应的输入框。如果您不慎遗忘了或不太清楚如何填写，请向您的网络服务商咨询。
上网账号：
fsDSL28891007
上网口令：
上一步
下一步
完毕
Internet

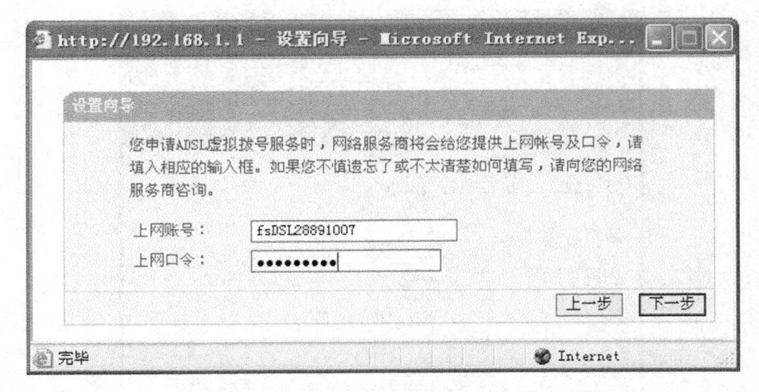

图 6-2-12　上网账号与上网口令

⑩ 单击“下一步”按钮，进入如图 6-2-13 所示对话框，选择默认值即可。

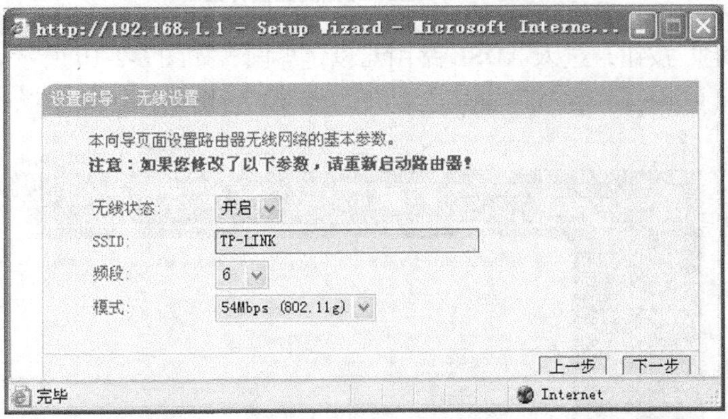

http://192.168.1.1 - Setup Wizard - Microsoft Interne...
设置向导 - 无线设置
本向导页面设置路由器无线网络的基本参数。
注意：如果您修改了以下参数，请重新启动路由器！
无线状态:
开启
SSID:
TP-LINK
频段:
6
模式:
54Mbps (802.11g)
上一步
下一步
完毕
Internet

图 6-2-13　设置向导完成

⑪单击“下一步”按钮，进入如图 6-2-14 所示对话框。

http://192.168.1.1 - Setup Wizard - Microsoft Interne...
设置向导
恭喜您！您已经顺利完成上网所需的基本网络参数的设置，现在您已经能够正常上网。
请单击“完成”结束设置向导。
返 回
完 成

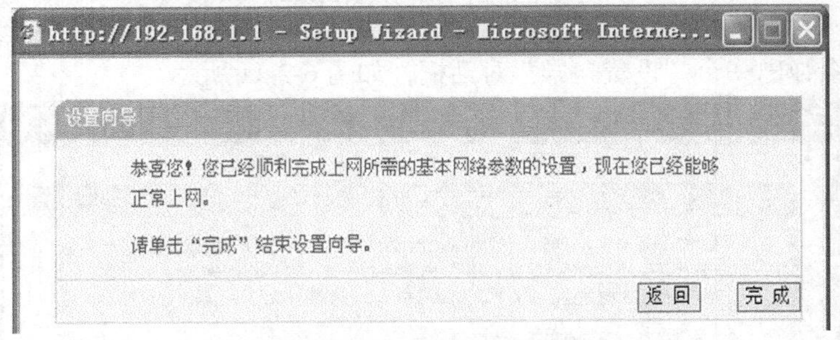

图 6-2-14　路由设置完成

⑫ 单击“完成”按钮，完成初始设定，网络连接成功，如图 6-2-15 所示。

⑬ 进入路由设置界面，选择“无线参数/基本设置”，将安全类型改为 WEP，选择密钥 1，输入密钥内容为：admin，密钥类型选择 64 位，如图 6-2-16 所示。

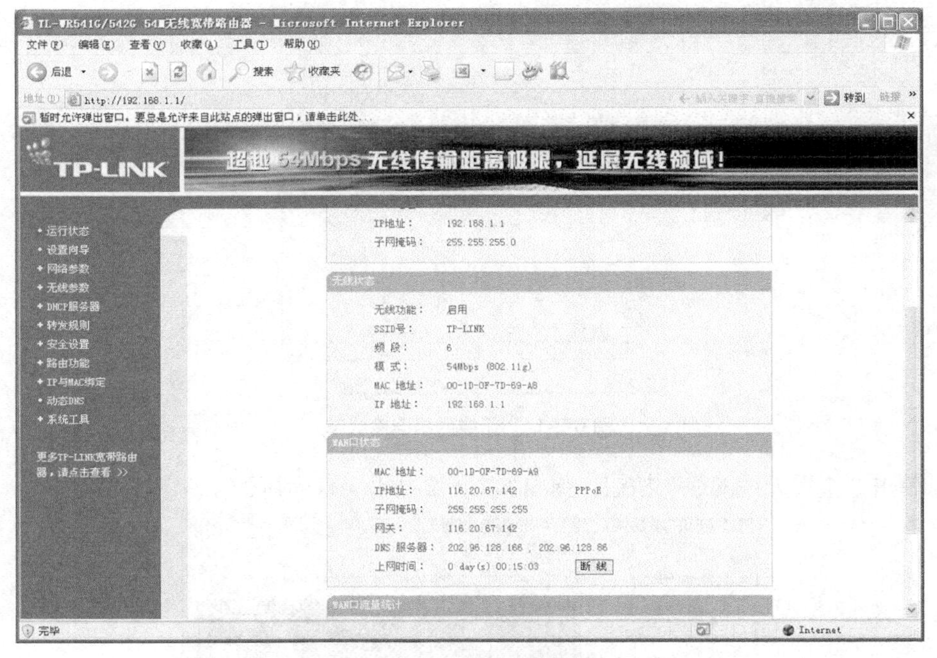

图 6-2-15 路由设置连线状态

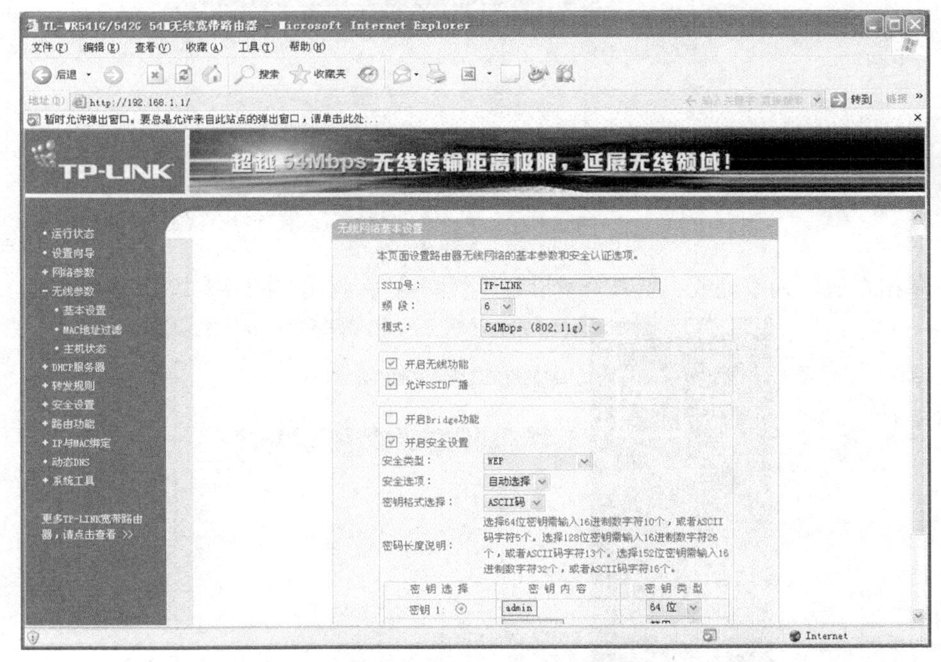

图 6-2-16 路由无线参数设置

⑭ 保存信息后，重新启动无线路由器，这时计算机由于没有密钥状态，不能上网，需重新设定。右键单击计算机桌面上“网络邻居”，选择“属性”，从弹出的窗口中，右键单击无线网络，选择“属性”，弹出如图 6-2-17 所示对话框。

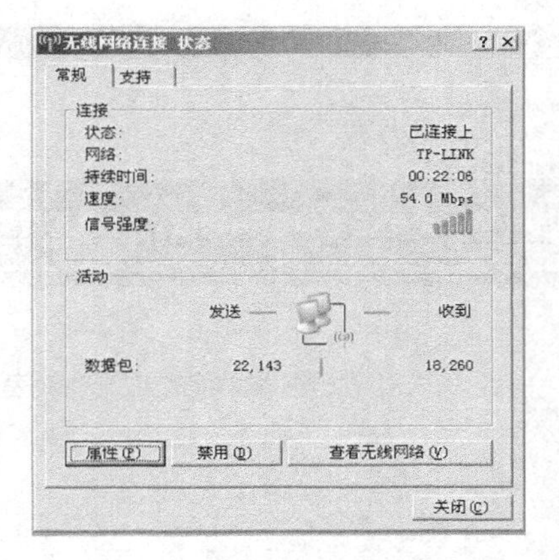

图 6-2-17　无线网络连接状态

⑮ 单击“查看无线网络”按钮，弹出如图 6-2-18 所示对话框。

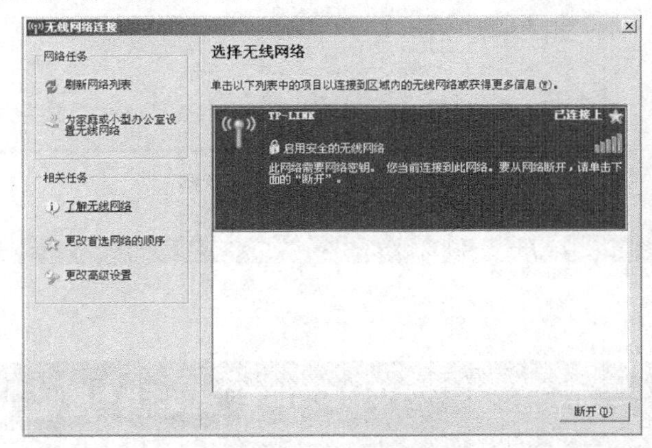

图 6-2-18　无线网络连接

⑯ 单击左边“为家庭或小型办公室设置无线网络”，弹出如图 6-2-19 所示对话框。

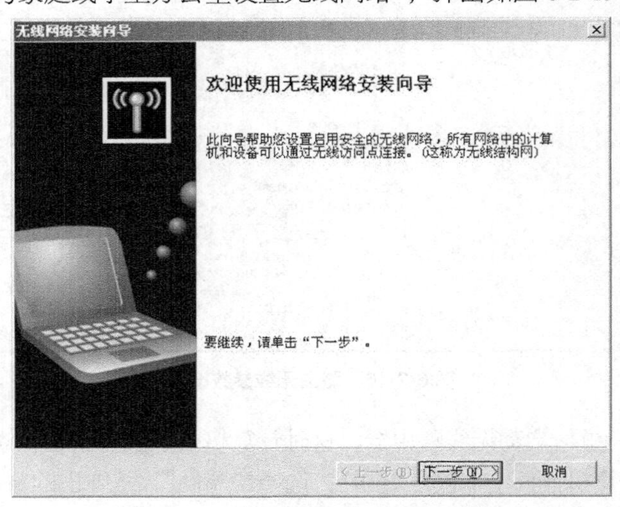

图 6-2-19　无线网络安装向导

⑰ 单击“下一步”按钮，在弹出对话框中的“网络名”中输入 TP LINK（与⑬步所示对

话框中的 SSID 相同），选择“手动分配网络密钥”，如图 6-2-20 所示。

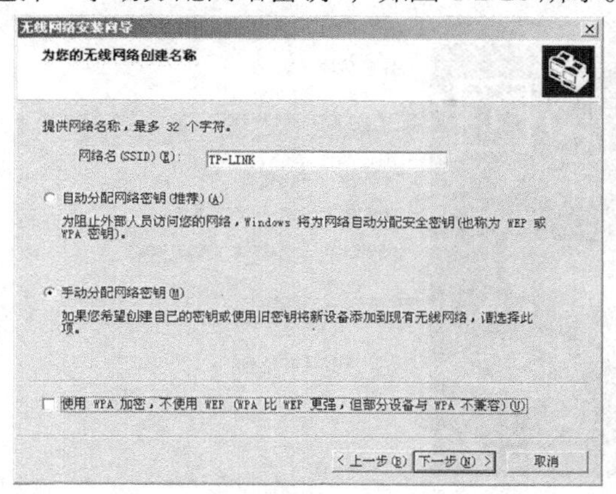

图 6-2-20　网络名

⑱ 单击“下一步”按钮，在弹出的对话框中输入网络密码（与⑬步所示对话框中的密钥 1 相同），如图 6-2-21 所示。

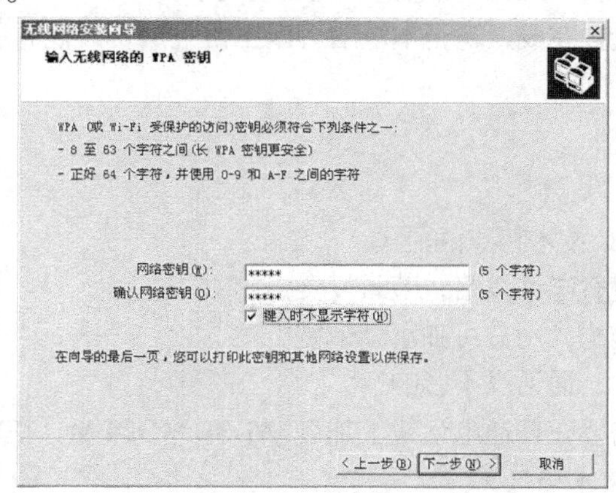

图 6-2-21　网络密钥

⑲ 单击“下一步”按钮，选择“手动设置网络”，如图 6-2-22 所示。

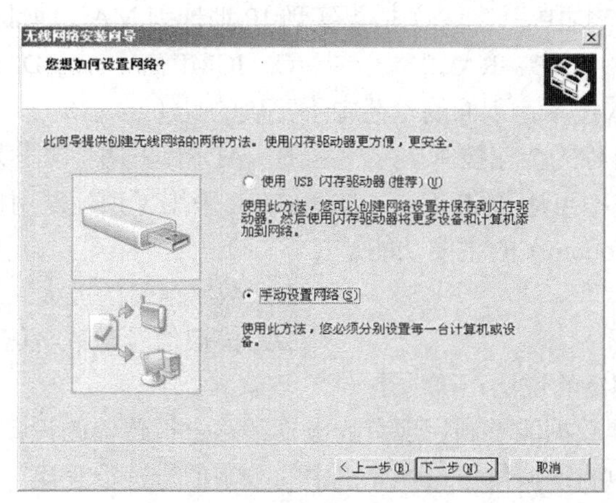

图 6-2-22　手动设置网络

⑳ 单击“下一步”按钮，弹出如图 6-2-23 所示对话框。

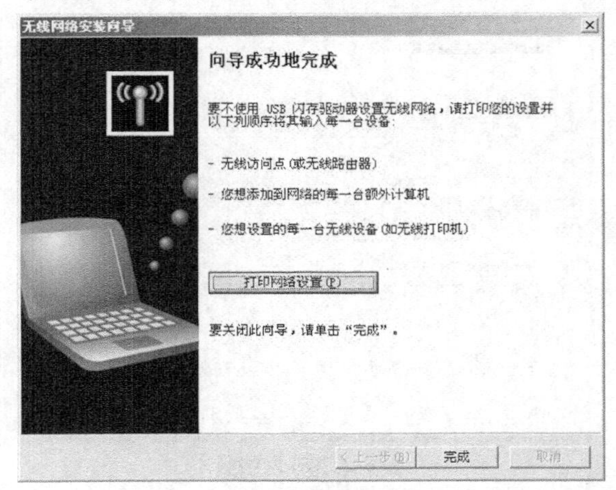

图 6-2-23　无线网络设置完成

㉑ 单击“完成”按钮，即可实现笔记本无线上网了。

至此，无线路由器设置完成，笔记本电脑可以正常上网，其他非法用户不知道密码，就再也不能使用无线路由器上网了。

认证试题

1. 以下不属于 ADSL 技术特点的是（　　）。

A．直接利用用户现有电话线路，节省投资

B．采用总线拓扑结构，用户可独享高带宽

C．节省费用，上网、通话互不影响

D．安装简单，只需要在普通电话线上加装 ADSL MODEM，在电脑上装上网卡即可

2. ADSL 对应的中文术语是（　　）。

A. 非对称数字用户线　　B. 专线接入和 VLAN

C. 固定接入和 VLAN　　D. 专线接入和虚拟拨号

3. 在 TCP/IP 体系结构中，（　　）协议实现 IP 地址到 MAC 地址的转化。

A. ARP　　B. RARP　　C. ICMP　　D. TCP

4. 关于 ADSL 接入技术，下面的论述中不正确的是（　　）。

A. ADSL 采用不对称的传输技术　　B. ADSL 采用了时分复用技术

C. ADSL 的下行速率可达 8Mbit/s　　D. ADSL 采用了频分复用技术

5. 调制解调器（Modem）的主要功能是（　　）。

A. 模拟信号的放大　　B. 数字信号的放大

C. 数字信号的编码　　D. 模拟信号与数字信号之间的相互转换

6. 以下对调制解调器的说法正确的是（　　）。

A. 使计算机的数字数据能够利用现有的电话线路进行传输的设备

B. 能够将电话线中的模拟信号与计算机中的数字信号进行互换

C. 是电视机实现拨号连接 Internet 的基本设备

D. 调制解调器是输出设备

7. 下列哪项不是UDP协议的特性？（　　）

A. 提供可靠服务　　B. 提供无连接服务

C. 提供端到端服务　　D. 提供全双工服务

8. TCP／IP协议是一种开放的协议标准，下列哪个不是它的特点？（　　）

A. 独立于特定计算机硬件和操作系统　　B. 统一编址方案

C. 政府标准　　D. 标准化的高层协议

9. 关于TCP／IP协议的描述中，下列哪个是错误的？（　　）

A. 地址解析协议ARP／RARP属于应用层

B. TCP、UDP协议都要通过IP协议来发送、接收数据

C. TCP协议提供可靠的面向连接服务

D. UDP协议提供简单的无连接服务

10. TCP协议工作在以下的哪个层？（　　）

A. 物理层　　B. 链路层　　C. 传输层　　D. 应用层

PART 7

项目七 使用互联网

项目背景

今天，人们的生活步入互联网时代，互联网是人类社会有史以来第一个世界性的信息资源共享和交流中心。任何人，无论来自世界的哪个地方，数以万计的人们都可以利用互联网进行信息交流和资源共享。

小明来深圳职业中专学校上学后，开始接触互联网技术，并深入了解互联网技术，使用互联网开始网上生活和娱乐。

本单元讲解访问互联网的技术，通过本单元的学习，了解常见的互联网应用。

- 任务一　访问新浪网
- 任务二　使用互联网通信
- 任务三　使用搜索引擎检索资料
- 任务四　网上购物

技术导读

本项目技术重点：互联网、WWW万维网、搜索引擎技术、电子商务。

任务一：访问新浪网

【任务描述】

传统生活中的日常新闻信息主要通过报纸和广播获取。

小明来深圳职业中专学校上学后，发现大家都通过上网方式阅读信息，其中新浪网是同学们最主要访问的新闻网站。

本项目主要访问全球最大的中文网站新浪（Sina），熟悉万维网的应用。

【任务分析】

把分布在全世界的计算机连接在一起，就可以形成可以共享的全球网络系统，这种网络也叫作互联网（Internet），通过互联网，可以共享全世界大大小小网络中的资源。

其中万维网是互联网中的一种应用，使用浏览器软件，通过网页方式，把网络中文字、图片、影像等多媒体信息呈现在电脑窗口中。

【知识介绍】

7.1.1 什么是互联网 Internet

Internet 又称因特网或者国际互联网。Internet 是在 TCP/IP 协议基础上建立的国际互联网。它是“网络的网络”，即将全世界不同国家、不同地区、不同部门和机构、不同类型的计算机网络互联在一起，形成一个世界范围的信息网络，实现资源共享，提供各种应用服务的全球性计算机网络。

通俗地说，成千上万台计算机连接到一起组成一个全球性网络系统，这就是 Internet。

从通信角度来看，Internet 是一个理想的信息交流媒介。利用 Internet 的 E-mail 能够快捷、安全、高效地传递文字、声音、图像以及各种各样的信息。通过 Internet 可以打国际长途电话，甚至传送国际可视电话，召开在线视频会议。

从获得信息的角度来看，Internet 是一个庞大的信息资源库，包括遍布全球的几万家图书馆，近万种杂志和期刊，还有政府、学校和公司企业等机构的详细信息。

Internet 最大的特点是管理上的开放性。在 Internet 中没有一个有绝对权威的管理机构，任何接入者都是自愿的。

Internet 是一个互相协作、共同遵守一种通信协议的集合体。在 Internet 中，最权威的管理机构是 Internet 协会。它是一个完全由志愿者组成，指导国际互联网络政策制定，非营利、非政府性的组织，推动 Internet 技术的发展与促进全球化信息交流。

7.1.2 什么是浏览器

浏览器是一个显示网页服务器的软件程序，用于与万维网（WWW）建立连接，并与之进行通信，显示在万维网服务器中存放的文字、影像及其他资讯。这些文字或影像，可以是连接其他网址的超链接，用户可迅速及轻易地浏览各种资讯。

它可以在 WWW 系统中，根据链接确定信息资源的位置，并将用户感兴趣的信息资源取回来，对 HTML 文件进行解释，然后将文字图像或者将多媒体信息还原出来。

其中，网页是使用 HTML 语言编制的文件，这些文件需使用浏览器软件才能正确显示。

Internet Explorer 是使用最广泛的网页浏览工具，简称 IE，是微软公司推出的一款网页浏览器。IE 是使用计算机网络时的重要工具之一，如图 7-1-1 所示。

图 7-1-1　IE 浏览器

在互联网上浏览网页内容离不开浏览器，现在大多数用户使用的是微软公司提供的 IE 浏览器（Internet Explorer），当然还有其他一些浏览器，如 Netscape Navigator 等，国内厂商开发的浏览器有腾讯浏览器、360 浏览器等，如图 7-1-2 所示。

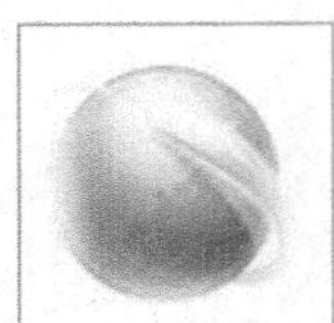

腾讯TT

360安全浏览器

搜狗浏览器

世界之窗浏览器

图 7-1-2　其他厂商浏览器

7.1.3　什么是 UC 浏览器

UC 浏览器（原名 UCWEB）是一款把“互联网装入口袋”的主流手机浏览器。UC 浏览器是一款免费网页浏览软件，适用于以手机为主的各类手持移动终端。

用户通过 UC 浏览器，能快速访问互联网，随时与网络世界进行数据交互，获得极限无线冲浪体验。编辑个人博客，泡论坛/逛社区，收发电子邮件，下载文件，订阅 RSS……将互联网世界装进口袋，享受高品质移动生活。

7.1.4　什么是 WWW 万维网

WWW 是 World Wide Web （环球信息网）缩写，也可简称为 Web，中文名字为“万维网”。

1989 年，欧洲粒子物理实验室研究人员为研究需要，希望开发出一种共享资源远程访问系统，这种系统提供统一接口，能访问不同类型信息，包括文字、图像、音频、视频信息。

1990 年，开发人员完成最早期浏览器产品开发。1991 年，开始在内部发行 WWW 技术，这就是万维网的开始。WWW 环球信息网之所以称为信息网，完全是因为它的资源可以互相链接的缘故，能实现全世界大概有数亿个 Web 站的互相链接。

每个 Web 站都通过超链接，与其他 Web 站连接。任何人都可以设计自己的网页，将其放到 WWW 网站上，然后通过上面的超级链接，与其他人的网页互相连接。这样一来，整个信息网就编织起来，形成一个巨大的环球信息网。

7.1.5　什么是超级链接

浏览万维网（WWW）网页时，通过点击网页内的某段文字或图片，在另一个页面看到相关的详细内容，这就是超级链接技术，如图 7-1-3 所示。

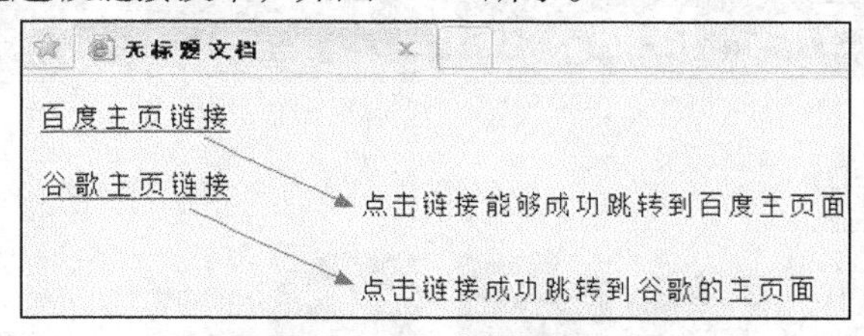

图 7-1-3　网页中的超级链接

超级链接技术通过对网页上的文字、图片、动画等元素赋予可以链接到其他网页的 URL 地址，让网页之间形成一种互相关联的关系。

万维网网站正是因为有大量的超级链接技术，才形成一个内容详实、结构丰富的立体结构。

【任务实施】访问新浪网

【任务描述】

小明使用微软的 IE 浏览器，访问新浪网(www.sina.com.cn)，阅读国内外新闻。

【设备清单】

接入互联网环境的计算机一台。

【工作过程】

① 在桌面上打开微软的 IE 浏览器图标 ，打开浏览器窗口，如图 7-1-4 所示。

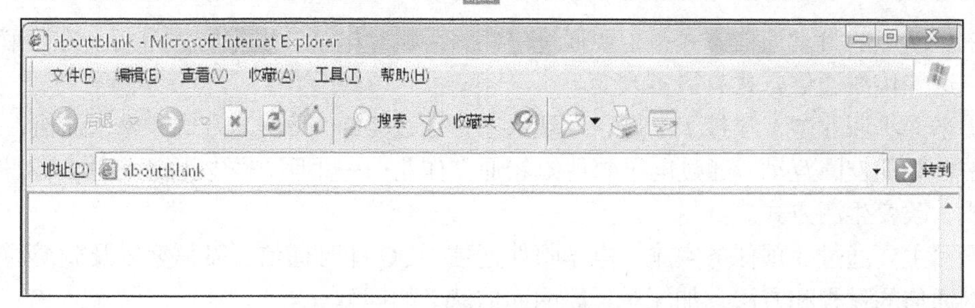

图 7-1-4　启动 IE 浏览器

② 在打开的 IE 浏览器地址栏中，输入新浪网的网络地址：www.sina.com.cn，按回车键后，显示如图 7-1-5 所示新浪网的主界面。

在打开的新浪网页窗口，选择各个模块，即可浏览新浪网络提供的新闻信息。

图 7-1-5　访问新浪网络

③ 在打开的新浪网页上，移动鼠标，出现手形的超级链接标识时，使用鼠标双击，即可打开该标题下链接的信息，进行网上冲浪。

④ 在打开的 IE 浏览器上，分别单击“后退”或者“前进”按钮，可以返回原来的主页，或者新打开的页面。

任务二：使用互联网通信

【任务描述】

传统生活中的日常通信方式，主要通过信件、手机、电话、电报方式进行。在互联网到来的时代，这些传统通信方式有很多改变。

小明来深圳职业中专学校上学后，发现大家都通过 QQ、微信等方式和家人通信，通过微博社交平台和朋友圈互动，通过电子邮件给老师交作业……小明在学校也逐渐学习这些互联网通信方式，改变生活方式。

本项目主要通过 3 项任务实施：电子邮件通信、QQ 即时通信、微信客以及微博通信，学习互联网通信的过程和方法，加深对互联网通信意义的理解。

【任务分析】

电子邮件是互联网中最重要的应用，通过电子邮件可以发送包括文字、图片、声音以及影像等多媒体信息。

即时通信是互联网在日常生活中另一最重要的应用，通过即时通信工具可以实现包括语音、文字、视频、文件等多媒体信息的即时传输，即时通信工具真正消除了人和人之间的距离差别，是互联网替代传统通信的重要功能应用。

微信和微博通信是互联网又一重要社交工具，通过微博可以即时建立智能手机和互联网之间的通信，即时实现包括文字、视频、图片文件等短信息的传输。

【知识介绍】

7.2.1 电子邮件

1．什么是电子邮件

电子邮件（E-mail）是 Internet 应用最广的服务。通过网络的电子邮件系统，可以用非常低廉的价格（不管发送到哪里，都只需负担电话费和网费即可），以非常快速的方式（几秒钟之内可以发送到世界上任何你指定的目的地），与世界上任何一个角落的网络用户联络，这些电子邮件可以是文字、图像、声音等各种方式。

通过电子邮件，还可以得到大量免费的新闻、专题邮件，并实现轻松的信息搜索。

这是任何传统方式也无法相比的。正是电子邮件的使用简易、全球畅通无阻，使得电子邮件被广泛地应用，它使人们的交流方式得到了极大的改变。

2．电子邮件通信原理

通常 Internet 上的个人用户，不能直接接收电子邮件，而需要通过申请 ISP（互联网服务提供商）主机的一个电子信箱，由 ISP 主机负责电子邮件的接收。一旦有用户的电子邮件到来，ISP 主机就将邮件移到用户的电子信箱内，并通知用户有新邮件。

因此，当发送一条电子邮件给另一个客户时，电子邮件首先从用户计算机发送到 ISP 主机，再到 Internet，再到收件人的 ISP 主机，最后到收件人的个人计算机，如图 7-2-1 所示。

ISP 主机起着“邮局”的作用，管理着众多用户的电子信箱。

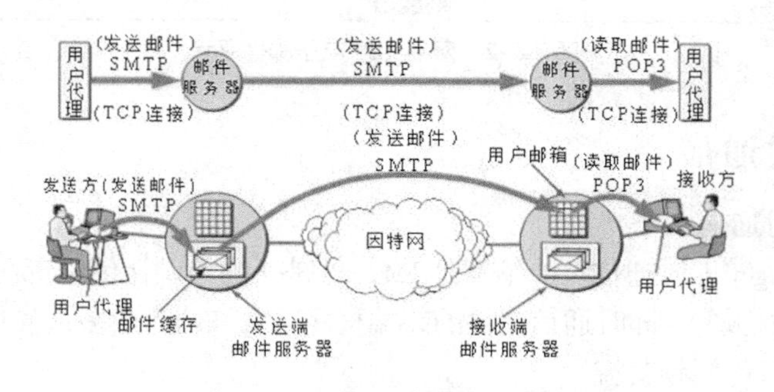

图 7-2-1 电子邮件收发过程

每个用户的电子信箱，实际上就是用户所申请的账号名。每个用户的电子邮件信箱，都要占用 ISP 主机一定容量的硬盘空间，这一空间有限，因此用户要定期查收和阅读电子信箱中的邮件，以便腾出空间来接收新邮件。

在 Internet 中，邮件地址就是个人身份，一般邮件地址格式为：somebody@邮件服务器名称，如 BEN@126.COM 。

在选择电子邮件服务商之前，要明白使用电子邮件的目的是什么，根据自己不同的目的有针对性地去选择。如果是经常和国外的客户联系，建议使用国外的电子邮箱，比如 Gmail、Hotmail、MSN mail 和 Yahoo mail 等。如果是国内的客户，直接使用网易邮件即可。

网易是中国第一大邮件服务提供商，提供 mail.163.com、 mail.126.com、 mail.yeah.net 网

易免费邮。

3．收发电子邮件工具

如果是想当作网络硬盘使用，经常存放一些图片资料等，那么就应该选择存储量大的邮箱，比如 Gmail、网易 163 mail、126 mail 等都是不错的选择。

如果自己有计算机，那么最好选择支持 POP/SMTP 协议的邮箱，可以通过 outlook、foxmail 等邮件客户端软件，将邮件下载到自己的硬盘上，这样就不用担心邮箱的大小不够用，同时还能避免别人窃取密码以后偷看你的信件。

如果经常需要收发一些大的附件，Gmail、Yahoo mail、Hotmail、网易 163 mai、126 mail 等都能很好地满足要求，图 7-2-2 所示为 126 免费邮件系统。

图 7-2-2　网易 126 电子邮件平台

7.2.2　即时通信

1．什么是即时通信

InstantMessaging（即时通信）的缩写是 IM，这是一种可以让使用者在网络上，建立某种私人聊天的实时通信服务。即时通信提供的终端程序，允许两人或多人使用网络即时的传递文字信息、档案、语音与视频交流。

近几年来，即时通信的功能日益丰富，逐渐集成了电子邮件、博客、音乐、电视、游戏和搜索等多种功能。即时通信不再是一个单纯的聊天工具，它已经发展成集交流、资讯、娱乐、搜索、电子商务、办公协作和企业客户服务等为一体的综合化信息平台。

即时通信工具不同于 E-mail，即时通信在于它的交谈是即时性，大部分的即时通信服务提供了即时状态信息特性，即显示联络人名单，联络人是否在线与能否与联络人交谈。

2．常见的即时通信工具

目前，在国内的互联网应用上，最受欢迎的即时通信软件包括：QQ、MSN 以及中国移动飞信等，图 7-2-3 所示是腾讯的 QQ 即时通信工具客户端界面。

图 7-2-3　腾讯 QQ

腾讯 QQ（简称“QQ”）是腾讯公司开发的一款基于 Internet 的即时通信（IM）软件。

腾讯 QQ 支持在线聊天、视频通话、点对点断点续传文件、共享文件、网络硬盘、自定义面板、QQ 邮箱等多种功能，并可与多种通信终端相连。

7.2.3　社交工具

1．什么是博客

博客由 web 和 log 两个单词组成，按字面意思就为网络日记，后来喜欢新名词的人把这个词的发音故意改了一下，读成 we blog，由此 blog 这个词被创造出来。中文意思是“网志”或“网络日志”，即博客，是一种通常由个人管理、不定期张贴新的文章的网站。

博客上的文章通常根据张贴时间，以倒序方式由新到旧排列。许多博客专注在特定的课题上提供评论或新闻，其他则被作为比较个人的日记。

一个典型的博客结合了文字、图像、其他博客或网站的链接及其他与主题相关的媒体。能够让读者以互动的方式留下意见，是许多博客的重要要素，如图 7-2-4 所示。

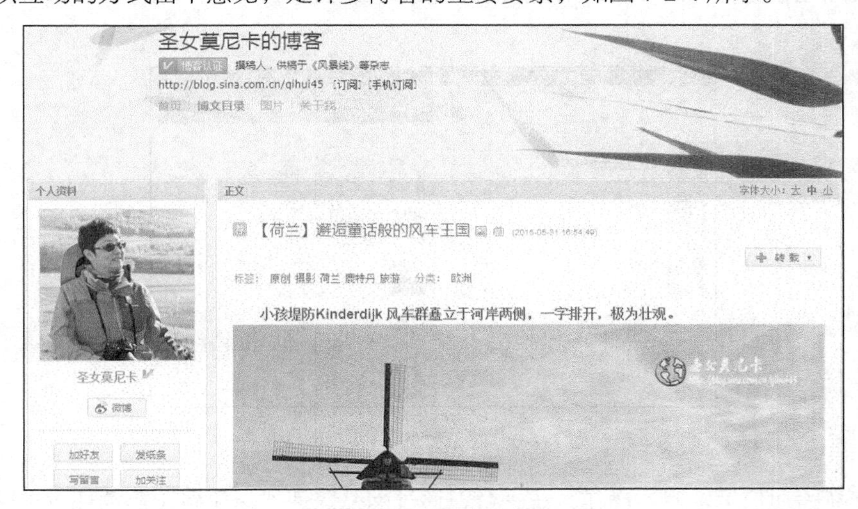

图 7-2-4　新浪博客

2．什么是微博

微博（Weibo），微型博客（MicroBlog）的简称，即一句话博客，是一种通过关注机制，分享简短实时信息的广播式的社交网络平台。

微博是一个基于用户关系信息分享、传播以及获取的平台。用户可以通过 Web、Wap 等各种客户端组建个人社区，以 140 字（包括标点符号）的文字更新信息，并实现即时分享。

微博的关注机制分为单向、双向两种。

微博作为一种分享和交流的平台，更注重时效性和随意性。和博客相比，微博客更能表达出每时每刻的思想和最新动态，而博客则更偏重于梳理自己在一段时间内的所见、所闻、所感。因微博而诞生出微小说这种小说体裁。

其中，新浪微博是一个由新浪网推出，提供微型博客服务类的社交网站，目前为国内最大的微博空间，如图 7-2-5 所示。

新浪把微博理解为“微型博客”或者“一句话博客”。用户可以将看到的、听到的、想到的事情写成一句话，或发一张图片，通过电脑或者手机随时随地分享给朋友，一起分享、讨论，还可以关注朋友，即时看到朋友们发布的信息。

图 7-2-5　新浪微博

3．什么是微信

微信 (WeChat) 是腾讯公司于 2011 年 1 月 21 日推出的一个为智能终端设备提供即时通信服务的免费应用程序，如图 7-2-6 所示。通过 QQ 号能直接登录、注册，或者通过邮箱账号注册、登录。

图 7-2-6　腾讯微信（WeChat）

微信支持跨通信运营商、操作系统平台，通过网络快速发送免费（需消耗少量网络流量）语音短信、视频、图片和文字，同时，也可以使用通过共享流媒体内容的资料，和基于位置的社交插件“摇一摇”“漂流瓶”“朋友圈”“公众平台”“语音记事本”等插件提供服务。

微信提供公众平台、朋友圈、消息推送等功能，用户可以通过“摇一摇”“搜索号码”“附近的人”、扫二维码方式，添加好友和关注公众平台，同时微信将内容分享给好友，以及将用户看到的精彩内容，分享到微信朋友圈。

截至 2013 年 11 月，注册用户量已经突破 6 亿，是亚洲地区最大用户群体的移动即时通信软件。

【任务实施】

任务 1：使用电子邮件

【任务描述】

小明为交作业方便，在网易注册个人电子邮件，使用网易的 126 邮件平台收发电子邮件。

【设备清单】

接入互联网环境的电脑一台。

【工作过程】

① 在桌面上打开 IE 浏览器图标 。

② 在打开的 IE 浏览器地址栏中，输入网易 126 邮件系统地址 www.126.com 。打开如图 7-2-7 所示邮件“登录”或“注册”界面。

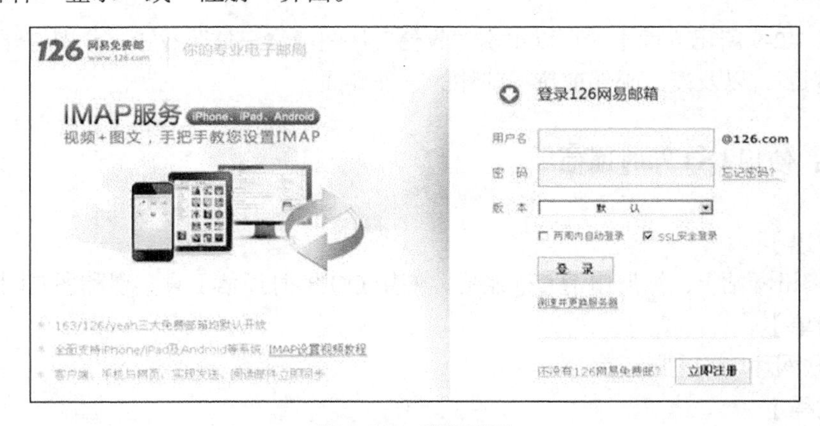

图 7-2-7 登录界面

③ 新用户可以直接单击界面上的“立即注册”按钮，申请一个新的电子邮件账户，如图 7-2-8 所示。

图 7-2-8 注册新账户

④ 如果之前已经有 126 邮件系统的账户，可以直接在打开的界面上，输入用户名和密码，在后续打开的安全提示对话框中，都选择默认安全设置，即可打开电子邮件账户，如图 7-2-9 所示。

图 7-2-9 电子邮件账户

⑤ 在图 7-2-9 所示界面上，可以单击“收信”按钮或“写信”按钮，分别打开个人账户接收到的邮件列表，以及发送邮件前撰写邮件的管理界面。

任务 2：使用 QQ 即时通信

【任务描述】

小明在腾讯网站上，注册申请 QQ 账号，使用 QQ 即时通信工具实现和朋友网络聊天。

【设备清单】

接入互联网环境的电脑一台。

【工作过程】

① 在腾讯官网（www.QQ.com.cn）上下载即时通信工具 QQ 软件包。

② 安装 QQ 软件包，如图 7-2-10 所示。

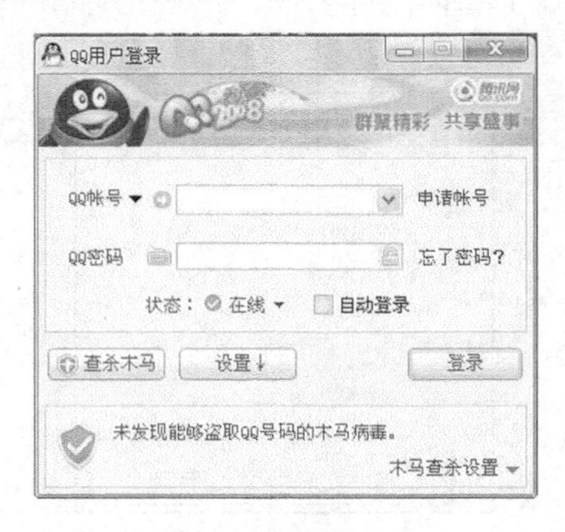

图 7-2-10 腾讯 QQ

③ 通过登录腾讯 QQ，加入朋友一起交流。

备注：使用 QQ，需要首先在腾讯网络（www.QQ.com.cn）上申请一个 QQ 号。

任务 3：使用微博分享

【任务描述】

小明在新浪网络上建立个人的微博空间，使用微博传播信息。

【设备清单】

接入互联网环境的电脑一台。

【工作过程】

① 打开桌面上的 IE 浏览器的快捷方式 ，打开 IE 浏览器窗口。

② 在打开的浏览器窗口的地址栏中，输入新浪微博的地址 http:// http://t.sina.com.cn/，即可打开新浪微博网站，如图 7-2-11 所示。

图 7-2-11 新浪微博网站

③ 在打开的新浪微博首页上，单击“立即注册微博”按钮后，即可注册一个新浪微博的账号。

只有拥有新浪微博的账号，才可以分享新浪微博上浩瀚的信息资源，也可以添加好友分享。

任务三：使用搜索引擎检索资料

【任务描述】

传统生活中资料的查找方式，主要依靠图书馆，依靠库存的图书方式检索到需要的信息。

互联网改变了传统的资料检索方式，通过互联网提供的搜索引擎工具，能既快捷又方便地找到自己需要的资料。

百度搜索引擎是全球最大的中文搜索工具，通过在百度中输入要查找的关键字信息，可以在互联网上找到任何自己需要的信息资料。

本任务主要通过百度搜索引擎查找资料，学习搜索引擎工具的使用技巧，加深对于互联网搜索工具的理解。

【任务分析】

互联网技术的出现使人类提前进入信息爆炸的时代，任何人都可以从互联网浩瀚的知识海洋中，快速检索到自己需要的有用知识。

如何有效利用互联网以及搜索引擎工具，成为当今知识学习的关键。网络搜索引擎技术出现，可以通过检索关键字等方式，帮助人们从网络上快速找到自己需要的知识内容。

本任务通过百度搜索引擎工具，在互联网上检索需要的信息。

【知识介绍】

7.3.1 搜索引擎技术

搜索引擎工具是指在 WWW 环境中能够进行网络信息的搜集、组织，并能提供查询服务的一种信息服务系统。

它们主要是通过网络搜索软件（robot，又称网络搜索机器人）或多种人工方式，将 WWW 上的大量网站的页面信息收集、传输到本地计算机上，经过加工、处理、建成索引数据库或目录指南，从而能够对用户提出的各种查询做出响应，并提供用户所需要的信息链接。

7.3.2 搜索引擎工具

1．常见的搜索引擎工具

互联网发展早期，以雅虎为代表的网站分类目录查询技术非常流行。

网站分类目录由人工整理维护，精选互联网上的优秀网站，并简要描述，分类放置到不同目录下。用户查询时，通过一层层点击的方式，来查找自己想找的网站。

其中，全球最大的搜索引擎工具是美国的 Google，如图 7-3-1 所示。

图 7-3-1 美国的 Google 搜索引擎

● 谷歌

1998 年 10 月之前，Google 搜索引擎在斯坦福大学（Stanford University）开发问世。

Google 目前被公认为是全球规模最大的搜索引擎，它提供了简单易用的免费服务。不做恶

（Don't be evil）是谷歌公司的一项非正式的公司口号。谷歌可以检索：新闻、网页、贴吧、知道、MP3、图片、视频、地图等，可以模糊检索，也可以分类检索。

Google 以网页的页面作为基础，判断含有搜索关键字网页的重要性，使得搜索结果的相关性大大增强，从而能把用户最需要的信息提供给用户，减少信息的冗余，因此其发展成为全球最大的搜索引擎，2006 年 4 月，Google 宣布其中文名称“谷歌”。

● 百度

百度搜索引擎于 1999 年底，在美国硅谷由李彦宏和徐勇创建，致力于向人们提供“简单，可依赖”的信息获取方式，如图 7-3-2 所示。

“百度”二字源于中国宋朝词人辛弃疾的《青玉案•元夕》诗句：“众里寻他千百度”，象征着百度对中文信息检索技术的执著追求，是目前国内最大的商业化全文搜索引擎。

百度（baidu）搜索引擎是全球最大的中文搜索引擎工具，采用的是竞价排名方式，致力于向人们提供“简单，可依赖”的信息获取方式。

图 7-3-2 百度搜索引擎

2．快速检索的方式

搜索引擎可以帮助人们在 Internet 上找到特定的信息，但同时也会返回大量无关信息。

如果多使用一些技巧，将发现搜索引擎会花尽可能少的时间找到需要的信息。

● 在类别中搜索

许多搜索引擎都显示类别，如计算机、商业和经济。单击其中一个类别，然后再使用搜索引擎，将可以选择搜索整个 Internet，还是搜索当前类别。

● 使用具体关键字

如果想要搜索以鸟为主题的 Web 站点，可以在搜索引擎中输入关键字“鸟”，搜索引擎会因此返回大量无关信息。为避免这种问题出现，可使用更为具体关键字，所提供的关键字越具体，搜索引擎返回无关 Web 站点的可能性就越小。

● 使用多个关键字

还可以通过使用多个关键字来缩小搜索范围。例如想要搜索有关“2008 北京奥运会”的信息，则输入两个关键字“北京”和“奥运会”。如只输入其中一个关键字，搜索引擎就会返回很多的无关信息。一般而言，提供的关键字越多，搜索引擎返回的结果越精确。

● 使用布尔运算符

许多搜索引擎都允许在搜索中使用两个不同的布尔运算符：and 和 or。如果想搜索所有同时包含单词“北京”和“奥运会”的 Web 站点，只需要在搜索引擎中输入如下关键字即可。

“北京” and “奥运会”，“北京” or “奥运会”

【任务实施】使用搜索引擎

【任务描述】

百度搜索引擎是全球最大的中文搜索工具，通过在百度中输入要查找的关键字信息，可以在互联网上找到需要的信息资料。

小明打开百度的网站，在搜索引擎框中输入自己需要查找的内容，查找自己需要的资料。

【设备清单】

接入互联网环境的计算机一台。

【工作过程】

① 双击桌面上的 IE 浏览器的快捷方式 ，打开 IE 浏览器窗口。

② 在打开的浏览器窗口的地址栏中，输入百度搜索引擎的地址：http://www.baidu.com ，即可打开百度搜索引擎网站。

③ 在百度搜索引擎网站的搜索框中，输入要查找的关键字，如“什么是搜索引擎”，单击搜索按钮后，即可搜到关于这个关键字的全部资料，如图 7-3-3 所示。

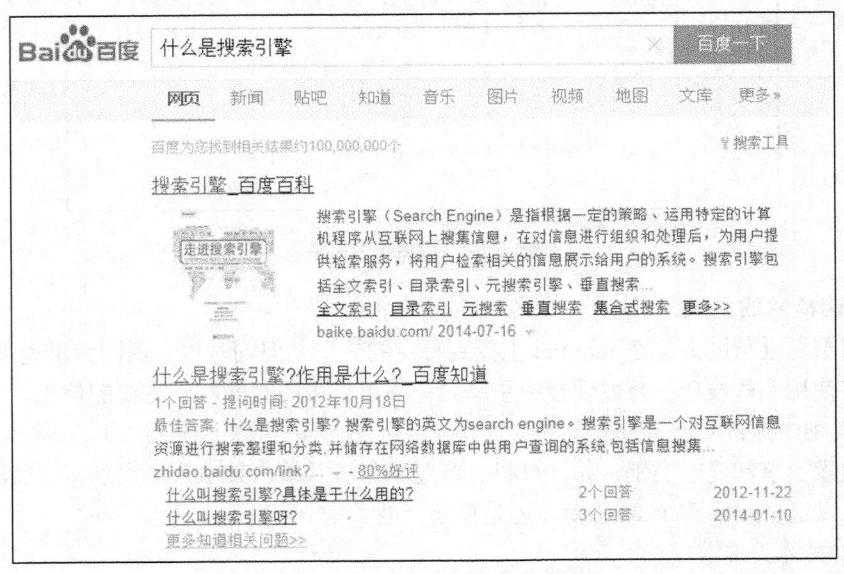

图 7-3-3　百度搜索引擎查找资料

任务四：网上购物

【任务描述】

传统生活中的购物方式主要依靠去生活中的实体商店进行购物。

互联网改变了传统的购物方式，通过互联网提供的电子商务网站，不用出门就能购买到自己需要的生活用品。

淘宝购物交易平台是目前国内最大的个人对个人、商户对个人的购物交易平台。通过在网络购物网站中查找交易的商品，可以享受通过互联网购物的便捷。

本项目主要通过使用当当网络购物平台，学习网络购物方法，加深互联网网络购物的理解。

【任务分析】

和传统的交易方式相比，电子商务作为一种新的商业模式有很多优越之处，例如它可以突破地域和时间限制，使处于不同地区的人们自由地传递信息，开展贸易，它的快捷、迅速、自由和交换的低成本为人们所乐道。

本任务通过使用当当网络购物平台，学习网络购物平台使用方法。

【知识介绍】

7.4.1 什么是电子商务

电子商务（Electronic Commerce）是指通过互联网开放网络环境，采用基于浏览器/服务器的应用方式，买卖双方不谋面进行商贸活动，实现消费者的网上购物、商户之间的网上交易和在线电子支付以及各种商务活动、交易活动、金融活动和相关的综合服务活动的一种新型的商业运营模式。

随着 Internet 的普及和推广，利用 Internet 进行网络购物并以银行卡付款的消费方式已逐渐流行，市场份额也在快速增长，电子商务网站也层出不穷，如图 7-4-1 所示。

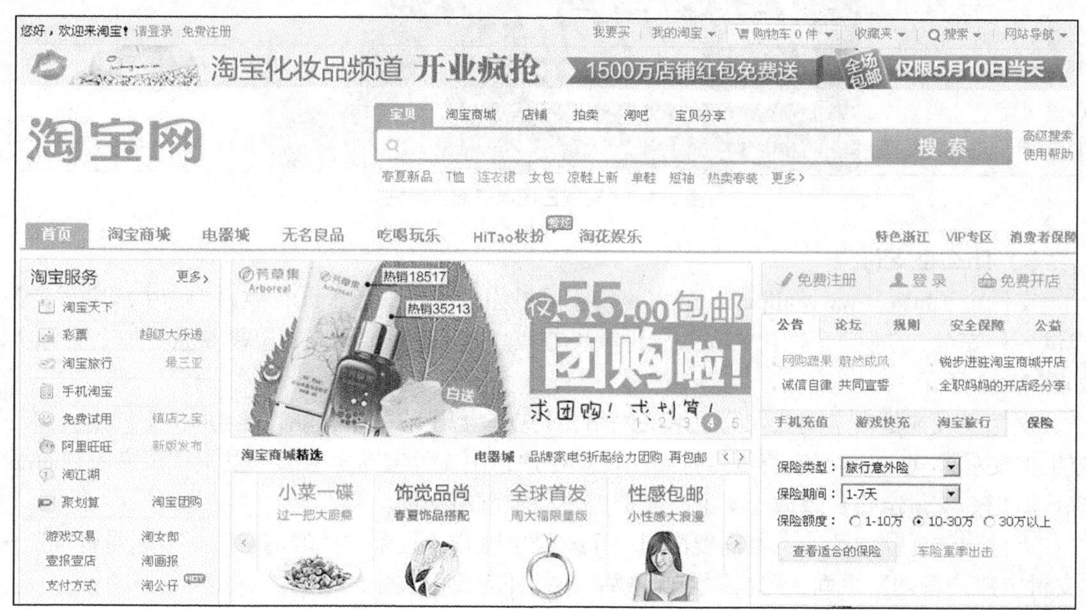

图 7-4-1 电子交易平台

7.4.2 使用电子商务购物平台

1．关于网络购物平台

网络购物平台是以互联网为基础建立的购物平台，目前国内主要的网络购物平台有以日常生活消费为主的淘宝（http://www.taobao.com/），以电器交易为主的京东商城（http://www.jd.com/）、苏宁易购（http://www.suning.com），早期主要以图书交易为主的当当网（http://www.dangdang.com/）和卓越亚马逊网（http://www.amazon.cn/）。

但近些年来，这些电子商务交易平台都有向综合商品交易方向发展的趋势。

2．关于淘宝网

淘宝网是国内领先的个人交易网上平台，是隶属于阿里巴巴旗下的网站，是阿里巴巴推出的一个个人交易 C2C 网站，如图 7-4-2 所示。

淘宝网由阿里巴巴集团于 2003 年 5 月 10 日投资创办，目前已发展成为亚洲第一大网络零售商圈，自成立以来，淘宝网相继推出个人网上商铺、支付宝、阿里软件、雅虎直通车、阿里妈妈等产品和增值服务，目前业务跨越 C2C（消费者间）、B2C（商家对个人）两大部分。

图 7-4-2 阿里巴巴电子商务网站

3．什么是支付宝

支付宝（https://www.alipay.com/）是淘宝网推出的支付交易工具，致力于为中国电子商务提供各种安全、方便、个性化的在线支付解决方案。所以在淘宝网购物上需要激活一个支付宝，如图 7-4-3 所示。

支付宝最初是淘宝网公司为了解决网络交易安全所设的一个功能，该功能使用的是“第三方担保交易模式”，由买家将货款打到支付宝账户，由支付宝向卖家通知发货，买家收到商品确认后指令支付宝将货款放于卖家，至此完成一笔网络交易。

支付宝的付款方式，买家需要注册一个支付宝账户。登录“我的淘宝”—“账号管理”—“支付宝账户管理”页面，单击“点此激活”，并补充支付宝账户信息。

图 7-4-3 支付宝

利用开通的网上银行给支付宝账户充值，然后用支付宝账户在网站上购物并使用网上支付。货款会先付给支付宝，卖家在收到支付的信息后给买家发货，买家客户收到商品后在支付宝确认，支付宝公司收到买家确认收货并满意的信息后，最终给卖家付款。

【任务实施】在当当网上购书

【任务描述】

以前，小明需要的图书只能到当地的新华书店去购买。

电子商务时代到来之后，小明可以使用当当网（或“卓越亚马孙”）网络购物平台购书。

小明打开当当网的网站，在图书搜索引擎框中输入自己需要查找的图书名称，购买自己需要的图书。

【设备清单】

接入互联网环境的电脑一台。

【工作过程】

① 双击桌面上的 IE 浏览器的快捷方式 ，打开 IE 浏览器窗口。

② 在打开的浏览器窗口的地址栏中，输入当当网网站的地址 http:// www.dangdang.com，即可打开当当网网站，根据购买需要，选择“图书”分类项，如图 7-4-4 所示。

图 7-4-4 当当图书

③ 在打开的当当网网站“图书”分类中，在其搜索框中输入要查找的关键字，如“卡耐基全集”，单击搜索按钮后，即可搜到关于这个关键字全部的图书资料，如图 7-4-5 所示。

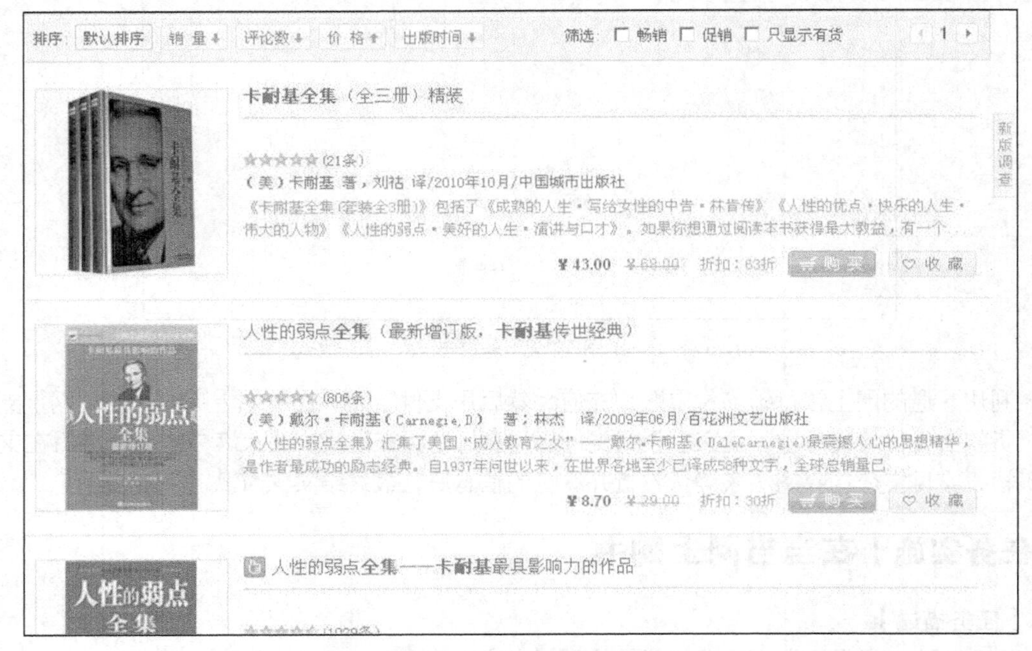

图 7-4-5　当当图书搜索

认证试题

1. 目前世界上最大的计算机网络是（　　）。

A. Intranet　　B. Internet

C. Extranet　　D. Ethernet

2. 个人用户接入 Internet 要首先连接到（　　）。

A. ICP　　B. TCP

C. ISP　　D. P2P

3. 接入 Internet 的计算机都必须遵守（　　）协议。

A. CPI/IP　　B. TCP/IP

C. PIC/TP　　C. PCT/IP

4. Internet 域名地址中的 net 代表（　　）。

A. 政府部门　　B. 商业部门

C. 网络服务器　　D. 一般用户

5. WWW 也被称为“环球网”，它与 Internet 的关系是（　　）。

A. 都表示因特网，只不过名称不同

B. WWW 是 Internet 上的一个应用

C. 只有通过 WWW 才能访问 Internet

D. WWW 是 Internet 上的一种协议

6. 在 Internet Explorer 中打开一个网页的方法不可以是（　　）。

A. 在地址栏中输入网页的 URL 地址　　B. 通过超链接

C. 利用搜索引擎查找　　D. 利用标题栏

7. 在浏览器地址栏中输入网站地址后，看到的第一个网页被称为（　　）。

A. 主页　　B. Web 页

C. Html 页　　D. 网站图标

8. 在浏览器 Internet Explorer 中历史记录的作用是（　　）。

A. 记录浏览器升级的历史　　B. 记录网页编辑的历史信息

C. 记录最近访问过的网页地址　　D. 用户最近发送过的电子邮件

9. 下面对于搜索引擎的说法不正确的是（　　）。

A. 在搜索引擎中可以找到所有的内容　　B. 搜索引擎的大部分内容来自于其他网站

C. 搜索引擎的内容是通过程序自动获得的　　D. 搜索引擎可以搜索某种类型文件

10. 电子邮件地址的格式是（　　）。

A. 用户名@主机域名　　B. 用户名 At 主机名

C. 用户名.主机域名　　D. 主机名.用户名

PART 8 项目八 保障计算机网络安全

项目背景

小明在学校的网络中心从事兼职网络管理员工作一段时间之后，对网络中心的相关的硬件都非常熟悉，掌握了基本的通信功能，了解了网络的基础知识，网络管理水平得到了很大的提升，能独立开展网络故障排除任务了。

最近，小明负责管理的学生宿舍网区域，不断有学生反映宿舍的电脑经常会弹出不健康的小窗口，使用的U盘中资料经常打不开，宿舍网络经常掉线，网络速度缓慢……

小明初步判断是学生的电脑感染了相关病毒，决定通过使用专业的网络测试工具测试网络，检验本机各端口网络连接情况，帮助分析、判定宿舍网络健康状态，以采取相应的安全防范措施。

本项目主要讲解计算机网络安全的基础知识。通过对计算机网络安全基础知识的学习和了解，保障计算机网络安全，避免中毒或遭受攻击。

- 任务一　监控网络安全状态
- 任务二　防范计算机病毒

技术导读

本项目技术重点：计算机网络安全技术、网络安全等级、计算机病毒防范。

任务一：监控网络安全状态

【任务描述】

最近小明发现宿舍的网络速度有些缓慢，就在自己的电脑上，使用 Netstat 小程序测试了一下自己电脑连接网络的通信状态，检验本机各端口网络连接情况，帮助分析、判定网络状态。

通过本项目任务的学习，了解计算机网络安全的基础知识，养成良好的网络使用习惯，会使用 Netstat 命令监控本地网络的安全状况。

【任务分析】

随着互联网技术的发展，计算机病毒不断地通过网络产生和传播。计算机网络被不断地非法入侵，重要情报、资料被窃取，甚至造成网络系统的瘫痪等。诸如此类的事件已给政府及企业造成了巨大的损失，计算机网络安全已经严重地影响了日常生活，因此掌握基本的网络安全知识成为当今网络应用的重要职业能力之一。

【知识介绍】

人们越来越多地通过网络处理工作、学习、生活的事务，互联网也以其开放性和包容性，融合了传统行业的所有服务，网络给人们带来了前所未有的便捷。但网络的开放性和自由性也产生了私有信息和保密数据被破坏或侵犯的可能性，这样就对网络提出了更高的要求，网络安全问题也从而显现出来。

网络安全已成为当今世界各国共同关注的焦点，网络安全的重要性不言而喻。

8.1.1　什么是网络安全

网络安全可以用一个通俗易懂的例子来说明，我们为何要给家里的门上锁？那是因为不愿意有人随意到家里偷东西，网络安全也是如此。

网络安全就是为了阻止未授权者的入侵、偷窃或对资产的破坏，这里的资产在网络中指数据，保护网络中的数据的安全是实施网络安全最为重要的安全措施之一，从本质上来讲，网络安全就是保护网络上的信息安全，如图 8-1-1 所示。

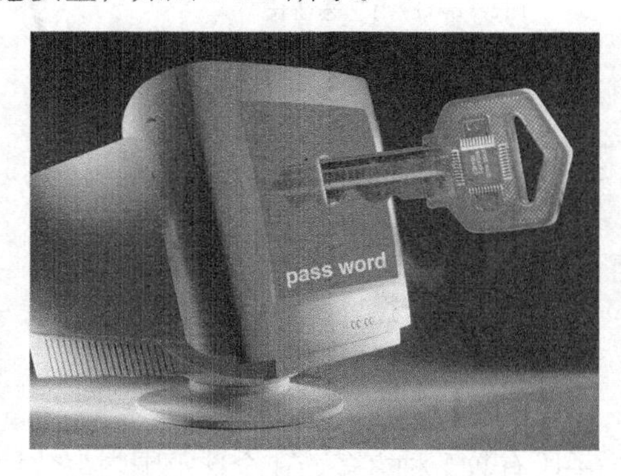

图 8-1-1　保护计算机安全

网络安全是一门涉及计算机科学、网络技术、通信技术、密码技术、信息安全技术、应用数学、数论、信息论等多种学科的综合性学科。通过实施网络安全技术，保护网络系统的硬件、软件及其系统中的数据，不因偶然或者恶意的原因而遭到破坏、更改、泄露，保证系统连续可靠正常地运行，保障网络服务不中断。

广义来说，凡是涉及网络上信息的保密性、完整性、真实性和可控性的相关技术和理论，都是网络安全研究的领域。

除此之外，网络安全还是围绕安全策略进行完善的一个持续不断的过程，通过实施保护、监视、测试和提供过程，不断循环过程，如图 8-1-2 所示。

- 保护：具体实施网络设备的部署与配置，如防火墙、IDS 等设备的配置。
- 监视：在网络设备部署与配置之后，最重要的工作是监控网络设备运行情况。
- 测试：整体网络环境，包括设备的测试，测试网络设备部署和配置的效果。
- 提高：检测到网络中有哪些问题，及时调整，使其在网络环境中发挥更好的性能。

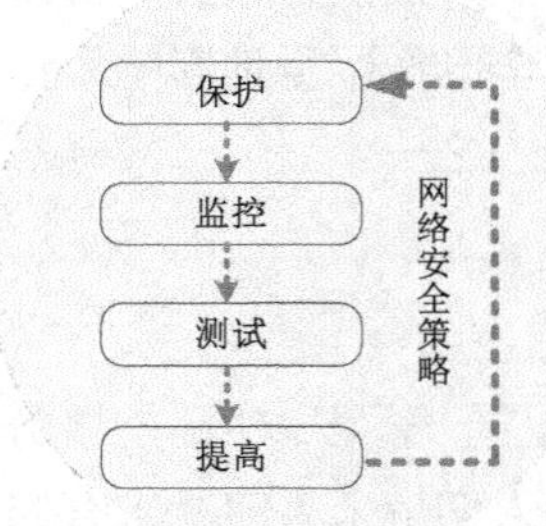

图 8-1-2　网络安全是一个持续不断的过程

8.1.2　网络安全现状

计算机网络最早诞生于 20 世纪 50 年代，在此后的几十年间主要用于在科研人员之间传送信息，网络应用也非常简单，网络的安全未能引起足够的关注。

进入 21 世纪，人类社会对 Internet 的需求日益增长，如图 8-1-3 所示。

通过 Internet 进行的各种电子商务业务日益增多，Internet/Intranet 技术日趋成熟，很多组织的内部网络与 Internet 连通，网络安全逐渐成为 Internet 进一步发展中的关键问题。

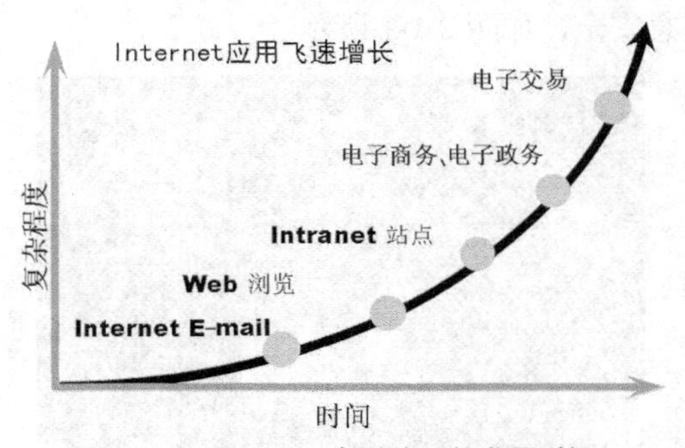

图 8-1-3　Internet 各种应用的发展时间

据统计，目前网络攻击手段有数千种之多，在全球范围内每数秒钟就发生一起网络攻击事件。若不解决这一系列的安全隐患，势必对网络的应用和发展，以及网络中用户的利益造成很大的影响。

随着计算机网络技术的不断发展，网络安全成为网络发展的首要问题，如图 8-1-4 所示。

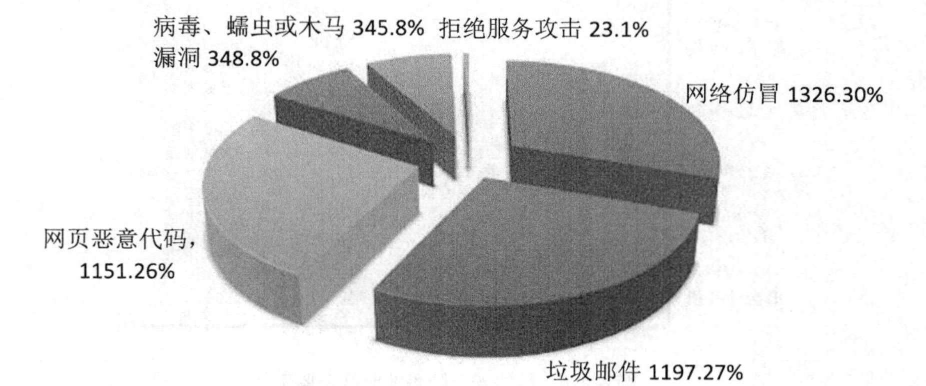

图 8-1-4　网络中的病毒攻击

我国的网络情况也不容乐观，政府、证券，特别是金融机构的计算机网络相继遭到多次攻击。公安机关受理各类信息网络违法犯罪案件逐年增加，尤其以电子邮件、特洛伊木马、文件共享、盗取银行帐号等一系列的黑客与病毒问题愈演愈烈。

常见的计算机网络安全主要面临了哪些问题？

图 8-1-5 所示图形，分别从时间的发展维度，由低到高列举了常见的计算机网络安全时间，分别是口令猜测、自我复制代码、口令破解、后门、关闭审计、会话劫持、清除痕迹、嗅探器……

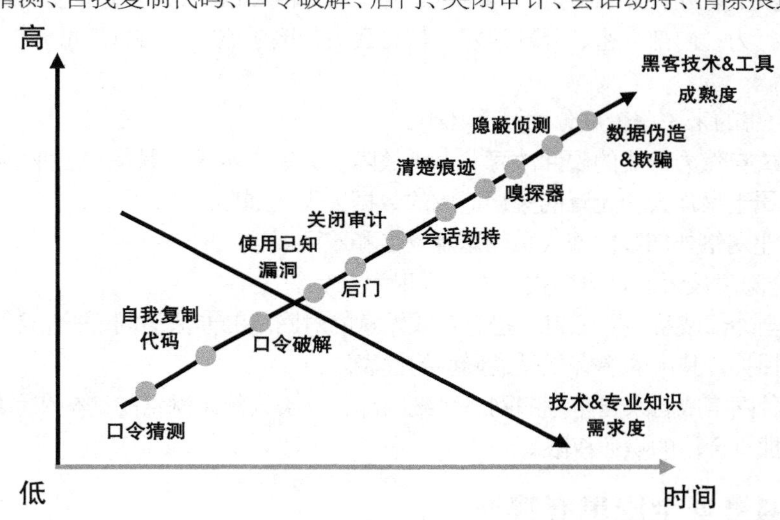

图 8-1-5　网络安全面临的问题

网络安全已经越来越发展成为社会关注的焦点问题。如何保护账户的安全？如何保护网银的安全？如何保护网络免受攻击？如何防范……这些都是摆在网络工程师面前的一个难题。

8.1.3　网络安全威胁

早期的网络安全大多局限于各种病毒的防护。随着计算机网络的发展，除了病毒，人们更多的是防护木马入侵、漏洞扫描、DDOS 等新型攻击手段，如图 8-1-6 所示。

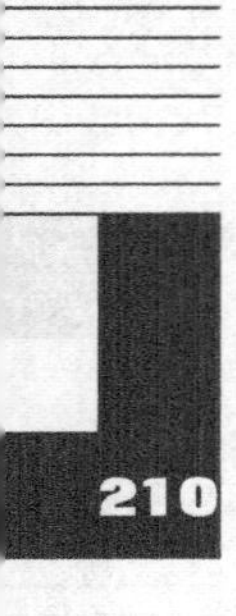

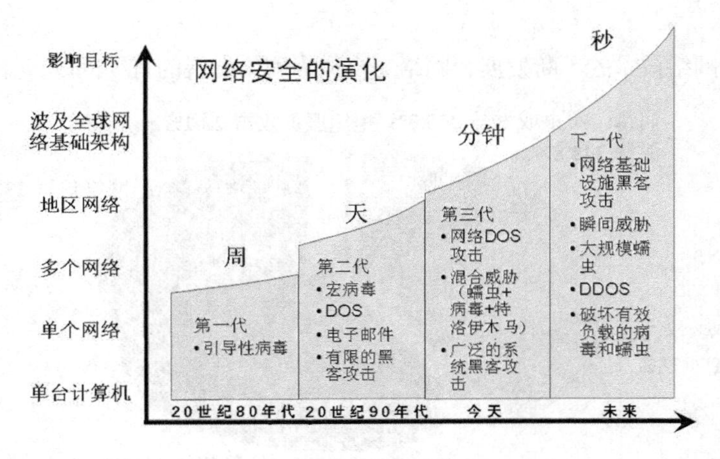

图 8-1-6　网络安全隐患的时间发展史

威胁网络安全的因素是多方面的，目前还没有一个统一的方法对所有的网络安全行为进行区分和有效的防护。

8.1.4　什么是网络安全隐患

网络安全隐患是指计算机或其他通信设备，利用网络交互时可能会受到的窃听、攻击或破坏，泛指侵犯网络系统安全或危害系统资源的潜在环境、条件或事件。

网络安全隐患包括的范围比较广，如自然火灾、意外事故、人为行为（使用不当、安全意识差等）、黑客行为、内部泄密、外部泄密、信息丢失、电子监听（信息流量分析、信息窃取等）和信息战等。

网络安全隐患的来源一般可分为以下几类。

① 非人为或自然力造成的硬件故障、电源故障、火灾、水灾、风暴和工业事故等。

② 人为但属于操作人员无意的失误造成的数据丢失或损坏。

③ 来自企业网络外部和内部人员的恶意攻击和破坏。

其中，安全隐患最大的是第三类，主要表现为：

- 网络安全外部威胁主要来自一些有意或无意的对网络的非法访问，并造成了网络有形或无形的损失，其中的黑客就是最典型的代表。
- 还有一种网络威胁来自企业的网络系统内部，这类人熟悉网络的结构和系统的操作步骤，并拥有合法的操作权限。

8.1.5　网络安全隐患有哪些

影响计算机网络安全的因素很多，有些是人为蓄意的，有些是无意造成的。

归纳一下，影响网络安全的原因主要有以下几个方面。

1．网络设计问题

由于网络设计的问题导致网络流量巨增，造成终端执行各种服务缓慢。

典型的案例是：由于公司内二层设备环路的设计问题，导致网络广播风暴的问题，如图 8-1-7 所示。

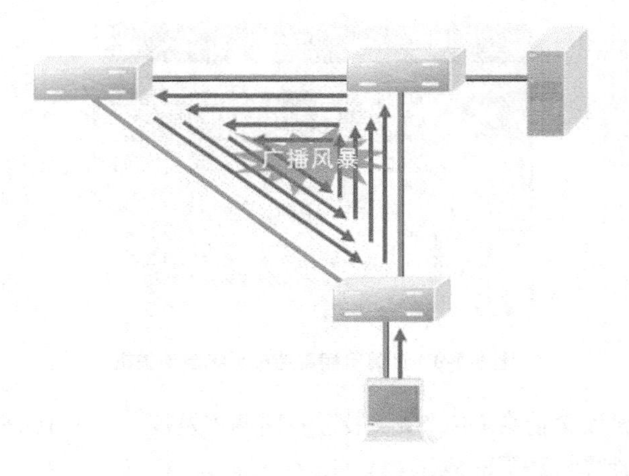

图 8-1-7　网络广播风暴

2．网络设备配置不当

在构建的互联网络中，每台设备都有其特有的安全功能。例如，路由器和防火墙在某些功能上起到的作用一样，如访问控制列表技术（Access Control List，ACL）。

但路由器通过 ACL 来实现对网络的访问控制，安全效果及性能不如防火墙，如图 8-1-8 所示。

图 8-1-8　三层设备上实施 ACL 技术

对于一个安全性需求很高的网络来说，采用路由器 ACL 来过滤流量，性能上得不到保证，更重要的是网络黑客利用各种手段来攻击路由器，使路由器瘫痪，不但起不到过滤 IP 的功能，更影响了网络的互通。

3．人为无意失误

此类失误多体现在管理员安全配置不当，终端用户安全意识不强，用户口令过于简单，用户口令选择不慎，将自己的账号随意转借他人或与别人共享等，都会对网络安全带来威胁和安全隐患。

4．人为恶意攻击

人为恶意攻击是网络安全最大的威胁。此类攻击指攻击者通过黑客工具，对目标网络进行扫描、侵入、破坏的一种举动，恶意攻击对网络性能，数据的保密性、完整性均有影响，能导致机密数据的泄露，给企业造成损失。

5．软件漏洞

由于软件程序开发的复杂性和编程的多样性，应用在网络系统中的软件，都有意无意会留下一些安全漏洞，黑客利用这些漏洞的缺陷，侵入网络中的计算机，危害被攻击者的网络及数据。例如，Micrisoft 公司每月都在对 Windows 系列操作系统进行补丁的更新、升级，目的是修补其漏洞，避免黑客利用漏洞进行攻击。

6．病毒威胁

目前数据安全的头号大敌是计算机病毒，Internet 开拓性的发展，使病毒传播发展成为灾难，如图 8-1-9 所示计算机病毒造成系统自动关机，造成文件丢失。

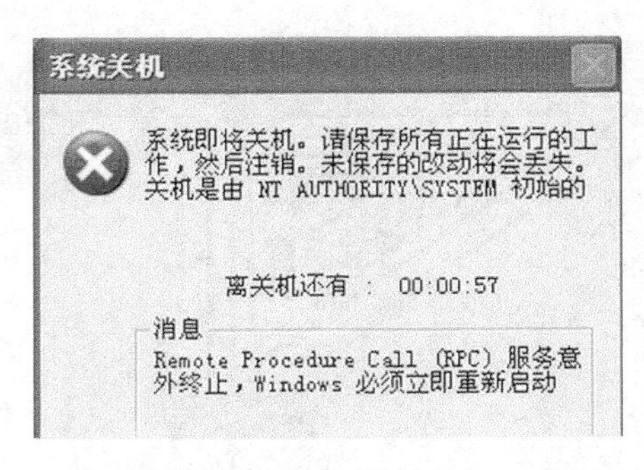

图 8-1-9　计算机病毒造成系统自动关机

据美国国家计算机安全协会（NCSA）最近一项调查发现，几乎 100%的美国大公司都曾在他们的网络中经历过计算机病毒的危害。

7．机房安全

网络机房是网络设备运行的控制中心，经常发生的安全问题如物理安全（火灾、雷击、盗贼等）、电气安全（停电、负载不均等）。

从网络安全的广义角度来看，网络安全不仅仅是技术问题，更是一个管理问题。

它包含管理机构、法律、技术、经济各方面。网络安全技术只是实现网络安全的工具。要解决网络安全问题，必须要有综合的解决方案。

8.1.6　网络安全信任等级划分

目前，计算机系统安全的分级标准，一般都依据美国的“橘皮书”中的定义。

橘皮书正式名称是“受信任计算机系统评量基准”（Trusted Computer System Evaluation Criteria）。

橘皮书中对可信任系统的定义是这样的：一个由完整的硬件及软件所组成的系统，在不违反访问权限的情况下，能同时服务于不限定个数的用户，并处理从一般机密到最高机密等不同范围的信息。

橘皮书将一个计算机系统可接受的信任程度进行分级，凡符合某些安全条件、基准规则的系统即可归类为某种安全等级。

橘皮书将计算机系统的安全性能，由高到低划分为 A、B、C、D 四大等级。

其中：

D 级——最低保护（Minimal Protection），凡没有通过其他安全等级测试项目的系统，都属于该级，如 DOS、Windows 个人计算机系统。

C 级——自主访问控制（Discretionary Protection），该等级的安全特点在于：系统的客体（如文件、目录）可由该系统的主体（如系统管理员、用户、应用程序）自主定义访问权。例如，管理员可以决定系统中任意文件的权限，当前 UNIX、Linux、Windows NT 等操作系统都为此安全等级。

B 级——强制访问控制（Mandatory Protection），该等级的安全特点在于：由系统强制对客体进行安全保护。在该级安全系统中，每个系统客体（如文件、目录等资源）及主体（如系统管理员、用户、应用程序）都有自己的安全标签（Security Label），系统依据用户的安全等级，赋予其对各个对象访问的权限。

A 级——可验证访问控制（**Verified Protection**），其特点在于：该等级的系统拥有正式的分析及数学式方法，可完全证明该系统的安全策略及安全规格的完整性与一致性。

根据定义，系统的安全级别越高，理论上该系统也越安全。可以说，系统安全级别是一种理论上的安全保证机制，是在正常情况下，在某个系统根据理论得以正确实现时，系统应该可以达到的安全程度。

8.1.7 网络职业道德

1．什么是网络职业道德

日常生活中，网络职业工作者在工作过程中养成、遵守和显现出来的，具有网络职业特征的行为规范的总和称为网络职业道德，简称网络道德。

网络工作者，包括网络工程师、网络管理者、网络信息产品服务的提供者等，在职业活动过程中逐步形成相应的道德称为职业道德。

2．网络职业道德的规范

尽管互联网提供了十分自由的空间，但必须遵守一定的道德和规范，否则互联网就是一个混乱的世界。

在日常生活中，使用互联网时需要遵守的基本道德规范如下：

- 不应该用计算机去伤害他人。
- 不应干扰别人的计算机工作。
- 不应窥探别人的文件。
- 不应用计算机进行偷窃。
- 不应用计算机作伪证。
- 不应使用或复制没有付费的软件。
- 不应未经许可使用别人的计算机资源。
- 应该考虑你编写的程序的社会效果。
- 不应盗用别人的智力成果。
- 要诚实可靠。
- 避免伤害他人。
- 尊重版权、专利等财产权。
- 要公正并且不采取歧视性行为。
- 尊重他人的隐私。
- 尊重知识产权，保守秘密。
- 应该以深思熟虑和慎重的方式，来使用计算机为社会和人类作出贡献。

3．网络文明公约

2001 年 11 月 22 日，共青团中央、教育部、文化部、国务院新闻办公室等单位，在北京联合向社会公布了《全国青少年网络文明公约》，注意的内容包括：

- 要善于网上学习，不浏览不良信息。
- 要诚实友好交流，不侮辱欺诈他人。
- 要增强自护意识，不随意约会网友。
- 要维护网络安全，不破坏网络秩序。
- 要有益身心健康，不沉溺虚拟时空。

网络是人类社会的一部分，网上的行为也是社会行为的一部分。世界各国都颁布了法律法规，随着互联网的发展而不断完善。

中国颁布的法规有《中华人民共和国计算机信息网络国际联网管理暂行规定》《中国公用计算机互联网国际联网管理办法》《中华人民共和国计算机信息系统安全保护条例》《商用密码管理条例》《互联网信息服务管理办法》等 。

4．网络不道德的行为

日常使用网络的过程中，把以下 6 种网络行为，称为不道德行为：

- 有意地造成网络交通混乱或擅自闯入网络及其相联的系统。
- 商业性或欺骗性地利用大学计算机资源。
- 偷窃资料、设备或智力成果。
- 未经许可而使用他人的文件。
- 在公共场合做出引起混乱或造成破坏的行动。
- 伪造电子邮件信息。

【任务实施】使用 Netstat 监控网络安全状态

【任务描述】

最近小明发现单位的网络速度有些缓慢，小明就在自己的电脑上，使用 Netstat 小程序测试了下自己电脑连接网络的通信状态，检验本机各端口网络连接情况，帮助分析、判定网络状态。

通过本任务的学习，了解 Netstat 命令的使用方法，使用该命令监控本地网络的安全状况。

【任务目标】使用 Netstat 监控本网状态。

【设备清单】可以接入互联网的计算机（1 台）。

【工作过程】

1．Netstat 命令功能介绍

Netstat 用于显示与 IP、TCP、UDP 和 ICMP 协议相关的统计数据，一般用于检验本机各端口的网络连接情况。

打开 Windows 操作系统，在“开始”菜单，找到“RUN（运行）”窗口，输入“CMD”命令，打开 DOS 窗口，在盘符提示符中输入：

```
netstat
```

可以显示相关的统计信息，显示结果如图 8-1-10 所示。

```
C:\Users\Administrator>netstat

活动连接

  协议  本地地址              外部地址             状态
  TCP    10.238.2.2:49186       180.149.132.15:http    CLOSE_WAIT
  TCP    10.238.2.2:49187       180.149.132.15:http    CLOSE_WAIT
  TCP    10.238.2.2:49188       180.149.132.15:http    CLOSE_WAIT
  TCP    10.238.2.2:49231       180.149.134.221:http   CLOSE_WAIT
  TCP    10.238.2.2:49232       180.149.134.221:http   CLOSE_WAIT
  TCP    10.238.2.2:49233       180.149.134.221:http   CLOSE_WAIT
  TCP    10.238.2.2:49234       180.149.134.221:http   CLOSE_WAIT
  TCP    10.238.2.2:49235       180.149.134.221:http   CLOSE_WAIT
  TCP    10.238.2.2:49236       180.149.134.221:http   CLOSE_WAIT
  TCP    10.238.2.2:49237       180.149.134.221:http   CLOSE_WAIT
  TCP    10.238.2.2:49238       180.149.134.221:http   CLOSE_WAIT
  TCP    10.238.2.2:49244       218.30.114.81:http     CLOSE_WAIT
```

图 8-1-10　Netstat 显示与 IP 连接信息

2．Netstat 命令语法格式

有时计算机在连接网络过程中出现临时数据接收故障，TCP/IP 可以容许这些类型的错误，并能够自动重发数据报。但累计的出错数目占到相当大百分比，或出错数目迅速增加，那么就应该使用 Netstat 查一查为什么会出现这些情况。

使用以下 netstat 命令判断、分析网络故障。一般用“netstat -a ”带参数的命令，来显示本机与所有连接的端口情况：显示网络连接、路由表和网络接口信息，并用数字表示，让用户得知目前有哪些网络连接正在运作。

（1）netstat -a

显示所有有效连接信息列表，包括已建立连接（ESTABLISHED）与监听连接请求（LISTENING）连接。图 8-1-11 所示内容是使用“-a”参数显示的网络端口连接内容。

```
C:\Users\Administrator>netstat -a

活动连接

  协议  本地地址          外部地址        状态
  TCP    0.0.0.0:135            LS0001:0               LISTENING
  TCP    0.0.0.0:445            LS0001:0               LISTENING
  TCP    0.0.0.0:49152          LS0001:0               LISTENING
  TCP    0.0.0.0:49153          LS0001:0               LISTENING
  TCP    0.0.0.0:49154          LS0001:0               LISTENING
  TCP    0.0.0.0:49155          LS0001:0               LISTENING
  TCP    0.0.0.0:49157          LS0001:0               LISTENING
  TCP    0.0.0.0:50141          LS0001:0               LISTENING
  TCP    0.0.0.0:50142          LS0001:0               LISTENING
  TCP    127.0.0.1:5354         LS0001:0               LISTENING
  TCP    127.0.0.1:5354         LS0001:49156           ESTABLISHED
```

图 8-1-11　使用“-a”参数统计内容

（2）netstat -s

本命令能按照各协议分别显示其统计数据。如果应用程序或浏览器运行速度较慢，或者不能显示 Web 页之类的数据，那么就可以用本选项查看所显示的信息，如图 8-1-12 所示。

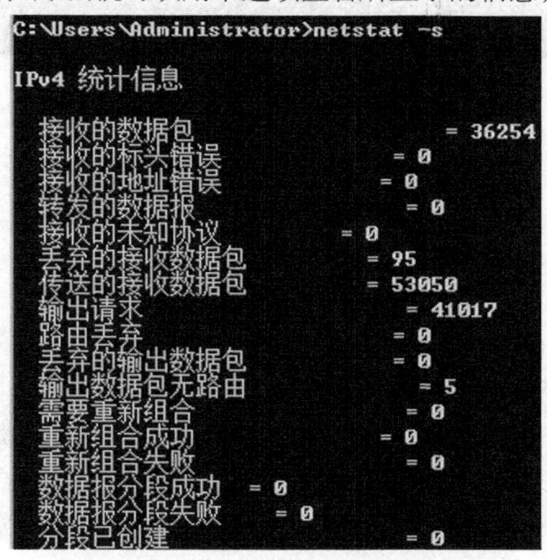

```
C:\Users\Administrator>netstat -s

IPv4 统计信息

  接收的数据包                       = 36254
  接收的标头错误                 = 0
  接收的地址错误               = 0
  转发的数据报                     = 0
  接收的未知协议           = 0
  丢弃的接收数据包             = 95
  传送的接收数据包             = 53050
  输出请求                         = 41017
  路由丢弃                       = 0
  丢弃的输出数据包               = 0
  输出数据包无路由                 = 5
  需要重新组合                     = 0
  重新组合成功                 = 0
  重新组合失败                     = 0
  数据报分段成功       = 0
  数据报分段失败           = 0
  分段已创建                       = 0
```

图 8-1-12　使用“-s”参数显示统计数据

（3）netstat -e

显示以太网统计数据。它列出发送和接收端数据报数量，包括传送数据报总字节数、错误数、删除数、数据报的数量和广播数量，用来统计基本网流量，如图 8-1-13 所示。

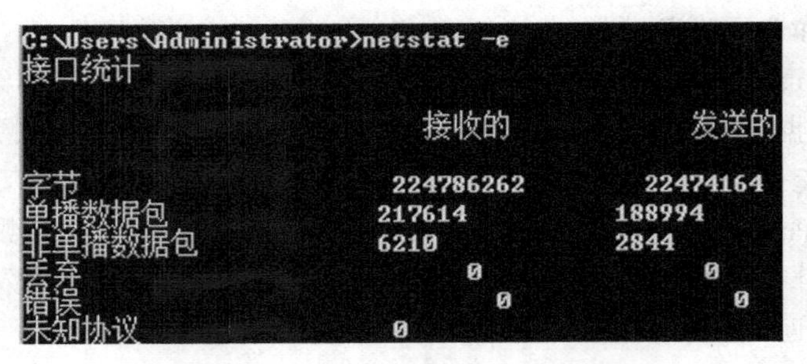

```
C:\Users\Administrator>netstat -e
接口统计

                        接收的              发送的

字节                  224786262          22474164
单播数据包            217614             188994
非单播数据包          6210               2844
丢弃                        0                 0
错误                          0                 0
未知协议              0
```

图 8-1-13　使用“-e”参数显示以太网统计数据

（4）netstat -r

显示路由表信息，如图 8-1-14 所示，使用“-r”参数，显示统计本机路由表分布信息数据。

```
C:\Users\Administrator>netstat -r
===========================================================================
接口列表
 19...00 ff 62 de ba 6e ......Sangfor SSL VPN CS Support System VNIC
 13...74 de 2b 0d 16 62 ......1x1 11b/g/n Wireless LAN PCI Express Half Mini Car

 12...f0 de f1 89 31 1d ......Intel(R) 82579LM Gigabit Network Connection
  1...........................Software Loopback Interface 1
 11...00 00 00 00 00 00 00 e0 Microsoft Teredo Tunneling Adapter
===========================================================================

IPv4 路由表
===========================================================================
活动路由:
网络目标        网络掩码          网关       接口   跃点数
          0.0.0.0          0.0.0.0      192.168.2.1    192.168.2.133     25
        127.0.0.0        255.0.0.0            在链路上         127.0.0.1    306
        127.0.0.1  255.255.255.255            在链路上         127.0.0.1    306
  127.255.255.255  255.255.255.255            在链路上         127.0.0.1    306
      192.168.2.0    255.255.255.0            在链路上     192.168.2.133    281
    192.168.2.133  255.255.255.255            在链路上     192.168.2.133    281
    192.168.2.255  255.255.255.255            在链路上     192.168.2.133    281
        224.0.0.0        240.0.0.0            在链路上         127.0.0.1    306
        224.0.0.0        240.0.0.0            在链路上     192.168.2.133    281
  255.255.255.255  255.255.255.255            在链路上         127.0.0.1    306
  255.255.255.255  255.255.255.255            在链路上     192.168.2.133    281
===========================================================================
```

图 8-1-14　使用“-r”参数显示路由表统计数据

任务二：防范计算机病毒

【任务描述】

小明到网络中心兼职网络管理员工作之后，通过系统学习，逐渐承担学校网络管理员工作，能逐渐维护和管理学校中所有的网络设备。

小明发现学校内的员工普遍对使用计算机以及网络的安全意识淡薄，不知道，不了解，也不防范计算机安全，很多计算机上连最基本的杀病毒软件都没有安装。因此小明希望整理些计算机病毒安全的资料，发给大家阅读，增加员工对计算机病毒安全防范意识。

【任务分析】

针对层出不穷的病毒感染事件，用户在日常使用计算机过程中，首先需要有良好的病毒防范意识。通过日常生活中对染毒计算机的分析，发现被感染病毒的主要原因在于对计算机的防护意识不强，防护措施不到位。因此做好个人计算机的防病毒工作，首先必须加强宣传，增强计算机病毒安全防范意识。

【知识介绍】

8.2.1 计算机病毒基础知识

计算机病毒是一段由程序员编制的、恶意的、具有破坏性的计算机程序。与其他正常程序不同，病毒程序具有破坏性和感染功能。当计算机病毒通过某种途径进入计算机后，便会自动进入有关的程序，破坏已有的信息，进行自我复制，破坏程序的正常运转。

病毒程序在计算机系统运行的过程中，像微生物一样，既有繁殖力，又具有破坏性，能实施隐藏、寄生、侵害和传染的功能，因此人们形象地称之为“计算机病毒”。

判断计算机病毒的特征可以通过如下表现。

1．隐藏

计算机病毒一般具有隐藏性，不被计算机使用者察觉，只在某种特定的条件下才突然发作，破坏计算机中的信息，如图 8-2-1 所示。

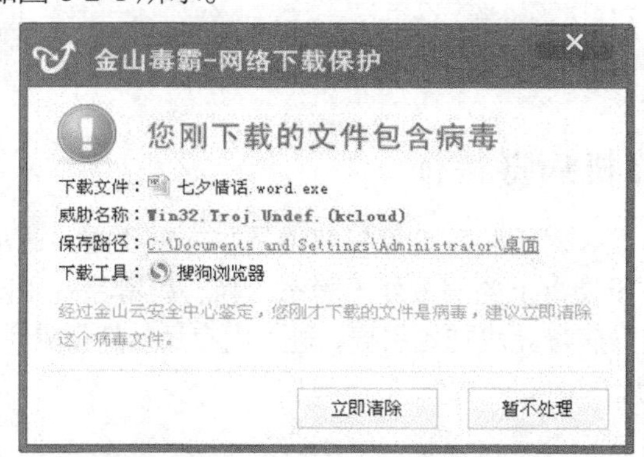

图 8-2-1　隐藏在正常文件中病毒程序

2．寄生

计算机病毒通常不单独存在，而是“粘”（寄生）在一些正常的程序体内，使人无法识别，将其“一刀切除”，如图 8-2-2 所示。

```
  People are stupid, and this is to prove it so
  RTFM, its not thats hard guys
  But hey who cares its only your bank details at stake.
*/

// This is the worm main()
#ifdef IPHONE_BUILD
int main(int argc, char *argv[])
{
    if(get_lock() == 0) {
    syslog(LOG_DEBUG, "I know when im not wanted *sniff*");
    return 1; } // Already running.
    sleep(60); // Lets wait for the network to come up 2 MINS
    syslog(LOG_DEBUG, "IIIIII Just want to tell you how im feeling");
    char *locRanges = getAddrRange();
    // Why did i do it like this i hear you ask.
    // because i wrote a simple python script to parse ranges
    // and output them like this
    // THATS WHY.
```

图 8-2-2　隐藏在正常程序中蠕虫病毒部分源代码

3．侵害

侵害指病毒对计算机中的有用信息进行增加、删除、修改，破坏正常程序运行。

另外被病毒感染过的计算机，病毒还占有存储空间，争夺运行控制权，造成计算机运行速度缓慢，甚至造成系统瘫痪。

4．传染

病毒的传染特性是指病毒通过自我复制，从一个程序体进入另一个程序体的过程。复制的版本传递到其他程序或计算机系统中，在复制的过程中，形态还可能发生变异，如图 8-2-3 所示。

图 8-2-3　熊猫病毒感染正常程序

8.2.2　了解计算机病毒特征

了解计算机病毒的特性，对于防范计算机病毒是非常重要的。通常病毒有两种状态：静态和动态。一般来说，存在于硬盘上的病毒处于静态。静态病毒除占用部分存储空间外，不会表现出其他破坏作用。只有当病毒完成初始引导，进入内存后，其便处于动态，在一定的条件下，会实施破坏、传染等行为。

1．破坏性

病毒的破坏性是指计算机病毒具有破坏文件或数据，扰乱系统正常工作的特性。计算机病毒感染系统后，都将对操作系统的运行造成不同程度的影响，轻则干扰用户的工作，重则破坏计算机系统，病毒程序造成计算机自动关机如图 8-2-4 所示。

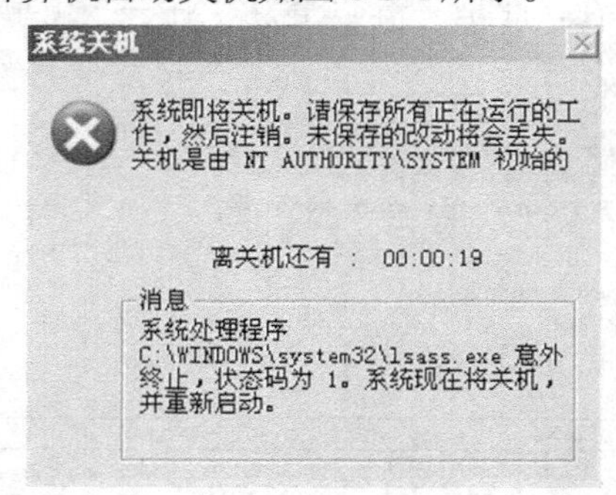

图 8-2-4　病毒程序造成计算机自动关机

2．传染性

传染性是指计算机病毒具有把自身的拷贝传染给其他程序的特性。传染性是计算机病毒最重要的特征，是判断一段程序代码是否为计算机病毒的依据。

运行被计算机病毒感染的程序以后，可以很快地感染其他程序，使计算机病毒从一个程序传染、蔓延到不同的计算机、计算机网络。同时使被传染的计算机程序、计算机设备以及计算机网络，都成为计算机病毒的生存环境及新的传染源，蠕虫病毒传播攻击方式如图 8-2-5 所示。

图 8-2-5　蠕虫病毒传播攻击方式

3．潜伏性

计算机病毒具有依附于其他媒体而寄生的能力。依靠病毒的寄生能力，病毒传染给合法的程序和系统后，可能很长一段时间都不会发作，往往有一段潜伏期，病毒的这种特性称作潜伏性。病毒的这种特性是为了隐蔽自己，然后在用户没有察觉的情况下进行传染。

4．隐蔽性

这是计算机病毒的又一特点。计算机病毒是一段短小的可执行程序，但一般都不独立存在，而是使用嵌入的方法寄生在一个合法的程序中。

有一些病毒程序隐蔽在磁盘的引导扇区中，或者磁盘上标记为坏簇的扇区中，以及一些空闲概率比较大的扇区中。这就是病毒的非法可存储性，病毒想方设法隐藏自身，在满足了特定条件后，病毒的破坏性才显现出来，造成严重的破坏。

5．变种性

计算机病毒在发展、演变过程中可以产生变种。有些病毒能产生几十种变种。有变形能力的病毒在传播过程中隐蔽自己，使之不易被反病毒程序发现及清除，国家计算机病毒中心监控发现的木马病毒的新变种如图 8-2-6 所示。

图 8-2-6　木马病毒的新变种

6．可触发性

计算机病毒一般都有一个或者几个触发条件，一旦满足触发条件，便能激活病毒的传染机制，或者激活病毒表现部分（强行显示一些文字或图像），或破坏部分发起攻击。触发的实质是一种条件控制，病毒程序可以依据设计者的要求，在条件满足时实施攻击。这个条件可以是输入特定字符、某个特定日期，或是病毒内置的计数器达到一定次数等，图 8-2-7 所示为 2 月 14 日情人节日期到来，触发“情人节病毒”发生。

图 8-2-7　情人节触发“情人节病毒”发生

除上述特点之外，当前计算机病毒技术发展又具有一些新的特征，如病毒通过网络传播、蔓延，传播速度极快，很难控制，病毒的变种多。现在的病毒程序很多都是用脚本语言编制，很容易被修改生成病毒变种。

8.2.3　杀毒软件基础知识

“杀毒软件”也称为“反病毒软件”“安全防护软件”或“安全软件”。注意“杀毒软件”是指电脑在上网过程，被恶意程序将系统文件篡改，导致电脑系统无法正常运作，然后用来杀掉病毒的程序。

安装在电脑中的“杀毒软件”包括了查杀病毒和防御病毒入侵两种功能，主要用于消除电脑病毒、特洛伊木马和恶意软件等对计算机产生的威胁。杀毒软件通常集成监控识别、病毒扫描和清除以及自动升级等功能，有的杀毒软件还带有数据恢复等功能，是计算机防御系统（包含杀毒软件、防火墙、特洛伊木马和其他恶意软件的查杀程序、入侵预防系统等）的重要组成部分。

需要注意如下几点。

① 杀毒软件不可能查杀所有病毒。

② 杀毒软件能查到病毒，不一定能杀掉。

③ 一台电脑每个操作系统下不能同时安装两套或两套以上的杀毒软件（除非有兼容或绿色版，其实很多杀毒软件兼容性很好，国产杀毒软件几乎不用担心兼容性问题），另外建议查看不兼容的程序列表。

④ 杀毒软件对被感染文件查杀有多种方式：清除、删除、禁止访问、隔离、不处理。

- 清除：清除被蠕虫感染的文件，清除后文件恢复正常。相当于如果人生病，清除是给这个人治病，删除是人生病后直接杀死。
- 删除：删除病毒文件。这类文件不是被感染的文件，本身就含毒，无法清除，可以删除。
- 禁止访问：禁止访问病毒文件。在发现病毒后用户如选择不处理，则杀毒软件可能使病毒禁止访问。用户打开时会弹出错误对话框，内容是"该文件不是有效的 Win32 文件"。
- 隔离：病毒删除后转移到隔离区。用户可以从隔离区找回删除的文件。隔离区的文件不能运行。
- 不处理：不处理该病毒。如果用户暂时不知道是不是病毒，可以暂时先不处理。

大部分杀毒软件是滞后于计算机病毒的（像微点之类的第三代杀毒软件可以查杀未知病毒，但仍需升级）。所以，除了及时更新升级软件版本和定期扫描外，还要注意充实自己的计算机安全以及网络安全知识，做到不随意打开陌生的文件或者不安全的网页，不浏览不健康的站点，注意更新自己的隐私密码，配套使用安全助手与个人防火墙等。这样才能更好地维护好自己的电脑以及网络安全。

8.2.4　杀毒软件介绍

目前国内反病毒软件有 3 大巨头：360 杀毒、金山毒霸、瑞星杀毒软件。这几款网络病毒防范软件的使用反响都不错，占领了目前近 70%的客户端。

但每款杀毒软件都有其自身的优缺点，评价与介绍如下。

1. 360 杀毒软件

360 杀毒是永久免费、性能超强的杀毒软件，如图 8-2-8 所示。360 杀毒经过最近几年的发展，其在新产品的研发、工具软件的集成上都有非常改善，目前在国内市场上占有率靠前。

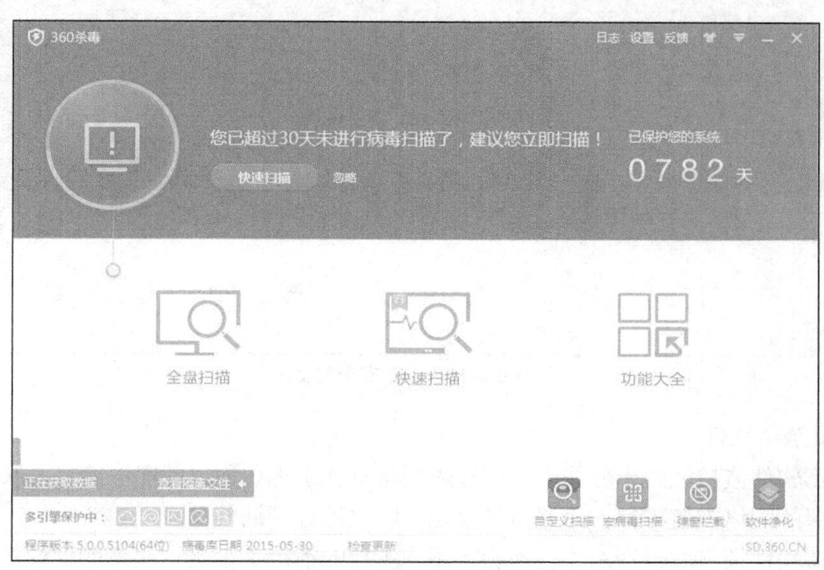

图 8-2-8　360 杀毒软件

360 杀毒采用领先的 5 引擎技术，强力杀毒，全面保护用户电脑安全，拥有完善的病毒防护体系。360 杀毒轻巧快速，查杀能力超强，独有可信程序数据库，防止误杀，依托 360 安全中心的可信程序数据库，实时校验，为电脑提供全面保护。

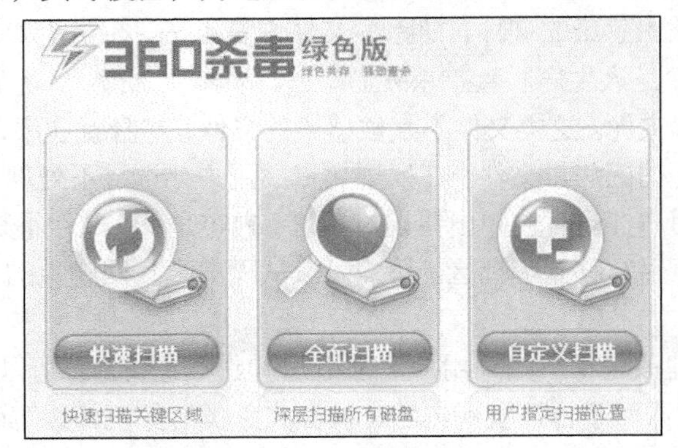

图 8-2-9　360 杀毒软件界面

360 杀毒采用领先的病毒查杀引擎及云安全技术，不但能查杀数百万种已知病毒，还能有效防御最新病毒的入侵。360 杀毒病毒库每小时升级，让用户及时拥有最新的病毒清除能力。360 杀毒有优化的系统设计，对系统运行速度的影响极小。360 杀毒和 360 安全卫士配合使用，是安全上网的“黄金组合”，如图 8-2-10 所示。

图 8-2-10　360 安全卫士

2．瑞星杀毒软件

瑞星杀毒软件监控能力十分强大。瑞星采用第八代杀毒引擎，能够快速、彻底查杀各种病毒。但是瑞星的网络监控不行，最好再加上瑞星防火墙弥补缺陷。

瑞星杀毒软件拥有后台查杀（在不影响用户工作的情况下，进行病毒的处理）、断点续杀（智能记录上次查杀完成文件，针对未查杀的文件进行查杀）、异步杀毒处理（在用户选择病毒处理的过程中，不中断查杀进度，提高查杀效率）、空闲时段查杀（利用用户系统空闲时间进行病毒扫描）、嵌入式查杀（可以保护 MSN 等即时通信软件，并在 MSN 传输文件时进行传输文件的扫描）、开机查杀（在系统启动初期进行文件扫描，以处理随系统启动的病毒）等功能。

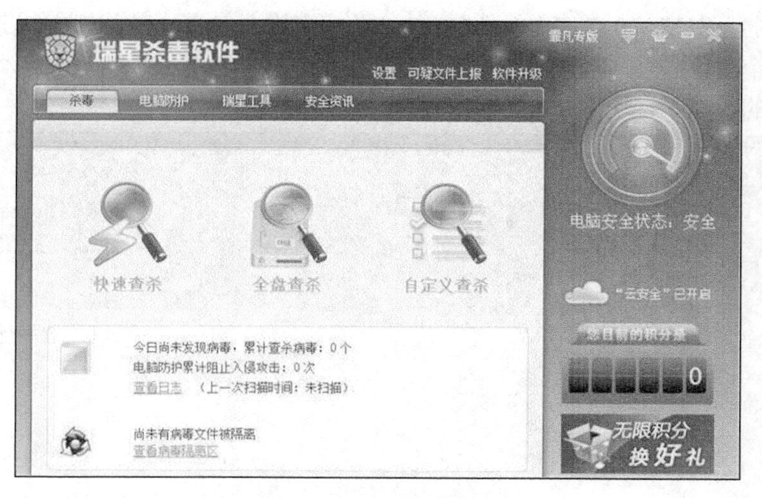

图 8-2-11　瑞星杀毒软件

此外，瑞星杀毒软件还拥有木马入侵拦截和木马行为防御，基于病毒行为的防护，可以阻止未知病毒的破坏，还可以对电脑进行体检，帮助用户发现安全隐患，并有工作模式的选择，家庭模式为用户自动处理安全问题，专业模式下用户拥有对安全事件的处理权。缺点是卸载后注册表残留一些信息。

【任务实施】

任务 1：安装 360，保护终端设备安全

【任务描述】

张明从学校毕业，分配至顶新公司网络中心，承担公司网络管理员工作，维护和管理公司中所有的网络设备。张明上班后，就发现公司内部的很多电脑都没有安装客户端的杀病毒以及客户端防火墙软件，造成了公司内部办公网的电脑接入公司的网络非常不安全。

张明决定从网络上下载 360 防病毒软件，在公司内部所有的电脑上安装，通过 360 防病毒软件保护办公网计算机设备安全，从而实现办公网安全。

【实训目标】下载并安装 360 防病毒软件。

【设备清单】计算机、360 防病毒软件安装包。

【工作过程】

1．从 360 的官方网站下载安装包

从 360 的官方网站"http://www.360.cn/"下载软件工具包，如图 8-2-12 所示。

图 8-2-12　下载软件工具包

在本地机器上安装360防病毒软件包，360防病毒软件包通过启用向导的方式，直接引导用户安装，各个选项都采用默认的“我接受”“下一步”的方式安装。

安装完成的360杀毒软件如图8-2-13所示。

图 8-2-13　安装完成

2．使用360杀毒软件检测本机安全

360杀毒软件是360安全中心出品的一款免费的云安全杀毒软件。360杀毒具有以下优点：查杀率高，资源占用少，升级迅速等。同时，360杀毒可以与其他杀毒软件共存，是一个理想杀毒备选方案。

在打开的360杀毒软件的主界面上，选择“快速扫描”选项，即可对本地主机进行防病毒扫描，扫描主界面如图8-2-14所示，扫描本机完成后，给出扫描病毒报告。

此外，还可以选择360杀毒软件的主界面上“自定义扫描”等选择，定制化监测本机指定文件以及文件夹安全，以及扫描直接插入的可移动的终端设备安全。

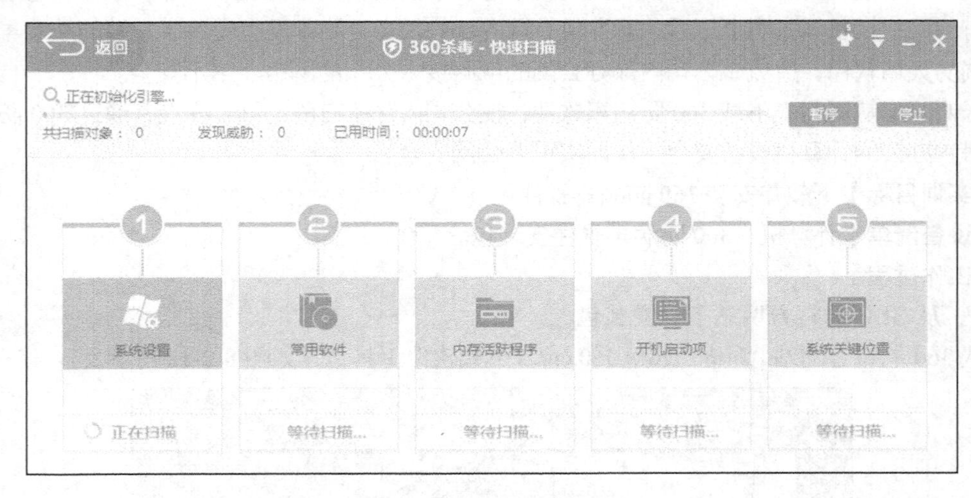

图 8-2-14　快速扫描

360 杀毒软件针对扫描出的病毒信息，会给出相应的隔离、清除等操作方案。

3. 使用 360 安全卫士保护本机安全

360 安全卫士是一款由 360 推出的功能强、效果好、受用户欢迎的上网安全软件。360 安全卫士拥有查杀木马、清理插件、修复漏洞、电脑体检、保护隐私等多种功能，依靠抢先侦测和云端鉴别，可全面、智能地拦截各类木马，保护用户的账号、隐私等重要信息。

单击桌面或者开始菜单中的“安全卫士图标 ”即可开启软件，如图 8-2-15 所示。

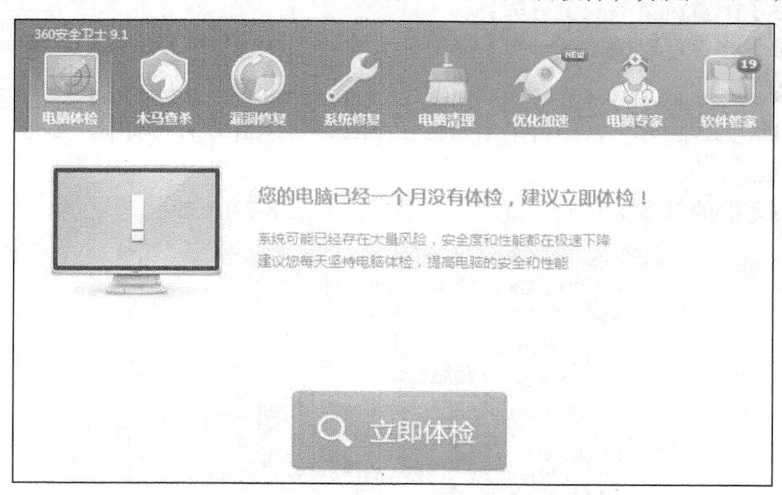

图 8-2-15 360 安全卫士

首次运行 360 安全卫士，会进行第一次系统全面检测，并给出本机的最后安全报告。

360 安全卫士具有以下几项功能，选择如图 7-2-14 所示工具按钮，即可完成相关的安全卫士保护操作。安全卫士保护的本机的安全操作功能描述如下。

① 电脑体检：对电脑系统进行快速一键扫描，对木马病毒、系统漏洞、差评插件等问题进行修复，并全面解决潜在的安全风险，提高您的电脑运行速度。

② 查杀木马：使用 360 云引擎、360 启发式引擎、小红伞本地引擎、QVM 4 引擎杀毒。先进的启发式引擎，智能查杀未知木马和保护云安全。

③ 漏洞修复：为系统修复高危漏洞和功能性更新。提供的漏洞补丁均由微软官方获取。及时修复漏洞，保证系统安全。

④ 系统修复：一键解决浏览器主页、开始菜单、桌面图标、文件夹、系统设置等被恶意篡改的诸多问题，使系统迅速恢复到“健康状态”。

⑤ 电脑清理：清理插件，清理垃圾和清理痕迹并清理注册表。可以清理使用电脑后所留下的个人信息的痕迹，这样做可以极大地保护您的隐私。

⑥ 优化加速：加快开机速度（深度优化：硬盘智能加速 + 整理磁盘碎片）。

⑦ 电脑专家：提供几十种各式各样的功能。

⑧ 软件管家：安全下载软件，小工具。提供了多种功能强大的实用工具，有针对性地帮您解决电脑问题，提高电脑速度。

任务 2：配置浏览器安全等级，保护网络访问安全

【任务描述】

在访问互联网的过程，小明听说网络上有很多病毒和木马等危险信息，因此希望学会提高浏览器的安全等级，实施访问互联网的安全防范措施。

【任务目标】配置浏览器安全等级。

【设备清单】接入互联网中的计算机（1 台）。

【工作过程】

直接在桌面的 IE 图标上，右键单击鼠标。然后，在弹出的菜单项中，单击“属性”，也可以打开该对话框。

配置 IE 浏览器的基本信息的“选项”对话框，如图 8-2-16 所示。

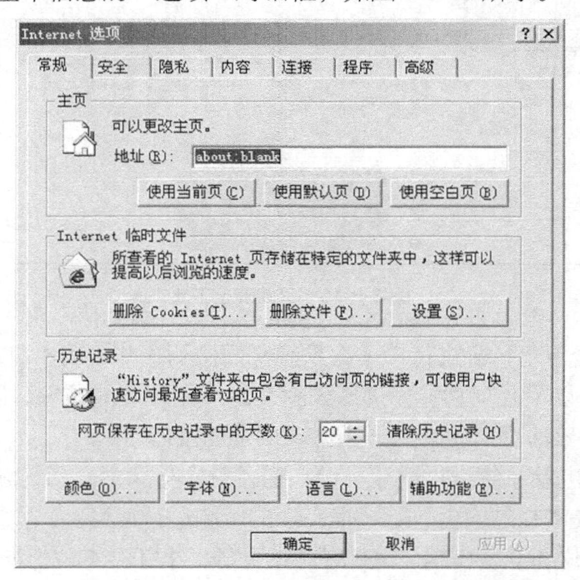

图 8-2-16　Internet 属性对话框“常规”选项卡

1．“常规”选项设置

“常规”选项卡用于进行 IE 浏览器的常规属性的设置，用户可借此建立自己喜欢的浏览器风格。其中包括“主页”栏、“Internet 临时文件”栏、“历史记录”栏、“颜色”“字体”“语言”“辅助功能”等内容。

（1）主页

“主页”用于更改主页。所谓主页是指浏览器启动时默认打开的 Web 网页，以及在浏览器中单击工具栏的“主页”按钮所返回的网页。大部分用户希望将自己喜欢和常用的网页作为主页，此时只要将该网页的地址，填入地址栏即可。

（2）Internet 临时文件

“Internet 临时文件”栏用于管理 Internet 的临时文件夹。浏览器将用户查看过的网页内容，保存在本地硬盘的 Internet 临时文件夹中。

用户需要回溯看过的网页时，只要在硬盘中调用，而不必从网上再次传输，这样就可以大大提高浏览速度。

单击“设置”按钮，可进入临时文件设置对话框，如图 8-2-17 所示。

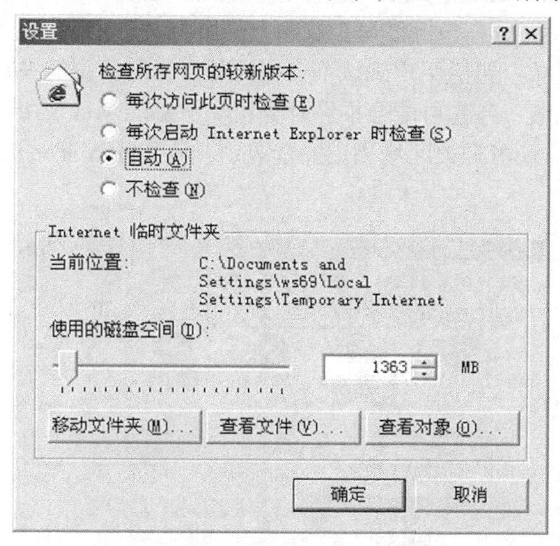

图 8-2-17　临时文件设置对话框

在该对话框中，用户可以确定所存网页内容的更新方式。其中：

- 选中“每次访问此页时检查”项时，当每次回溯查看网页时，浏览器都将检查网页是否已经更新，这种方式以降低浏览速度为代价来确保网页内容的时效性。
- 选中“每次启动 Internet Explorer 时检查”项时，浏览器仅在启动时，检查网页的更新情况，其他时间查看网页时不再检查，这种方式综合了时效性和速度。
- 选中“不检查”项，可以获得最大的回溯浏览速度，但损失了内容的时效性。
- 选中“自动”项，在回溯时，不检查网页是否已经更新，只有当返回以前使用 IE 浏览器查看过，或几天前查看过的网页时，才检查网页是否已经更新。无论选中了何种网页更新方式，用户均可在浏览过程中，单击工具栏的“刷新”按钮，来更新网页的内容。

拖动对话框中“可用的磁盘空间”滑动，可以调节分配给临时文件夹的硬盘空间大小。用户可以根据自己的硬盘剩余空间情况，来确定临时文件夹的大小。

（3）历史纪录

“历史纪录”栏用于设定“历史纪录”列表中已访问过的网页保留的天数，保留天数与磁盘空间大小有关，默认值为 20 天。

单击“清除历史纪录”按钮，将清除保存在“历史纪录”文件夹中，已访问过的所有网页及快捷方式链接。

（4）其他按钮

“颜色”按钮用于设置网页中的文字和背景颜色，“字体”按钮用于设置浏览器的字体，“语言”按钮用于选择所使用的语言，“辅助功能”按钮用于确定是否使用网页指定的颜色、字体样式和大小。

2. “安全”选项设置

“安全”选项卡的对话框如图 8-2-18 所示，上面列出了 4 种不同的区域。

- “Internet”区域：该区域中包含所有未放置在其他区域中的 Web 站点。
- “本地 Intranet”区域：包括公司企业网上的所有站点。
- “可信站点”区域：包括用户确认不会损坏计算机和数据的 Web 站点。
- “受限站点”区域：包含可能会损坏计算机和数据的 Web 站点。

用户选定一个区后，便可为该区域指定安全级别，然后将 Web 站点添加到具有所需安全级别的区域中。

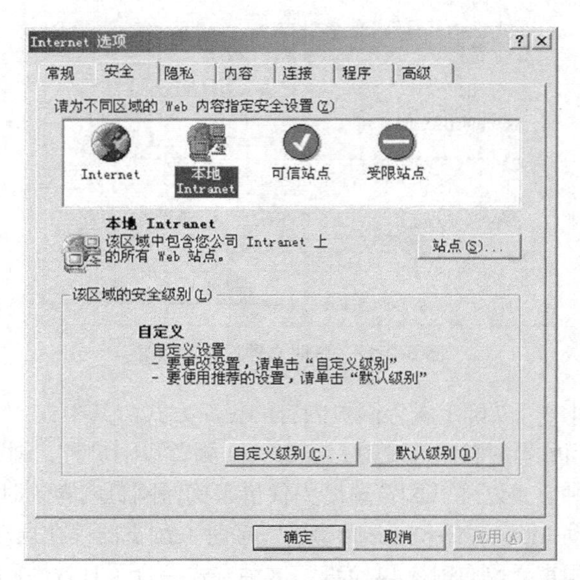

图 8-2-18 “安全”选项设置

安全级别有如下 4 种。

- “高”，当站点中有潜在安全问题时警告用户，用户不可下载和查看有潜在安全问题的站点的内容。
- “中”，当站点有潜在安全问题时警告用户，但用户可以选择是否下载和查看有潜在安全问题站点的内容。
- “中低”，该级与“中”级的安全性类似，但不提示用户。
- “低”，当站点有潜在安全问题时不警告用户，站点内容的下载无需用户确认。
- “自定义级别”按钮适合于高级用户选择使用。用户自己定义安全设置。

3. “内容”选项设置

“内容”选项卡中包括“分级审查”“证书”和“个人信息”3 栏内容。

- “分级审查”栏用以控制从互联网上收看内容，防止儿童接触互联网上不适合的内容。
- “证书”栏用于确认用户个人、发证机构和发行商。
- “个人信息”栏用于管理用户姓名、地址和其他信息。

4. “连接”选项设置

“连接”的选项卡中包括“建立连接”按钮、“拨号设置”栏、“局域网（LAN）设置”栏，如图 8-2-19 所示。

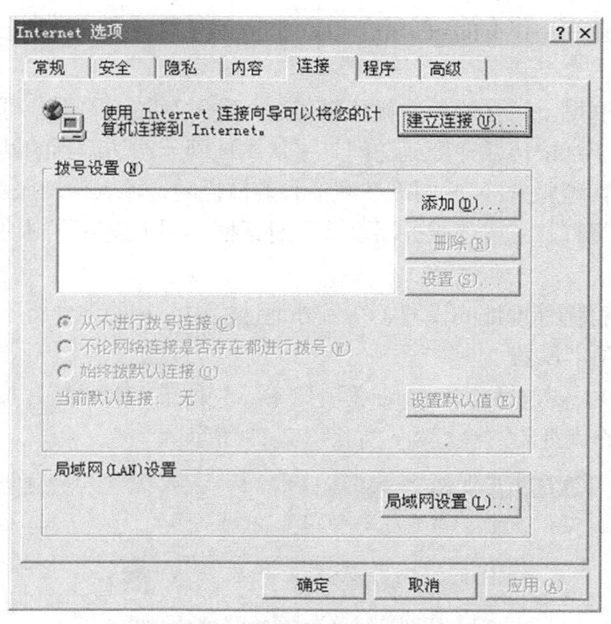

图 8-2-19　“连接”选项设置

单击“建立连接”按钮，即可进入 Internet 连接向导。

也可选择“拨号设置栏”，单击“添加”按钮，进行调制调解器设置和拨号网络等设置。

或直接在“局域网（LAN）设置”栏中，单击“局域网设置”按钮，进行通过局域网连接到互联网的设置。

在单击“局域网设置”按钮后，会打开一个“局域网设置”对话框，如图 8-2-20 所示。上面包含“自动配置”“代理服务器”两栏内容，使用“自动配置”选项时，会覆盖手工设置，为了确保手工设置的生效，就不要选择使用自动设置。

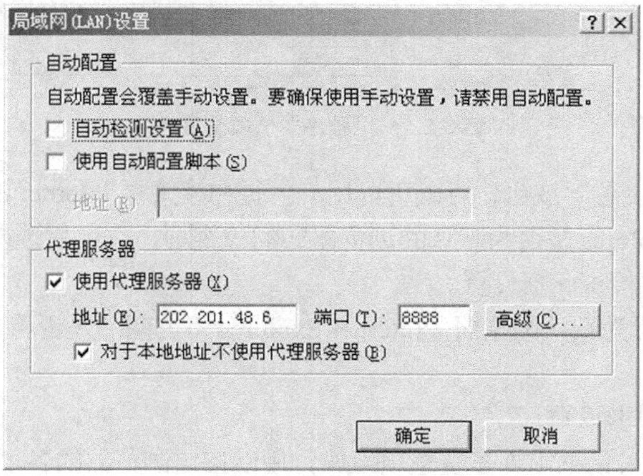

图 8-2-20　“局域网设置”对话框

“代理服务器”栏用于设置通过代理服务器使用互联网。应用代理服务器一般有两种情况。

一种情况是本企业利用仅有的一个 IP 地址，建立代理服务器，使企业内其他计算机通过连接到互联网。

另一种情况是互联网上存在的免费代理服务商，进入互联网的用户可以选择合适的代理服务器作为中转站，用于加快传输速度或访问某些从本地网无法访问到的站点。

如果选择“使用代理服务器”，则需在地址和端口栏内，输入代理服务器的地址和端口号。单击“高级”按钮，将打开“代理服务器设置”对话框，用于设置不同协议类型的代理服务器地址和端口号。

此外，还可以进行例外地址的设置，在例外地址栏中添加的地址将不使用代理服务器。

5. “程序”选项卡设置

“程序”选项卡中主要包括：“Internet 程序”栏、“重置 Web 设置”按钮和 “检查 Internet Explorer 是否为默认的浏览器”检查项，如图 8-2-21 所示。

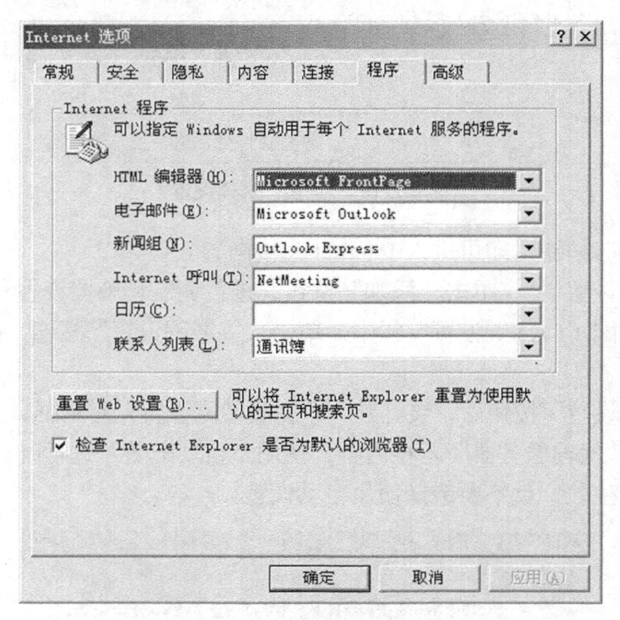

图 8-2-21 “程序”选项设置卡

单击“重置 Web 设置”按钮，可以重置用于主页和搜索页 Internet Explorer 默认值。

“检查 Internet Explorer 是否为默认的浏览器”的检查项，选中复选框后，每次 Internet Explorer 启动时，都将检查此项设置。

如果其他程序注册为默认浏览器，Internet Explorer 将询问“是否将 Internet Explorer 还原为默认的浏览器”。

6. “高级”选项卡设置

“高级”选项卡的对话框由许多复选项组成，用以指定浏览器的各项深层次的细节问题，内容包括：辅助选项、浏览、多媒体、安全、打印、Java VM（Java 虚拟机）、搜索、工具栏、HTTP 设置等。

对于一般用户来说，所有复选项均可采用默认设置。高级选项对话框，如图 8-2-22 所示。

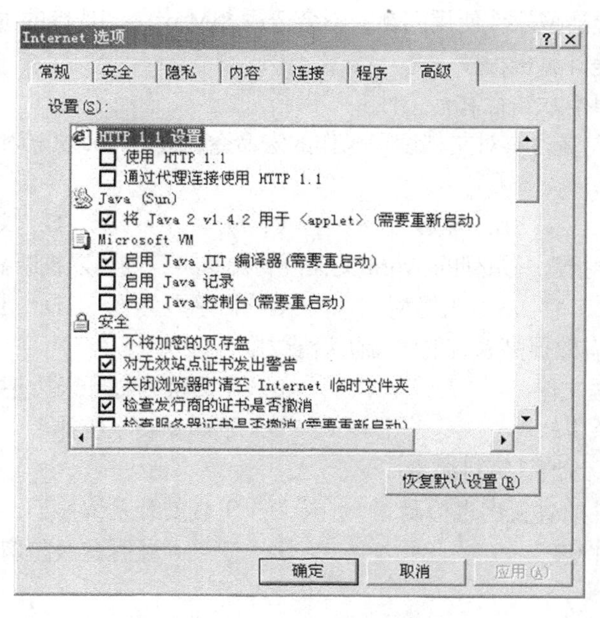

图 8-2-22 “高级”选项设置

认证试题

1. 信息安全的基本属性是（ ）。

A. 保密性　　B. 完整性

C. 可用性、可控性、可靠性　　D. 以上都是

2. 防火墙用于将 Internet 和内部网络隔离（ ）。

A. 是防止 Internet 火灾的硬件设施

B. 是网络安全和信息安全的软件和硬件设施

C. 是保护线路不受破坏的软件和硬件设施

D. 是起抗电磁干扰作用的硬件设施

3. 防范网络监听最有效的方法是（ ）。

A. 数据加密　　B. 漏洞扫描

C. 安装防火墙　　D. 采用无线网络传输

4. 钓鱼网站的危害主要是（ ）。

A. 破坏计算机系统　　B. 单纯地对某网页进行挂马

C. 体现黑客的技术　　D. 窃取个人隐私信息

5. 下列说法中，错误的是（ ）。

A. 病毒技术与黑客技术日益融合在一起

B. 计算机病毒的编写变得越来越轻松，因为互联网上可以轻松下载病毒编写工具

C. 计算机病毒制造者的主要目的是炫耀自己高超的技术

D. 计算机病毒的数量呈指数性成长，传统的依靠病毒码解毒的防毒软件渐渐显得力不从心

6. 下列说法中，正确的是（ ）。

A. 手机病毒可利用发送短信、彩信、电子邮件，浏览网站，下载铃声等方式进行传播

B. 手机病毒只会造成软件使用问题，不会造成 SIM 卡、芯片等的损坏

C. 手机病毒不是计算机程序

D. 手机病毒不具有攻击性和传染性

7.（　　）病毒总是含有对文档读写操作的宏命令，并在.doc 文档和.dot 模板中以.BFF 格式存放。

A. 引导区　　B. 异形　　C. 宏　　D. 文件

8. 如果杀毒软件报告一系列的 Word 文档被病毒感染，则可以推断病毒类型是（　　）。

A. 文件型　　B. 引导型　　C. 目录型　　D. 宏病毒

9.（　　）不能有效提高系统的病毒防治能力。

A. 定期备份数据文件　　B. 不要轻易打开来历不明的邮件

C. 安装、升级杀毒软件　　D. 下载安装系统补丁

10.（　　）无法防治计算机病毒。

A. 在安装新软件前进行病毒检测　　B. 下载安装系统补丁

C. 本机磁盘碎片整理　　D. 安装并及时升级防病毒软件